城市与区域规划研究

本期执行主编　武廷海　李百浩

商务印书馆
创于1897　The Commercial Press

图书在版编目（CIP）数据

城市与区域规划研究. 第 14 卷. 第 2 期：总第 38 期/武廷海，李百
浩主编. —北京：商务印书馆，2022
　ISBN　978－7－100－21850－4

　Ⅰ. ①城…　Ⅱ. ①武…　②李…　Ⅲ. ①城市规划—研究—丛刊
②区域规划—研究—丛刊　Ⅳ. ①TU984－55②TU982－55

中国版本图书馆 CIP 数据核字（2022）第 216475 号

城市与区域规划研究

本期执行主编　武廷海　李百浩

商　务　印　书　馆　出　版
（北京王府井大街 36 号　邮政编码 100710）
商　务　印　书　馆　发　行
北京新华印刷有限公司印刷
ISBN　978－7－100－21850－4

2022 年 12 月第 1 版　　　开本 787×1092　1/16
2022 年 12 月北京第 1 次印刷　印张 14¾

定价：86.00 元

主编导读
Editor's Introduction

China has made remarkable achievements in urban and regional planning as it is marching on a journey of modernization. The year 2022 marks the 40th anniversary of historic city conservation in China. The forty years have witnessed that Chinese historic city conservation started from scratch, from learning from other countries to self-exploration, from theoretical research to practice, as well as the formation of the Chinese characteristic historic city conservation planning concept and system. It can be said to be an innovative practice of China's cultural heritage conservation at the scales of urban space and urban area, playing an important role in protecting the splendid urban-rural historic and cultural heritage. Two special articles in this issue focus on urban planning tradition and modernization. Among them, the Historic City Conservation in China: Evolution, Planning, and Strategies by LI Baihao et al. reveals that since 1909 China's historic city conservation planning started from scratch, then gradually grew from individual heritage site protection to urban space and even the entire urban-rural area protection. China has established a three-level historic city conservation planning system consisting of cultural relics protection units, historic blocks, and historic city, and embarked on a road of historic city conservation planning with Chinese characteristics. In addition, it proposes such suggestions as developing the idea of historic city cluster protection under the framework of "region-city", restructuring the unique historical and cultural spatial structure of historic cities, and forming the types and methods of historic city

行进在中国式现代化道路上，城市与区域规划取得了引人瞩目的成就。2022 年，中国历史名城保护工作走过了 40 年历程，名城保护规划事业从无到有，从域外学习借鉴到自我探索奋斗，从理论研究到行动实践，形成了中国特色的名城保护规划理念与制度，堪称中国文化遗产保护在城市空间与城市区域尺度的创新实践，为保护优秀的城乡历史文化遗产发挥了重要作用。两篇特约专稿聚焦城市规划传统与现代化。李百浩等"中国历史文化名城保护：演变脉络、规划问题及应对策略"，揭示了 1909 年以来名城保护规划从筚路蓝缕到逐渐完善的发展历程，保护元素从最初的单体保护，逐渐走向城市空间和城乡全域，建立了历史文化名城、历史文化街区与文物保护单位三个层次的保护规划体系，走出了一条中国特色的名城保护规划之路，并且提出建立"区域—城市"框架下的历史城市群保护理念、重构名城独有的历史文化空间结构、构建历史城市

protection planning theories. It attempts to provide a thought for the theoretical research and practice of Chinese historic city conservation planning.

The paper entitled Emergence and Early Development and Practice of Functional City in Modernist Urban Planning by LIU Yishi shows the kaleidoscopic historical background of the rise of Functional City in modernist urban planning in the early 20th century. It includes the American City Practical Movement, the theory of Taylorism, functional zoning, and transportation technology progress, as well as the planning practice of large-scale residential areas in Germany, the rise of the Bauhaus school, and various ideas proposed by Le Corbusier and other scholars. From the establishment of CIAM (Congrès International d'Architecture Modern) in 1928 to the period of World War II, the Modernism Movement shifted its focus to city planning, proposed the planning ideology revolving around Functional City, and carried out planning practices. What is worth noting is that modernist urban planning ignored traditional cities and urban historic heritage, and the theories and methods of urban historic protection were completely absent. Therefore, it is criticized by postmodernists. This paper provides a reference for us to understand the historic city protection system established during the process of China marching on a journey to modernization.

The feature articles focus on the technical approaches of urban-rural spatial planning. The Complexity of Space Design: A Review on Key Theories of Space Syntax and Its Prospect by YANG Tao emphasizes the core paradigm of space syntax, that is, to measure and generate geometric spatial morphology from the perspective of socio-economic activities. Based on this, it looks into the prospect of space syntax, that is, to further study the composition of spatial geometry from the perspective of socio-economic environmental activities and redefine the core element of spatial distance. Research on the Application of DAS on the Integrated

保护规划理论的类型与方法等建议，为中国式历史城市保护规划理论研究与实践应用提供了新的思考。

刘亦师"现代主义城市规划中功能城市思想之兴起及其早期发展与实践"，展示了 20 世纪初现代主义城市规划功能城市思想兴起的万花筒般的历史背景，如美国城市实用化运动、泰勒制理论、功能分区和交通技术进步，以及德国大规模住宅区规划实践、包豪斯学派兴起、柯布西耶等人提出各种构想等；从 1928 年 CIAM 成立至第二次世界大战期间，现代主义运动逐渐将重心转移到城市规划方面，以"功能城市"为旗帜提出了不少构想并开展了相应的规划实践。值得注意的是，现代主义城市规划漠视传统城市与城市历史文化遗产，城市历史文化保护理论和方法竟告阙如，因此也受到后现代主义者的集矢攻击，为我们认识中国式现代化进程中历史文化名城保护制度建设提供了特别的参照。

学术文章聚焦城乡空间规划技术方法。杨滔"空间设计的复杂性：空间句法核心理论回顾及未来展望"，强调了空间句法的核心范式，即从社会经济活动角度去度量并生成几何空间形态；进而展望空间句法的未来发展方向，即从社会经济环境活动的角度进一步研究空间几

Platform for Monitoring Changes in Rural Settlements by ZHOU Wensheng et al. shows that MS-Word-based DAS is an efficient geographic analysis model building technology, easy to be applied and mastered. The integrated platform for monitoring changes in villages and towns developed based on this technology is maintainable and applicable. Spatial Pattern and Characteristics of "Night-Time Economy" in Central Urban Area of Shenyang Based on Multi-Source Big Data by WANG Yuelin et al. reveals that the overall "night-time economy" of Shenyang presents a dual-center agglomeration trend; the active areas are based on large business district, residential block, and emerging amusement park; it is recommended that to build Shengyang into a regional center in the future. Research on the Implementation Evaluation and Optimization Path of Spatial Policies for Rural Tourism Destinations by JIAO Sheng et al. explores the implementation effect of the comprehensive regional spatial policy and the sub spatial policy in the evolution of rural tourism destinations in Hunan Province with the help of the spatial neutrality and spatial intervention of policies. Based on that, it proposes suggestions for improving space policies for rural tourism destinations. Test and Comparison of Paths of Built Environment Intervention in Older Adults' Mental Health by YUE Yafei et al. examines the intrinsic influence of neighborhood built environment elements on the mental health of older adults based on theories of feasibility and self-efficacy and through structural equation modeling of intervention mechanisms.

International experiences may help improve urban planning in China. Among the articles in the column of International Experience, the Plain English Guide to the Planning System translated by GU Chaolin and proofread by LIU Ze elaborates how the planning system in England works, reflecting the government's reform initiatives in promoting sustainable community development, simplifying the planning system, safeguarding community-level planning decisions, and protecting and improving the natural and

何的构成，重新定义空间距离这一核心要素。周文生等"DAS 技术在村镇聚落变化监测集成平台中的应用研究"，说明 DAS 是一种基于 MS Word 的高效的、易于实施和掌握的地理分析模型构建技术，利用该技术所构建的村镇聚落变化监测集成平台具有可维护、可落地的技术特点。王越琳等"基于多源大数据的沈阳市中心城区'夜经济'空间格局与特征分析"，揭示沈阳"夜经济"整体呈现双中心集聚态势，活跃区有依托大型商圈、住区和新兴游园三类，建议在未来发展中打造区域中心等。焦胜等"乡村旅游地空间政策的实施评价与优化路径探究"，借助政策的空间中性和空间干预理论，探寻区域综合空间政策和分项空间政策在湖南省乡村旅游地演化中的实施成效，进而提出优化乡村旅游地空间政策的建议。岳亚飞等"建成环境干预老年人心理健康的路径检验与比较"，基于可行能力和自我效能等理论，通过结构方程模型的干预机制研究，挖掘邻里建成环境要素对老年心理健康的内在作用。

他山之石可以攻玉。顾朝林译《英国规划体系指南》，详细解释了英格兰的规划体系是如何运作的，体现了政府在促进社区可持续发展、简化规划体系、保障基层规划决策、保护和改善自然和历史环境等方面的改革举措，对我国规划体

historical environment. It is of great significance for China's planning system reform. Research Report on the Rhine River Basin by GU Chaolin et al. introduces a field study of cities by the Rhine River and their industrial development, water resources use, waterfront space use, and engineering projects from Basel, Switzerland to Nijmegen in the upper Rhine River. It also introduces the environmental and disaster problems that the Rhine River has faced, and the adopted environmental pollution governance, clean water resource and basin-wide governance from the geological changes 30 million years ago to the current post-industrialization process, especially after the industrialization and urbanization of the Rhine River basin in the past 200 years. It has implications for domestic land development and river management today. Local Planning Review in the UK Under the Background of Planning Reform: Characteristics and Implications by LIU Ze et al. introduces the local plan review practice in the UK in response to the trend of "localized" planning reform. The review and approval process, specialized review bodies, main review contents, main review forms, and four key review features of local plans in the UK can be used as references for the current review of territorial and spatial master plans of counties and cities in China. Through a detailed interpretation of two important texts: the New York City Comprehensive Waterfront Plan and the Coastal Adaptation: A Framework for Governance and Funding to Address Climate Change, Research on the City Waterfront Comprehensive Management and Implementation Reference of New York Since the New Millennium by YANG Huagang et al. analyzes and summarizes the background, objectives, procedures, and behaviors of city waterfront comprehensive management. It is also a reference for China addressing the current dilemma of integrated urban waterfront management and its territorial and spatial planning reform.

The next issue will focus on Future Urban Planning and Design, please stay tuned.

系改革具有借鉴价值。顾朝林等"莱茵河流域考察研究报告",介绍了从莱茵河上游的瑞士巴塞尔到荷兰奈梅亨的莱茵河沿岸城市及其产业发展、水资源利用、滨水空间利用和工程项目的实地考察状况,从 3 000 万年前的地质变迁,到当前的后工业化进程,特别是近 200 年来莱茵河流域的工业化、城市化进程之后,莱茵河面对的环境和灾害问题以及采取的环境污染治理、洁净水资源、全流域治理,对今天国内的国土开发和河流整治具有借鉴意义。柳泽等"规划改革背景下英国地方规划审查的特征与启示",介绍了英国地方规划审查实践响应了"地方化"规划改革的趋势,关于英国地方规划编制的审查审批流程、专门审查机构、主要审查内容、主要审查形式和审查的四个重要特征等,可资当前我国市县国土空间总体规划审查参考。杨华刚等"新千年以来纽约城市水岸综合管理及其实施借鉴研究",解读《愿景 2020:纽约市综合滨水计划》和《沿海适应:应对气候变化的治理和资金框架》,对城市水岸综合管理背景、实施目标、实施程序、实施行为等进行分析和总结,对我国当下城市滨海水岸综合管理困境和国土空间规划改革亦有参考价值。

下期聚焦未来城市规划与设计,欢迎读者继续关注。

城市与区域规划研究

目 次 [第14卷 第2期 （总第38期）2022]

Journal of Urban and Regional Planning

CONTENTS [Vol.14, No.2, Series No.38, 2022]

Editor's Introduction

Special Articles

Feature Articles

International Experiences

中国历史文化名城保护：演变脉络、规划问题及应对策略

李百浩　李　楠

Historic City Conservation in China: Evolution, Planning, and Strategies

LI Baihao, LI Nan

(School of Architecture, Southeast University, Nanjing 210096, China)

Abstract Based on the perspectives of urban and rural development history and heritage conservation planning within the discipline of urban and rural planning, taking conservation planning of historic city as the research object, using the collaborative analysis method of spatial cultural cognition and planning history research, this paper sorts out the development process of China's cultural heritage conservation system in modern times, and traces the evolution of historic city conservation from the original historic sites and relics to cultural relics protection units, historic cities, historic towns and villages, and urban and rural historical and cultural heritage. It finds that the establishment of a historic city conservation system has experienced a historical process from quantitative change to qualitative change, from the individual to the whole, and from practical exploration to innovative development, and that the historic city conservation planning presents a development trend of four levels: "region-city-urban area-individual". On this basis, in combination with such factors as a wide-area urban administrative district, the spatial cultural connotation of historic cities and their construction history, this paper examines the perception of key issues in historic city conservation planning, such as historic urban areas, spatial patterns, planning heritage, etc. According to the nature of historic city

作者简介
李百浩、李楠，东南大学建筑学院。

摘　要　文章基于城乡发展历史与遗产保护规划视角，以名城保护规划为研究对象，运用空间文化认知与规划史研究的协同分析方法，梳理了近代以来中国文化遗产保护制度的发展历程，追溯了从最初的古迹、古物到文物保护单位、历史城市、历史城镇村、城乡历史文化的历史文化名城保护演变脉络，认为名城保护制度的建立经历了一个从量变到质变、从单体到整体、从实践探索到创新发展的历史进程，名城保护规划内容呈现出"区域—城市—城区—单体"四个层次的发展态势。在此基础上，结合广域型城市政区、名城空间文化内涵、名城自身营建历史等因素，分析了名城保护规划中对历史城区、空间格局、规划遗产等关键问题的认知；依据名城保护规划的性质以及在历史文化保护中的担当，从区域历史城市群、名城历史文化空间结构、历史城市保护规划理论类型与方法三个方面，提出了今后名城保护规划战略性的应对策略建议，以期为中国式历史城市保护规划理论与实践提供一种思路。

关键词　历史文化名城保护规划；区域—城市；一市多城；历史城市群；空间文化

1　引言

　　1982 年国务院公布第一批 24 座历史文化名城（以下简称"名城"），中国开始城市空间层面的历史文化保护工作，名城保护规划至今已经走过了 40 年历程。《论语·为政》云"三十而立，四十而不惑"，如同人生一样，名城保护规划早已走过了而立之年，开始步入成熟阶段，标志着

conservation planning and its role in historical and cultural preservation, this paper puts forward strategic countermeasures for historic city conservation planning in the future in terms of three aspects, which are regional historic city clusters, historical and cultural spatial structure of cities, and theoretical types and methods of historic city conservation planning, attempting to provide a thought for the theory and practice of Chinese historic city conservation planning.

Keywords historic city conservation planning; region-city; multiple urban areas in a city; historic city cluster; spatial culture

名城保护规划应该具有透过现象看本质的独立思考，需要有其自身的价值判断。

40 年间，名城保护规划事业从无到有，从域外学习借鉴到自我探索奋斗，从理论研究到行动实践，形成了中国特色的名城保护规划理念与制度，是中国文化遗产保护在城市空间与城市区域尺度的创新实践，为保护优秀的城乡历史文化遗产发挥了重要作用。同时，一方面，中国城市化发展迅速，大城市空间不断扩张；另一方面，1983 年"市管县"体制实施以后，经过广泛的地市合并、撤地设市、撤县设市、撤县设区等行政区划调整，形成了以"市"为行政单位的广域型城市行政区域，建立了"区域—城市"紧密关联的设"市"制度，在某种程度上与传统的"府—县"体制具有类似性。这里，名城保护规划自身的发展特点以及名城所在市县的现实社会，自然地成为城乡规划学科对名城保护规划再认识的基本前提。

本文基于城乡发展历史与遗产保护规划的视角，以名城保护规划为研究对象，运用空间文化认知与规划史研究的协同分析方法，在梳理近代以来名城保护及其保护规划演变脉络及内容的基础上，分析了名城保护规划中对历史城区、空间格局、规划遗产等关键问题的认知，并从区域历史城市群、名城历史文化空间结构、历史城市保护规划的理论类型与方法三个方面，提出了今后名城保护规划进一步发展的方向与应对，以期为中国式历史城市保护规划理论与实践提供新的思路。

2　历史文化名城保护演变脉络

2.1　古迹—古物—文物：名城保护的孕育探索（1909～1982 年）

2.1.1　晚清时期地方自治与古迹保护

在古代，虽然今天所称的"文物"和"文化遗产"等观念尚未出现，但在相关律令中常常会有古迹保存维护的规定，出现了如"古迹""古物""文物""遗产""名城"等相关词汇。在古代语境中，尽管这些用语常常意指"前朝的遗物"，但在一定程度上形成了历史保护的传统思维。

清末新政时期，政府进行改革，开始效法欧美自治市做法，仿照日本《市町村制》，于1909年1月18日颁布《城镇乡地方自治章程》。该章程不仅第一次以法律形式将"城""镇""乡"空间区分开来，建立了最初的"城市行政""城市空间"概念雏形，而且规定以既有的府厅州县治所驻地的城厢空间作为城市自治范围，将"保存古迹"作为"善举"公共事项列为地方自治内容之一。9月20日，清政府颁布中国历史上最早的文物保护规章——《保存古迹推广办法章程》，首次提出"古迹"概念，并从调查与保存两个方面对古迹保护作了规范。从"非陵寝祠墓而为古迹者"保存事项的规定可知，这时的"古迹"内涵已经开始脱离政治的范畴。

作为近代初期的国家法规，两个章程是在新政变革、中西文化冲突与交流的背景下产生的，分别对地方自治和古迹保护作了新的规定，具有较强的针对性与实用性，为以后的城市建制和城市文化保护发展奠定了基础。

2.1.2 民国时期古物保护与历史城市认知

辛亥革命后，在清末地方制度基础上，1911年11月12日江苏省临时参议会通过《江苏暂行市乡制》。该法令不仅第一次提出了"市制"概念，以及"市""乡"两类行政区域划分和"市辖区"法律界定，而且将"保存古迹"列入市乡行政事宜的"市乡之学务"之中，从而使古迹保存从以往的地方善举走向城乡文化行政事宜。

1916年10月，北洋政府内务部颁布《保存古物暂行办法》，虽然其内容和形式仍脱胎于《保存古迹推广办法章程》，但"古物"一词取代了"古迹"，并且扩展了除历代帝王陵寝和先贤坟墓之外的古物范围，规定"地方名胜者，应由地方官或公共团体筹资修葺"，使古物内涵开始具有公共事务属性。1928年9月13日，南京国民政府内政部公布《名胜古迹古物保存条例》，开始使用"名胜古迹"概念，将保护对象分为不可移动的名胜古迹和可移动的古物，并将名胜古迹分为湖山、建筑、遗迹三大类，表现出人文空间与自然空间的并举保护。

1930年6月2日，行政院颁布《古物保存法》，不仅正式明确"古物"的法律专用术语地位及其概念，而且规定了古物归属国家的基本观点和行为准则。1935年6月15日公布的《暂定古物的范围及种类大纲》，提出了古物的三种标准：①古物之时代久远者；②古物数量罕少者；③古物本身有科学的、历史的或艺术的价值者。在古物的分类上，与1928年《名胜古迹古物保存条例》相比，"建筑物"又被列入古物名下。

在近代城市形成发展及其规划建设中，尽管城郭作为建筑物之一被列入保护对象，但在城墙拆与保的问题上，拆城居于主流，将城墙作为一种历史文化实物进行保护以及历史城市保护的思想却姗姗来迟。因此，从如何对待城墙的态度上，能够折射出近代时期历史城市保护的心声。

晚清民初，将拆除旧有城墙与修筑新式马路联系起来，形成了拆城筑路运动，认为拆城是一个除旧布新的行动。这种"一拆了之"的观念共识，一直左右着后来的城市建设。1921年以"专谋全国道路早日建设完成"为宗旨的中华全国道路建设协会，更是一个积极鼓吹提倡拆城筑路的学术团体。1922年该协会在其会刊《道路月刊》上刊载"拆城祛惑"论说，提出拆城的八点必要性（养气，1922）。1926年其主编陆丹林发表"愿国人努力于拆城之运动"，认为"实行拆城筑路，以苏民困，刷新都市也"（陆丹林，1926）。1929年《道路月刊》还打出了"打倒旧城郭，建设新都市"（学清，1929）的学术主张和口号（图1）。1939年国民政府公布的《都市计画法》，虽然规定了"就旧城市地方为都市计画，应依当地情形另辟新市区，并应就原有市区逐步改造"内容，但实际上城墙的拆与改仍是被作为"市区改造"的重点之一。即使是1945年的《收复区城镇营建规则》，仍要求"未拆除城墙之市县得尽先拆除城墙改充环城路或公园及园林大道，如城墙因军事必要可予以保留"。

图1 1929年的"打倒旧城郭，建设新都市"口号

尽管拆城为当时不可阻挡之势，但是仍有保留城墙、利用城墙的呼声。1929年徐悲鸿针对南京拆城，力争"留此美术上历史上胜迹"（王军，2011）。1931年宁镇澄淞四路要塞司令杨杰在《黄埔月刊》发文，呼吁"城垣无碍于都市之发展之时，亦可保留，以供军事与游览之用"（杨杰，1931）。出于军事战防的考量，同年4月经军政内政两部审议、国务会议决议，行政院颁布《保存城垣办法》。尽管该办法仅有5条200余字，但对于城垣价值的再认识及其保护利用，具有重要的积极意义。

除了艺术学、军事学的保留城墙外，城乡规划学亦在探索城墙及其历史城市的保护利用规划。1928年白敦庸在《市政述要》（白敦庸，1928）一书中提出"北京城墙改善计划"方案，认为城墙既要"保"又要"用"，而不是"拆"，应在"改"的基础上加以充分利用。1929年南京《首都计画》将城墙视为古物并赋予新城市功能，作为环城公园和林荫大道，纳入城市道路系统规划之中。1934年朱皆平发表

《从城市规划说到国家规划》（朱皆平，1934），提出"天然的山水、人为的布置、历史的遗迹"是城市美的三种元素，今天看来就是一种将自然环境空间、历史文化空间与人工规划空间有机融合的城乡规划学理念。1935年吴嵩庆在《市政评论》上发文，更是提出要将历史古迹所在地，不论是否为城市建制，都应该依据《都市计画法》编制规划方案，纳入法定规划范畴（吴嵩庆，1935）。1944年朱皆平（泰信）提出中国城市的五种分类方法，即"历史名城、国际商埠、内地工业城市、内地商业城市、农业集镇"，不仅提出了"历史名城"概念，而且将其置于城市类型之首（朱泰信，1944）。直至1948年，梁思成在主持编录《全国重要建筑文物简目》时，除了收录全国各地重要古建筑、石窟、雕塑等465处外，开创性地提出了将"北京城全部"作为一个独立项目——"都市"列入保护范围的思想。

2.1.3 1949～1982年文物与文物古迹保护

虽然晚清的"古迹"和民国的"古物"是近代时期的法定概念，但在民国后期"文物"一词逐渐得到使用和认可。一是在国统区，如1935年在北平成立的"旧都文物整理委员会"、1945年国民政府教育部成立的"清理战时文物损失委员会"以及1946年在上海出版的《文物周刊》等；二是在解放区，如1948年东北行政委员会在哈尔滨成立"东北文物管理委员会"，同时颁布的《东北解放区文物古迹保管办法》，不仅使用"文物"一词，而且将"文物"与"古迹"连用，形成一个新的组合用语——文物古迹。

1949年中华人民共和国成立后，指代历史文化遗存的"文物"及"文物古迹"法定概念逐渐成形并固定下来。1950年中央人民政府政务院颁发《禁止珍贵文物图书出口暂行办法》，这时的"文物"主要指以往的古物和革命文献及其实物。1961年，国务院颁布《文物保护管理暂行条例》，正式提出"文物保护单位"名称及其保护内容界定。1982年《文物保护法》的颁布，使"文物"术语的法律地位得以正式确立。作为"文物古迹"的概念，根据《中国文物古迹保护准则》和《历史文化名城保护规划标准》可知，其名称是指代不可移动文物，也就是说，"文物古迹"是"文物"的一个组成部分。

这一时期，虽然关注的重点仍是作为个体的"文物保护单位"，但同时也出现了与历史城市空间相关的建筑、建筑群甚至城墙、古城整体的保护思想及规划实践。1961年第一批全国重点文物保护单位的故宫、沈阳故宫、留园、西安城墙，1982年第二批的北京城东南角楼、蓬莱水城及蓬莱阁等；1950年梁思成、陈占祥提出《关于中央人民政府行政中心区域位置的建议》，体现出"保留老城，另辟新区"的古城整体保护与发展的规划思想；1953年首轮西安总体规划，提出了保护城墙与护城河的规划设想；1954年《洛阳市涧西区总体规划》，成功地实现了以"避旧城建新区"为规划理念的城市空间发展模式；1958年民主德国专家雷台尔教授提出的风扇形合肥城市空间布局方案，不仅延续了老城空间形态，而且形成了环护城河绿带公园，吴良镛先生称之为"合肥方式"。

同时应该看到，改革开放后，经济大发展，城市化速度加快，城市空间面临新的转型，城市历史文化与空间特色遭受威胁，于是基于当时文物保护、城市规划编制、地方行政管理框架下的名城保护规划便应运而生。

2.2　历史城市—历史文化街区：名城保护规划的创立形成（1982～2002 年）

2.2.1　历史文化名城的名称、概念和标准

关于"历史文化名城"这一具体名称的确定，据单士元先生回忆，是在苏联"历史城市"的基础上发展而来的（张松、李文墨，2019）。1981 年侯仁之、郑孝燮和单士元三位先生向全国政协起草的专题报告，使用的就是"历史城市"称谓。同年底，国家建委等部门在上报国务院的请示中，加入了"文化"二字。1982 年 2 月 8 日，国务院批转了请示并同时公布第一批 24 座国家名城。至此，"历史文化名城"概念正式出现在国家文件中。

实际上，"名城"一词在古汉语中早已有之，其意为"著名的城邑"，在近代已有"历史名城"说法。可见，按照现代汉语习惯和强调文化价值内涵而形成的"历史文化名城"专有名词，是一个道地的中国特色术语。根据《历史文化名城保护规划标准》所规定的"历史文化名城"（historic city）术语译名可知，在内涵上"历史文化名城"既相当于国外的"历史性城市"一词，又有别于一般意义上的"历史城市"。

关于"历史文化名城"概念，王景慧先生 2011 年撰文道："国家关于历史文化名城有一系列的法规文件，但却没有一个十分明确的对名城概念的表述。"（王景慧，2011）根据 1982 年《文物保护法》中"保存文物特别丰富、具有重大历史价值和革命意义的城市，由国家文化行政管理部门会同城乡建设环境保护部门报国务院核定公布为历史文化名城"条文，以及《历史文化名城保护规划标准》中的术语解释，可以认为，"历史文化名城"是一个与文化行政管理、城市规划管理、地方（市县）行政管辖有关的历史文化空间概念。

究竟一座城市为何被列入名城，其相应的判定标准和原则，是随着对名城保护认识的不断深化而逐渐变得明确、清晰和具体。从字面上看，"历史文化名城"由"历史、文化、名、城"四个概念要素组成。1982 年公布的第一批 24 座国家名城，充分体现出这四个要素的对应性：①具有悠久的历史或特殊重大历史事件；②具有丰富的文物古迹或革命文物等文化遗存；③具有丰富的文化传统内容；④城镇长期以来一直在使用并不断发展，今后也应当是向前发展的。虽然这四个要素比较宽泛，但却成为后来名城标准形成的基本原则，体现出名城这一特殊遗产类型的文化内涵和价值特征。

1986 年第二批国家名城审批中，将核定标准凝练为三个方面：一是城市的历史，文物古迹的丰富完好，具有重大的历史、科学、艺术价值；二是名城不同于文保单位，现状保留有历史特色格局和风貌，具有城市传统风貌街区；三是历史文化遗产对城市性质、布局、建设方针有重要影响。

2008 年，在国务院颁布的《历史文化名城名镇名村保护条例》中，形成统一的名城名镇名村四个标准，其中第四点关于"历史上曾经作为政治、经济、文化、交通中心或者军事要地"的规定，进一步指明了名城作为一个城市的空间文化属性，突出了名城的区域中心地特点。

2020 年，住建部和国家文物局制定《国家历史文化名城申报管理办法（试行）》，提出了以"具有重要历史文化价值"和"体现历史文化价值的物质载体和空间环境"作为名城申报的条件标准。除了

定性规定外，在"物质载体和空间环境"方面，明确提出了定量标准：核心保护范围大于 1 公顷的历史文化街区不少于 2 片，50 米以上历史街巷不少于 4 条，历史建筑不少于 10 处，能够体现城市历史文化核心价值的各级文物保护单位不少于 10 处。

2.2.2　历史文化名城的行政管理与保护规划

随着国家级、省级名城的建立，形成了名城行政审批、监督管理的央地两级行政管理体制。从 1982 年《文物保护法》第二章第八条的条文上看，在中央名城由建设部和文物局共同负责，建设部为"主要部门"，文物局为"协助部门"，国务院核定公布。1986 年建设部、文化部在上报第二批国家名城的申请报告中，建议由各省、自治区、直辖市人民政府公布省级名城。这一建议，在 2002 年的《文物保护法》中得以确立。相应地，各地方政府也形成了以规划部门为主、文物部门协助的共管体系，有的地方为便于操作而设置专门的名城保护机构。

实际上，从 1982 年提出"由各地城建部门和文物、文化部门制定保护规划"的规定可知，在名城颁布之初就已将保护规划作为名城保护的重要手段。从后来的实际操作来看，当时主管全国城市规划管理的建设部在名城保护规划工作中，起到了"主管"作用。1983 年 2 月，城乡建设环境保护部公布《关于加强历史文化名城规划工作的几点意见》，进一步明确了名城保护规划的原则内容及编制审批要求。1984 年，将"历史文化名城保护作为城市总体规划的重要内容"列入《城市规划条例》，提出城市规划应确定保护对象并划定保护范围。1989 年《城市规划法》规定编制城市规划应当保护历史文化遗产，1994 年建设部发布《历史文化名城保护规划编制要求》，2007 年《城乡规划法》提出历史文化遗产保护内容应当作为城市总体规划的强制性内容。这一系列法律法规的规定，使名城保护规划成为一个重要的法定专项规划，与城市总体规划相辅相成，担负着历史文化名城整体保护的重任。

2.2.3　历史文化名城的保护层次体系

名城的目标就在于整体保护与重点保护相结合，作为微观层次的单体文物古迹保护已具有丰富的经验积累，并且还有文物部门的监管；作为宏观层次的名城空间格局保护，由于尺度较大、边界范围较为模糊，并且还涉及山川形胜，短期内难以实现重点地段保护；作为中观层次历史文化保护区的提出，既是在名城保护过程中逐渐形成的共识，也是中国特色名城保护层次体系建构的关键。

1986 年在公布第二批名城时，首次将"一些文物古迹比较集中，或能较完整地体现出某一历史时期的传统风貌和民族地方的特色的街区、建筑群、小镇、村寨等"作为"历史文化保护区"概念提出。1994 年建设部在《历史文化名城保护规划编制要求》中，提出要划定为"历史文化保护区、风景名胜区"予以重点保护。其间，各地开展了历史文化保护区划定及保护规划，如 2000 年的《北京旧城历史文化保护区保护规划》。2002 年《文物保护法》修订，将"历史文化保护区"明确为"历史文化街区"法定概念。2005 年《历史文化名城保护规划规范》，正式确立"历史文化名城、历史文化街区与文物保护单位"三个层次的保护规划体系，明晰了"名城格局和风貌"保护内容，重点规定了"历史文化街区"保护内容及要求。同时，该规范还提出与历史文化街区密切关联的"历史地段""历史城区"概念。

2.3　名城名镇名村—城乡历史文化：名城保护规划的创新发展（2002年至今）

2.3.1　从名城到名城名镇名村保护的概念延伸

2002年的《文物保护法》，不仅提出了省级名城和历史文化街区概念，而且将适用范围从名城扩大至名镇名村，形成了"名城名镇名村"保护的整体观念。

为贯彻落实2008年《历史文化名城名镇名村保护条例》的具体要求，住建部、国家文物局先后于2010年、2012年、2014年、2020年发布《国家历史文化名城保护评估标准》《历史文化名城名镇名村保护规划编制要求》《历史文化名城名镇名村街区保护规划编制审批办法》《国家历史文化名城申报管理办法》等一系列行政性规范文件，分别对名城名镇名村保护评估、保护规划编制与审批管理等方面做出了规定要求，这些文件的相继颁布为名城名镇名村整体保护提供了更为详细的技术依据。

截至2022年3月，全国共公布140座国家名城、312个中国名镇、487个中国名村以及省级名城190座等。短短的20年间，名城名镇名村法律法规体系不断完善，不仅形成了以《文物保护法》《历史文化名城名镇名村保护条例》为骨干法规，以《历史文化名城保护规划标准》等相关条例及标准为配套支撑，涵盖立法、规划、管理三位一体的名城名镇名村保护制度，而且基本形成了覆盖全国的名城名镇名村保护格局，建立了"城镇村"保护体系。

2.3.2　名城保护规划范围扩展至行政区域

一方面，城市总体规划的城市规划区范围划定深刻影响着名城保护规划范围。在城市规划编制上，从1989年《城市规划法》到1991年、2005年《城市规划编制办法》，均认为所谓城市是指"行政建制的市和镇"，划定"城市规划区"是城市总体规划强制性内容。2008年《城乡规划法》实施后，为了适应我国城市区域化、区域城市化的城镇化发展特点，虽然仍以"规划区"为规划控制区域，但在规划范围上开始强调市域与中心城区两个层次。相应地，名城保护规划也从以往的单个城市保护规划范围扩展至市（县）域层面，增加了市（县）域历史文化遗产保护内容。

另一方面，随着地级市体制建立，行政区划不断调整，与城市总体规划一样，位于中心城区的名城保护规划范围也开始转向市行政区域。无论是2008年的《城乡规划法》还是2020年的《市级国土空间总体规划编制指南》，对于以"行政区域"作为规划范围的规定基本一致。从新一轮名城保护规划成果来看，其规划范围也是市（县）域和中心城区两个层次，开始出现以"市"为名称、包含多个历史城区的名城保护规划。

此外，2019年实施新的《历史文化名城保护规划标准》，虽然尚未完全明确"市（县）域"概念，但"城址环境及与之相互遗存的山川形胜""非历史文化名城的历史城区、历史地段、文物古迹等"纳入法定保护内容的条文规定，标志着其保护规划范围与以往的不同。还有，在早期的三批名城公布文件中，其名称往往不以行政市（县）命名，如北京、南京、平遥等①，而后来增补的名城，开始以行政"区""县""市"称之，如2001年"凤凰县""秦皇岛市山海关区"，2004年"濮阳市"，2022年"九江市"等。名城名称的微妙变化，也许隐藏着其保护范围的行政区域转向。

2.3.3 走向城乡历史文化的全面保护

2015 年底召开的中央城市工作会议提出要"尊重城市发展规律"以及"留住城市特有的地域环境、文化特色"，虽然使用的是"城市"二字，但实际上是指"城乡空间"。

2020 年 8 月 10 日，住建部、国家文物局印发《国家历史文化名城申报管理办法（试行）》的通知，将保护对象向中华文明史、近现代史、建党史、中华人民共和国史、改革开放史关联与见证的时间轴延伸。2021 年 3 月 8 日，自然资源部和国家文物局印发《关于在国土空间规划编制和实施中加强历史文化遗产保护管理的指导意见》，提出"历史文化遗产空间""历史文化空间""历史文化类保护规划"等概念，要求"历史文化保护类规划中涉及自然环境、传统格局、历史风貌等方面的空间管控要求要纳入同级国土空间规划"。2022 年 5 月 6 日，"两办"印发《关于推进以县城为重要载体的城镇化建设的意见》，进一步强调"县城"作为城市与乡村的纽带定位，提出要保留县城的"历史肌理、空间尺度、景观环境"。

2021 年 9 月 3 日，"两办"印发《关于在城乡建设中加强历史文化保护传承的意见》，这是我国自 1982 年建立名城保护制度以来，首次以中央名义专门印发的关于城乡历史文化保护传承的文件，不仅文件标题强调了"城乡历史文化"概念，而且提出"以历史文化价值为导向，按照真实性、完整性的保护要求，适应活态遗产特点，全面保护好古代与近现代、城市与乡村、物质与非物质等历史文化遗产"，提出至 2035 年"系统完整的城乡历史文化保护传承体系全面建成"等目标。

从以上近两三年国家层面密集性地印发若干关于历史文化保护的文件和意见来看，历史文化保护传承问题已上升到国家战略高度，从名城名镇名村的重点保护扩展到一般城乡区域的全面保护。因此，如何实现城乡历史文化保护传承体系发展目标，对于具有 40 年知识积累的名城保护规划来说，既是现实行动，更要有战略思考。

3 历史文化名城保护规划问题

3.1 与广域型城市政区相对应的历史城区问题

根据《历史文化名城保护规划标准》规定，历史城区的划定不仅是名城保护的法定内容，而且也要进行非名城的历史城区保护规划。显然，在名城保护层次中对于历史城区的认知尤为重要。历史城区既与历史上的城市空间、山水格局有直接关联，又与当今的历史地段、历史文化街区保护密不可分，上连城址环境下接历史风貌，是体现名城历史文化内涵与价值特征的关键物质空间载体。

古代中国，"县"是城乡融合发展的文化密码，即使府城、省城甚至都城也都是"县城"，其他如"卫城""厅城"等也以"县城"为参照。郡县治，天下安。2 000 多年来，"县"一直是中国政区实体空间的基本单位，星罗棋布的"县城"则是历史上这一行政单位的政治、经济、文化、交通中心或军事要地。由秦朝郡县制演变而来的明清府县制，不仅形成了以"府"为名称的区域政区空间（统县政区），"府"下设置若干"县"，而且形成了以"府城"为中心的"府城—县城"城厢空间体系的功能空间（图2），并且府城、县城仍是构成今天中国不同类型"市""县"历史城区的主要格局。只不过有的范围清楚，格局完整，遗存丰富；有的格局尚在，遗存不多；有的因区划调整或重大工程建设，或升级或降格或搬迁或沉入水下，成为城址。

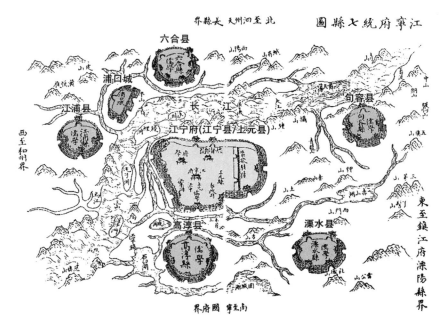

图 2　（清）江宁府"一府七县一城"的城市空间

资料来源：根据《江宁府统七县图》改绘（朱炳贵，2014）。

近代以来，中国引入欧美"市制"，实行撤府留县建市的新体制，府境的区域政区空间消失，保留县境政区空间，新设以"市"为名称的政区空间，"县"与市同时作为一级地方政府接受省政府直接管辖。1921年广州市成为第一个建制市，其政区空间从当时的番禺、南海两县境内析出，即广州府城厢空间成为近代广州市的行政范围，形成了政区空间与功能空间同构的城市空间形态，单一的广州府城厢即为近代广州市的历史城区。1928年，国民政府颁布《市组织法》，从法律层面确立"县市并置"地方行政制度。建立市制的县，开始市县划界，诞生了一种由"城区+乡区"组成的新型"市区（域）"空间。这种被称为狭域型城市政区空间体制，一直持续到20世纪80年代。随着"地级市"概念的提出，逐渐形成了"广域型城市政区"空间形态。也就是说，彼时的"广州市"与当今的"广州市"，虽然"市"通名一样，但空间范围与内涵却不可同日而语。

即使是按照城市建制而新生的近代城市，但由于后期政区范围的扩大，其历史城市空间亦远非诞生之初的单一"市区空间"，如青岛市的即墨县城、大连市的金县城、湛江市的海康县城、厦门的同安县城等。

改革开放以来，城市化速度加快，地方行政区划调整频繁，主要表现为：地级市的范围扩大、撤县改市[2]的数量增多、撤县设区的速度加快、市管区（县、市）[3]的政区空间形成，形成了以地级市为主、以省直管县为辅的"省市县制"地方行政体制，以"市"[4]为名称的广域型城市政区空间变得越来越广泛，形成了由城市功能空间、农村农业空间、自然生态空间所组成的区域—城市（群）空间形态。从空间尺度上看，今天的"市"与古代的"府"，其范围大抵相当。可以说，广域型城市体制是重新认知历史城区群格局的机遇。

根据现行规定与通常做法，各类空间规划范围与所在建制市的行政范围[5]一致。1982年建立名城制度时，其政区空间与城市空间基本一致，属于狭域型城市政区，历史城区具有单一性。40年以来，城市行政区划不断扩张，"历史城区群"空间体系得以凸显。正是这种群落性特征，才是真实反映中国历史城市空间的基本特征。然而，目前的名城保护规划实践中，延续的仍然是单一性历史城区概念，即使有复数的历史城区划定，大多也是缘于一个行政区内已公布若干名城之故。因此，从中国的城市历史、城市体制现状综合考量，如何建立与历史城市空间、当今政区空间相对应的"历史城区群"真实性认知，是名城保护规划在广域型城市政区这一背景下，实现城乡历史文化空间保护传承体系建构不可回避的现实问题。

3.2 与名城空间文化内涵相一致的整体空间格局问题

设立名城保护制度的初衷，就是要实现从城市角度的整体保护理念，这也是中国名城保护的特色所在。在《历史文化名城保护规划标准》中，将其表述为"城址环境与之相互依存的山川形胜""应坚持整体保护的理念"。整体保护理念并非是无源之水、空穴来风，而是中国在历史长河中形成的一种整体思维空间，主要体现在"山—水—城"格局和"城—镇—村"体系两个方面。

关于"山—水—城"空间关系，"城"是人工空间，"山水"是自然空间，实际上是一种"人与自然"的中国城市建设价值观。这里的关键元素是"城"，它不是一个行政空间，而是一个顺应自然、协同共生、持续发展的关系空间。正如王景慧指出的那样，"名城不是指所辖行政区域的全部，而是行政范围中有保护意义的那一部分"（王景慧，2011），也许"有保护意义的"就是意指"城"的关系空间。关于这方面的论述，已有多位学者论及。吴良镛院士提出的"山—水—城（镇、村）"模式，不仅"城"是如此，而且"镇""村"也如出一辙。王树声教授根据结合自然山水环境进行规划建设的历史实践，提出了中国古代城市的"内—外—远"空间层次，即"三形"：城内范围为内形，郊野范围为外形，大尺度山水环境为大形（王树声，2017）。

从空间使用与人的行为角度看，"山—水—城"格局隐含着"可用—可及—可望"三个空间尺度。

"可用空间"是为人们提供日常使用、适宜人居的"城厢空间",以人工的市街空间为主,适宜集中建设;"可及空间"是为满足城市功能特殊需求的、人们容易可达的"城属空间(韩光辉,1999)",是一种城市与自然的关系空间,可以少量建设,也是城市持续发展备用地;"可望空间"属于城之境界,能够目之所览,具有围合感和归属感的"城境空间",以自然风景空间为主,尽量不建设或标识性建设。这种"城厢—城属—城境"城市空间层次,形成了一座座城市的"市街—关系—风景"空间规划单元,它不仅是中国城乡空间规划文化的内核,而且理应成为今日名城空间格局保护与发展的历史依据。反观当今的保护规划实践,较多注重城池空间,作为城境空间的思考比较空泛,对于城属空间的分析基本缺位。

关于"城—镇—村"空间体系,它是城乡空间作为一个有机组织的结构基础。中国城乡空间秩序的本质特征是地方行政体系和城乡空间体系的合二为一,历史上长期形成的政治、经济以及宗族、信仰等各个维度的密切联系,将城市、乡镇与村社塑造为一个网络化的"城乡社会"体系,这与欧洲传统社会的城乡分立关系截然不同。这里的"城""镇""村"并非一个个孤立的空间个体,而是一个以"城"为中心的人居空间整体。

1997 年入选世界文化遗产名录的平遥古城,除了完整的县城外,还是一个自明代以来形成的以平遥城为中心的"一城五堡二寨"空间结构(图 3),并且这种空间结构一直延续至今。围绕县城构筑的

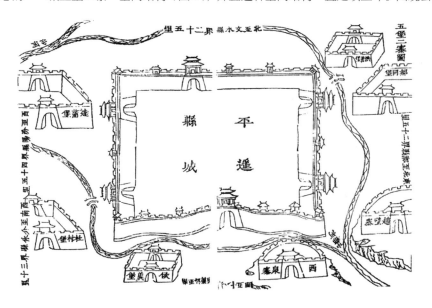

图 3　平遥"一城五堡二寨"关系

资料来源:王夷典(2008)。

乡村堡寨，与平遥县城一起共同构成了互为依托、攻防有序的空间格局，是一种融合农耕社会生产、生活、防御功能为一体的城镇空间体系，这才是完整、真实的平遥古城空间格局内涵。目前，保护规划较多关注古城本体，而忽略了古城与"五堡二寨"存在的内在关联。这种仅将古城作为一个完形（configuration）空间进行的名城评估思维，究其原因，主要有两方面：一是沿用西方标准于中国的历史城市；二是对中国"城—镇—村"自身文化内涵缺乏深入的历史研究。实际上，平遥名城保护问题并非个案，在名城名镇名村保护规划中具有普遍性。因此，建立与"城—镇—村"历史渊源相适应的整体保护体系，是理解名城名镇名村文化遗产内涵完整性与真实性的历史依据。

3.3 与名城自身营建历史相接续的规划遗产问题

名城作为一种特殊城市文化遗产类型，虽源于文物，但并非各种文物的集合，而是具有其自身的文化内涵。从城市营建史来看，城市可分为按照规划和自发建设两种类型，即使是自发建设，也隐含着某种规划意识和行为。从这个意义上讲，历史城市无一不是由规划而形成的城市空间，其背后一定有深厚的规划文化内涵和规划遗产价值有待系统性挖掘。目前，部分学者从文化遗产整体性和关联性视角提出了"城乡历史文化聚落"（张兵，2015）、"遗产网络"（张杰，2018）等概念，虽然未明确提出规划遗产概念，但已经显露出城市文化遗产内涵与城乡规划学科之间的内在关系。

根据联想思维方法，建筑学之于建筑遗产，风景园林学之于景观遗产，与建筑学、风景园林学一样，城乡规划学同样会形成规划遗产，它们都是创造建成遗产、城市遗产的主要科学途径。在国际上，规划遗产正在成为一个城市保护研究的新兴领域（叶亚乐等，2022）。从世界文化遗产来看，巴西巴西利亚（1987年）、加拿大卢嫩堡（1995年）、英国德文特河谷工业区（2001年）、澳门历史城区（2005年）、摩洛哥拉巴特（2012年）等项目相继被列入世界遗产名录，反映出规划遗产的文化内涵与价值特征。实际上，早在1978年世界遗产体系《操作指南》中，已将"城镇规划"作为"突出的普遍价值"标准之一。

目前，名城保护规划虽然已经成为城乡历史文化空间保护传承的总抓手，但仍具有文物保护规划与城市规划二者叠加的思维模式，注重保护区内的保护，很少考虑名城自身的规划遗产（包括规划思想、规划制度、规划方法等）在所谓新城区的延续传承与创新发展，新老城区空间脉络中断。实际上，古人在城市规划中已经具有"长久之计"的远景谋划。例如，古代福州府城面南而治的屏山、于山、乌山的"三山模式"，随着城市空间的拓展，外围的莲花山、鼓山、五虎山、旗山又成为今日福州市中心城区新的"三山格局"。这种可持续的山水城空间格局，既是一种物质的规划遗产（planning heritage），更是一种非物质的规划智慧（planning legacy）。再如，始于明代的烟台奇山所城（现为历史文化街区），依据山海岛自然环境和规划传统，因地制宜地以面北朝海作为主要空间方位，自南向北形成"塔山—所城—烟台山—芝罘岛"轴向格局。开埠后，外人又选址于烟台山建城设市，体现出欧洲"上城下街"的城市空间模式，是谓今日烟台山朝阳街历史文化街区。这种城市空间格局的文化属性，只有通过名城保护规划才能得以彰显。

因此，在"规划科学是最大的效益"理念的今天，名城保护规划不仅仅是对历史上的城市遗产进行的保护行为，更是对名城以及名城区域空间文化特色发展的保驾护航。在《历史文化名城保护规划标准》的大原则下，规划遗产的认知会使名城保护规划更加名副其实。

4　历史文化名城保护规划对策建议

4.1　建立"区域—城市"框架下的历史城市群保护理念

中国拥有悠久的从未间断的城市文明与文化发展史，表现出数以千计的历史城市大都能持续发展到今天。虽然已有 330 座历史城市被公布为国家级和省级名城，但绝大多数历史城市的城市空间文化价值仍需进一步挖掘。这些历史城市并非一个个独立的散装个体，而是依托行政制度的区域中心城市和城市空间体系的组成部分。

所谓一以贯之的中国空间规划文化传统，其特征有二：一是行政空间与功能空间的融合规划；二是区域视野下的城市空间体系规划，而不是就城市论城市（武廷海，1999），在 2 000 多年的国家历史长河中，形成了一整套不同层级、不同尺度的"区域—城市"规划理念。其中，结合自然的地理区域而形成的行政区域，自然而然地成为历史城市群形成与发展的重要空间载体。因此，从保护规划角度看，建立"区域—城市"规划体制下的历史城市群保护理念，与其说是当今名城保护规划的发展趋势，倒不如说是一种区域层面历史城市空间格局的本源回归与重现。

目前，以行政区域为规划范围的国土空间规划工作的开展，正是实现全域历史城市保护规划的新机遇、新途径。因此，理解现行城市行政建制问题，掌握广域型城市政区整体特点，建立基于"市域—城市"空间理论的历史城市保护规划，形成"一市多城"的保护框架，转变以往狭域型城市政区时代的单个历史城市保护思路，这不仅能与市级国土空间规划、历史城区边界划定相衔接，而且更关键的是，能够真实地反映出中国历史城市的"区域—城市"文化价值特征。

应该看到，在名城所在城市的市域保护规划层面上，尽管目前对市域范围内的历史城市界定仍未形成法定制度，但在新一轮名城保护规划中，已经开始呈现出"一市多城"的规划思维。《宁波历史文化名城保护规划（2014～2035）》除了划定国家名城的"宁波历史城区"和省级名城的"余姚历史城区"外，还划定了非名城的"镇海历史城区""奉化历史城区"。在历史城市空间的认知上，虽然已具有"区域—城市"的思考方法，但仍存在对其他县城、卫所城的历史城市空间认定问题，如宁海老县城⑥、1954年因县治搬迁而降级的慈溪老县城⑦以及昌国卫、观海卫等卫城。实际上，宁波之所以为宁波，就在于行政城市与海防城市的合二为一，府城、县城、卫所城才是今宁波市真实的城市历史文化空间载体（当然还有近代的开埠区），三者不可缺环，即使宁波府城也是集府、县、卫三城于一体的区域中心城市。

北京历史文化名城的历史城区划定，除了北京城之外，建于明代的卫城、1928 年改隶县城的宛平城亦应为历史城区之一，在文物体系中它是全国重点文物保护单位，在保护规划中则是历史城市空间体系的组成部分。

当然，也应注意到，这里存在一个对于名城所在的"市"和名城的"城"的概念所指和能指问题，二者既有关联又不能相互指代，如名城公布时的名称"邯郸"而非《邯郸市历史文化名城保护规划（2020～2035）》中的"邯郸市"，虽然二者均为空间通名，但前者是指历史府城的"功能空间"，后者则是当今市的"政区空间"。因此，建立"一市多城"的保护框架，是实现昨天的"城"与今天的"市"共同走向明天城乡历史文化保护与传承的必由之路。否则，若保护规划仅局限在中心城区以及纳入名录的历史文化街区和文物保护单位，仍停留在一个单个历史城区保护概念上的话，不仅会造成历史文化空间载体的遗漏或消失，而且难以实现历史文化空间的应保尽保、难以达到历史城市群格局系统性保护的目标。

4.2 重构名城独有的历史文化空间结构

名城保护与一般文物古迹保护有着显著的不同。城市空间保护具有整体性、层级性、广延性特点，而文物古迹保护具有单体性、独立性、定量性等特征。名城保护规划需要从历史城市空间的真实性认知、整体性保护、地方性表达出发，深入发掘历史城市与自然山水、空间功能、行政治理、城乡关系之间更多维度的结构交互关系，重构历史上城市空间结构的一致性、连续性。尤其是在当代城乡空间关系被弱化，甚至被瓦解、逐渐失去其整体性意义的状态下，对于名城的历史文化空间结构的保护、修复与发展，正在成为时代之需。

中国历史城市空间具有体系性与独特性两个层次的文化内涵与价值特征（霍晓卫等，2019）。体系性是区域层面的历史城市集群特征，而独特性则是作为集群中的一座座城市独有的空间结构。作为单体概念的名城保护规划，其历史文化空间结构主要包括三个方面：以城池为中心的山水城空间、城镇村空间和城内空间。

历史城市山水城空间格局，一般会根据其自身在区域中的职能定位、城址周边的自然地理空间，从选址、形态到空间布局，既不失传统的规划理念，又有因应而变的地方特色。舟山市的定海古城本属宁波府一县城，历为军事要镇，选址于舟山本岛的最大岙地，与镇海县城、宁波府城隔海相望。当时的定海总兵葛云飞审时度势，上书两江总督以"定海三面皆山，前临海无蔽，请于衢头筑土城"，通过人工筑造青垒头与竹山门之间的土城墙与自然的重叠山岭，形成可防卫的围合性城境空间。在城池与定海港之间的旷地布置大教场、炮台、营房等功能设施，面南而治的县署、南门、半路亭、定海衢头成为城属空间的轴向结构。这样一个融自然与人文于一体的"山—城—海—岛"历史文化空间结构，正是定海作为海岛历史文化名城的空间文化价值与特色所在。

城镇村空间结构，往往表现出以历史城市为中心的村镇生发逻辑，是反映城乡一体的空间文化载体。当今烟台市下辖的牟平区，明清二代为登州府宁海州（卫），是胶东半岛历史悠久的千年古县。因明清海防军事体制的变化，形成了一批与牟平城相关联的村庄，如胡家楼村、金山上寨村、金山下寨村、北杏林堡村、南杏林堡村、北头村、夏家疃村、东场村、峒岭村、酒馆村等。这种源于卫所城的城镇村空间结构，正是烟台市名城保护规划中所提出的牟平海防文化与生态文化保护片区的历史文化依据。

城内空间结构，其内涵是以行政功能为主的府城文化与县城文化。对于名城保护规划来说，有责任深入挖掘这种府城、县城特有的附郭文化内涵，并通过历史城区、历史地段与历史文化街区予以保护与展示。例如，苏州府拥有吴县、长洲县、元和县三个附郭县，也就是说苏州城是三个县城的合体，在全国具有唯一性。目前，《苏州历史文化名城保护专项规划（2035）》明确提出"保护'一府三县同城治'历史行政空间"，正是苏州空间文化独特性的地方表达。

所谓重构名城的历史文化空间结构，不仅是再现历史上社会文化内涵的重要线索，而且也是名城保护规划理论的重要支撑，更是城市空间结构特色塑造的必由之路。实际上，重构是一种历史文化空间的溯源、回归和古为今用。

4.3　构建历史城市保护规划理论的类型与方法

作为一种科学知识，名城保护规划与其他规划一样，除了具有强烈的实践性特征外，更需要建构一套系统化、逻辑化的科学理论与方法。虽然学术界尚未形成共同认可的"理论"定义，但归纳起来，多数学者认为理论是"一种解释某种事物本质的基本法则"或"一种由实践而概括出来的科学知识系统结论"，认为理论具有"普遍性、抽象性、逻辑性、验证性"等基本特征。

作为一门实践学科，名城保护规划涉及城市学、文化遗产学、规划学以及行政学、地理学等学科理论，因而对于其自身的理论建构存在一定的盲区，较多侧重于技术方法的掌握与具体项目的实践操作。目前，文化遗产保护理论仍占据着名城保护规划的各个方面，尚未充分体现出名城保护规划自身的理论体系。

随着市级国土空间规划的展开和城乡历史文化全面保护的发展趋势，名城保护规划范围已经从单个名城走向名城所依托的市域或县域，保护规划对象从名城走向一般性历史城市。由于建制市行政区域的扩大，可以说任何一个城市区域中都具有不同时期和数量的历史城市空间。现有名城是历史城市中的优秀典范，其数量远远无法体现中国城市历史文化的整体特征，众多非名城的历史城市才是中国社会发展和文化资源的历史基石。从这个意义上讲，今天所有的"市"均有实施保护规划的价值和必要。因此，建构历史城市保护规划理论体系，了解其理论的类型和建构的方法，才有可能在现有的保护规划实践基础上走向创新发展。

从历史城市的文化关联性来看，历史城市保护规划理论，既是一种历史空间与未来协同的城市理论，也是一种文化认同与延续传承的保护理论，更是一种文化创造和创新发展的规划理论。

　　从理论的尺度形态来看，历史城市保护规划理论可分为宏观理论、中观理论、微观理论三类。宏观理论往往以国家及省、市、县政区空间或跨政区的文化圈为研究对象，提供一种历史城市体系或城市群的解释框架，同时也是一种从区域尺度观察问题、分析问题的理论视角。微观理论用于城市（含街区）或单体尺度，可以直接指导具体问题。介于二者之间的中观理论，通常以城市中心城区、市辖区（县）或代管市的历史上的城市空间为规划对象，提供一种从城市尺度的历史文化保护传承的分析框架，实现名城保护目标。三种不同层次的理论体系，可直接对接历史城市的区域、城市、城区、单体的多尺度保护规划内容体系。从 40 年的名城保护规划历程来看，微观理论相对成熟，中观、宏观理论处于雏形阶段，属于尚待发展和完善的理论，仍需要继续通过保护规划实践验证其具有理论的普遍性和一般性。

　　作为历史城市保护规划理论的建构方法，案例归纳法是最基本、最常用的科学方法。通过选择若干典型的有代表性的国家名城以及该名城所在的地级市为案例对象，进行从个别到一般、从现象到本质、从特殊到普遍的归纳分析，探索名城文化内涵的区域、城市、城区、单体之间的渊源关系和内在关联，从而提出历史城市保护规划新的理论、概念或新的认识体系，揭示其发展的一般规律和法则。在案例归纳法基础上，结合其他方法，例如综合比较、抽象概括的逻辑演绎法、关联看似互不相关表面现象的联想推测法、引入其他学科或外来思维的借鉴重构法、探索事物间直接或间接关系的由果究因法等，不断完善中国特色历史城市保护规划理论。与此同时，更需要国家、地方两个层面的衔接与互动。

5　结语

　　从历史的角度看，名城保护制度的建立是文明发展与文化自信的产物。自晚清、中华民国到中华人民共和国，名城保护规划经历了一个从筚路蓝缕到逐渐完善的发展历程，大致可分为 1982 年以前名城保护的孕育探索、1982～2002 年名城保护规划的创立形成、2002 年至今的名城保护规划创新发展三个历史阶段，保护元素从最初的单体保护，逐渐走向城市空间和城乡全域，建立了历史文化名城、历史文化街区与文物保护单位三个层次的保护规划体系，走出了一条中国特色的名城保护规划之路，呈现出"区域—城市—城区—单体"的发展态势。

　　随着城市行政区划的改革以及对城市历史、文化遗产研究的不断深入，名城保护规划面临着与广域型城市政区相对应的历史城区、与名城空间文化内涵一致的整体空间格局、与名城自身营建历史相接续的规划遗产等主要问题的认知。

　　名城保护规划的核心是尊重文化，尊重城市自身发展规律，尊重中国的历史、现实与未来，只有这样，才能在名城和历史城市保护中真正发挥城乡规划学科的价值与作用。因此，基于名城保护规划的性质、功能与内涵，提出了建立"区域—城市"框架下的历史城市群保护理念、重构名城独有的历史文化空间结构、构建历史城市保护规划理论的类型与方法等观点，以期为中国式历史城市保护规划理论研究与实践应用提供一种新的思考。

注释

① 单字县和市县同名的名城，采取了行政建制称谓，如单字县"歙县、寿县"等，"商丘（县）"以示并非指当时的商丘市。

② 撤县改市（convert county into city），20 世纪 80 年代开始推广的一种行政区划改革，即撤销县建制，在原县行政区域设立行政地位与县相同的县级市，又称"撤县设市"。

③ 市管县（市）（city governs county），一种地方管理体制，即由地级市政府管辖周边部分县（县级市）的体制，又称"市领导县"。

④ 这里的"市"，主要指地级市。

⑤ 《历史文化名城名镇名村保护规划编制办法》第三条规定：历史文化名城、名镇保护规划的规划范围与城市、镇总体规划的范围一致，历史文化名村保护规划与村庄规划的范围一致。

⑥ 宁海县，椭圆形县城，原隶台州府，后划宁波市。1949~1981 年陆续拆除城墙形成环城路，现存国保城隍庙、宋代古井、街巷格局、顾宅等。据《南方周末》报道，2021 年宁海古城大拆大建，当地规划部门称：宁海没有"历史文化名城、名镇、名村、街区"这"四个帽子"中的任何一个。见：王华震. 宁海古城拆迁引争议：城市更新如何防止大拆大建？南方周末，2021.10.25.

⑦ 被称为江南地区保存最完整的慈溪老县城——慈城，2005 年被评为中国历史文化名镇。与此相同的邯郸市永年区广府镇，1958 年因县政府迁址而撤销城关镇。虽然 2007 年被评为中国历史文化名镇，但在《邯郸市历史文化名城保护规划（2020~2035）》中，明确划定为"广府历史城区"。显然，从历史文化内涵来讲，类似慈城镇、广府镇这样一批"名镇"，实际上是名副其实的体现县城文化的"历史文化名城"。

参考文献

[1] 白敦庸. 述要[M]. 上海：商务印书馆，1928: 112.

[2] 董卫. 回归城乡一体的历史结构——构建整体性的平遥文化景观体系[J]. 住区，2019(2): 8-18.

[3] 韩光辉. 清代北京城市郊区行政界线探索[J]. 地理学报，1999(2): 150-157.

[4] 霍晓卫，刘东达，张捷，等. 从历史文化名城保护到历史城市保护的思考——以滇中历史城市保护实践为例[J]. 中国名城，2019(10): 4-12.

[5] 李传斌. 试析《保存古迹推广办法章程》[J]. 城市学刊，2018, 39(2): 8-14.

[6] 陆丹林. 愿国人努力于拆城之运动[J]. 道路月刊，1926(1): 12.

[7] 罗哲文. 中国古建筑与古城镇保护的三个阶段[J]. 北京规划建设，2000(4): 7-8.

[8] 单霁翔. 我国文化遗产保护的发展历程[J]. 城市与区域规划研究，2008, 1(3): 24-33.

[9] 王景慧. 历史文化名城的概念辨析[J]. 城市规划，2011, 35(12): 9-12.

[10] 王军. 民国南京城墙存废之争[J]. 瞭望，2011(30): 39.

[11] 王树声. 三形：结合自然山水规划的三个层次[J]. 城市规划，2017(1): 彩页.

[12] 王夷典. 平遥县志：康熙四十六年八卷本[M]. 太原：山西经济出版社，2008.

[13] 吴良镛. 中国人居史[M]. 北京：中国建筑工业出版社，2014.

[14] 吴嵩庆. 我们要求一个市设计法(续) [J]. 市政评论, 1935 (4): 2.

[15] 武廷海. 区域: 城市文化研究的新视野[J]. 城市规划, 1999(11): 12-14.

[16] 学清. 再论拆城: 打倒旧城郭, 建设新都市[J]. 道路月刊, 1929(2): 104-106.

[17] 杨杰. 保留城垣意见书[J]. 黄埔月刊, 1931(8): 1-5.

[18] 养气. 拆城祛惑[J]. 道路月刊, 1922(3): 24-25.

[19] 叶亚乐, 李百浩, 武廷海. 国际上规划遗产的不同概念和相应实践[J]. 国际城市规划, 2022, 37(2): 82-87.

[20] 张兵. 城乡历史文化聚落——文化遗产区域整体保护的新类型[J]. 城市规划学刊, 2015(6): 5-11.

[21] 张杰. 从遗产网络再认识中国古代城市的价值与特色[J]. 城市规划学刊, 2018(1): 2-3.

[22] 张松, 李文墨. 新中国成立以来我国城市文化遗产保护制度的"苏联影响"[J]. 城市规划学刊, 2019(5): 85-91.

[23] 朱皆平. 从城市规划说到国家规划[J]. 交大唐院季刊, 1934(3): 79-87.

[24] 朱泰信. 实业计划上之城市建设[J]. 市政工程年刊, 1944(1): 10.

[25] 朱炳贵. 南京旧影[M]. 南京: 南京出版社, 2014: 65.

[欢迎引用]

李百浩, 李楠. 中国历史文化名城保护: 演变脉络、规划问题及应对策略[J]. 城市与区域规划研究, 2022, 14(2): 1-19.

LI B H, LI N. Historic city conservation in China: evolution, planning, and strategies[J]. Journal of Urban and Regional Planning, 2022, 14(2): 1-19.

现代主义城市规划中功能城市思想之兴起及其早期发展与实践

刘亦师

Emergence and Early Development and Practice of Functional City in Modernist Urban Planning

LIU Yishi

(School of Architecture, Tsinghua University, Beijing 100084, China)

Abstract Modernist planning emerged based upon criticism of and reflections on the Garden City Movement, and the related planning principles and methods were articulated at the Fourth CIAM Congress in 1933 under the title of "The Functional City". With a focus on a comparison of the two major planning ideas of garden city planning and modernist planning, this paper charts out the historical background of modernist planning, including the American City Practical Movement, the rise of Taylorism, and the development of planning technologies, such as zoning and traffic planning. In addition, the paper reviews the large-scale housing projects during the Weimar Period in Germany, the rise of Bauhaus, and various planning schemes advanced by Le Corbusier and other modernist planners, as well as their contribution to the development of modernist planning in the 1920s. From the establishment of CIAM in 1928 to WW II, the Modernist Movement shifted its focus to city planning, proposed the planning ideology revolving around Functional City, and carried out planning practices. They set the stage for its worldwide application after WW II.

Keywords Functional City; rationalism; modernist planning; Bauhaus; Le Corbusier; CIAM

摘　要　现代主义规划思想是在批判和反思田园城市运动弊端的基础上产生的, 至 1933 年 CIAM 第四次大会以"功能城市"为主题, 最终确定了现代主义城市规划的原则和方法。文章重点比较田园城市规划和现代主义规划这两种思想的异同及关联, 简述现代主义城市规划兴起的历史背景, 如美国城市实用化运动和泰勒制理论的出现及功能分区和交通技术的进步等因素, 论述第一次世界大战以后德国的大规模住宅区规划实践、包豪斯学派的兴起和柯布西耶等人提出的各种构想如何促进了现代主义规划思想的形成和发展。从 1928 年 CIAM 成立迄至第二次世界大战期间, 现代主义运动逐渐将重心转移到城市规划方面, 以"功能城市"为旗帜提出了不少构想并开展了相应的规划实践, 为现代主义规划在第二次世界大战后占据主流奠定了基础。

关键词　功能城市; 理性主义; 现代主义规划; 包豪斯; 柯布西耶; CIAM

1　引论: 从田园城市到功能城市——两种规划思想之颉颃与交织

田园城市思想是英国人埃比尼泽·霍华德 (Ebenezer Howard) 在 19 世纪末提出的关于新城规划、建设和管理的学说, 通过有序地向农村地带田园城市疏解当时拥挤不堪的大城市的人口和工业, 从而达到重构城市空间和城乡关系的目的。与当时鼓吹逃避城市、返回乡村的某些思潮不同, 田园城市思想并非单纯地摒弃城市和工业化进程

作者简介

刘亦师, 清华大学建筑学院。

（Buder，1990），而是主张"寓乡于市、寓工于农"，形成新的城市形态及生活、生产模式。但不可否认的是，霍华德对工业化大生产及其导致的城市生活方式并无好感，而田园城市思想的本质就是反对城市规模的进一步扩张，试图消解现有大城市，在更大区域内形成新的城镇体系结构（Hall，2002）。

田园城市思想提出后，在 20 世纪头十年间，经一批建筑师和规划师不断努力，总结出一套设计原则和方法，极大推动了田园城市运动的全球传播。一般认为，田园城市设计思想来源于德语国家关于城市设计理论和美国当时正在进行的城市美化运动（Sutcliffe，1981），其最重要的特征是强调道路的形态及其与临街建筑的空间关系，力图构成蜿蜒曲折、进退参差的街道景观，注意广植绿化并利用建筑的进退形成街头绿地，从而美化环境。至于住宅建筑的设计，则多遵从工艺美术运动的浪漫主义设计原则，力求避免工业化大生产造成的单调感，以变化多端的坡屋顶展示田园意趣，但也因此导致设计、建造费用相对较高。虽然霍华德似乎并不反对在"新城"中沿用英国传统城市的住宅方式——联排住宅和城市大院式住宅（Ward，1992），但在实践中，独栋或联排住宅成为早期田园城市设计的标志。雷蒙德·恩翁（Raymond Unwin）将上述实践经验总结起来，在 1909 年出版为《城市规划实践》一书（Unwin，1909），可视作田园城市设计理论的集大成者（图 1）。

图 1　恩翁等设计的伦敦市郊田园住区（Hampstead），虽具有放射性街道但沿街建筑进退变化丰富

资料来源：Unwin（1909：344）。

然而，在第一次世界大战欧洲各国均面临战后重建和住宅严重短缺的形势下，以包豪斯学派和柯布西耶为代表的现代主义运动在西欧崛起，并在 1928 年成立了著名的"国际现代建筑学会"组织（Congrès International d'Architecture Moderne，CIAM）（清华大学营建学系编译组，1951）[1]，其关注点从住宅设计和居住区规划逐步扩大到城市尺度。1933 年 CIAM 第四次会议上柯布西耶等人正式提出"功能城市"（Functional City）的概念，后经丰富和完善在 20 世纪后半叶"登堂入室"，主导了世界各国的城市规划和建设，影响至为深远，也是现代城市规划思想史上浓墨重彩的篇章。

　　与此前的各种规划思想不同，现代主义规划思想反对从"美观"角度预设街道系统及相应的街道景观（图 2），而更为重视城市的"经济""效率"及规划方案的"实用性"，主张在规划中采用"科学"方法，在对调查和数据分析的基础上确定城市不同功能部分间的相互关系（如工厂、住宅、绿地、道路系统等），使规划切实服务于大众并借此推进社会改革。现代主义规划家积极鼓吹在城市规划和建设中须充分利用先进技术，促进工业化生产、标准化设计和机械化施工，旗帜鲜明地提出面向大众服务、以新建筑为媒介推进社会改革的政治立场（Dearstyne，1962）。

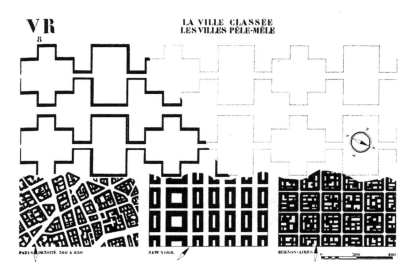

图 2　柯布西耶"光辉城市"中对欧美城市街道与建筑"图底"关系的对比，上半部为"光辉城市"城市肌理，
下半部为巴黎、纽约、布宜诺斯艾利斯的城市肌理现状

资料来源：Mumford（2009：5）。

　　在对待工业化的态度、规划原则、设计手法甚至政治立场等很多方面，现代主义规划与追求田园情趣和个性化表达为特点的田园城市规划均截然不同。首先，田园城市规划带有显著的浪漫主义特征，在设计中有意避免直线、对称并尽力削弱工业感。而现代主义城市规划的理论基础则是倡导理性、科学、技术进步和实用性，因此，现代主义城市规划被史家定义为"理性主义规划"或"功能主义规划"。这决定了二者在空间布局和建筑样式等方面的本质区别。

　　其次，正是目睹了田园城市运动发展过程中的诸多不足，如独栋住宅造成浪费土地、过度侵占农田和日渐与社会疏离等弊端，以及因故意渲染怀旧氛围而弃用现代建造技术、造价较高等现象，现代主义城市规划因而改弦更张，提出集约化、工业化和理性化等主张，进而提出立场鲜明的"功能城市"思想。与田园城市规划孜孜追求城市疏散不同，现代主义规划家的立场更为复杂，既包括美国人弗兰克·莱特（Frank Wright）的"广亩城市"和阿瑟·科米（Arthur Comey）六边形城市网络的"分散式"方案（图3），也有以柯布西耶为代表的"集中式"的城市改造和发展模式。

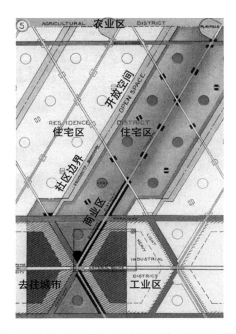

图3　科米提出的替代田园城市模式的美国城镇空间模型，沿公路网发展

资料来源：Comey（1923）。

此外，一些现代主义运动的重要建筑家和规划家曾深受田园城市思想的影响。如德国规划家恩斯特·梅（Ernst May）在第一次世界大战前就曾在恩翁的设计事务所工作过，深谙田园城市设计的优劣。他在1925～1929年主持法兰克福市郊工人住宅规划和建设工作中，充分利用了德国建筑工业高度发达的优势，采用现代主义设计方法，进而创造出新的建筑形象和城市景观（Henderson，2013）（图4）。

但是，这两种规划思想也存在千丝万缕的关联。现代主义规划和田园城市规划家都致力于创造新的空间秩序和生活方式，坚决反对20世纪之前的传统城市中极高的建筑密度和混杂的城市功能。正因为如此，在20世纪60年代后现代主义兴起的大潮中，简·雅各布斯（Jane Jacobs）才将霍华德和柯布西耶视同"反城市主义者"一起加以批判（Jacobs，1961；刘亦师，2021）。而且，不仅田园城市理论及其实践是现代主义规划思想批判和改进的对象，20世纪20年代以降田园城市运动的发展也受到现代主义规划的影响，如立场与田园城市规划截然不同的柯布西耶在20年代初曾在法国波尔多市郊

图 4   法兰克福郊外新建工人住宅区（Niederrad）（1926 年）

资料来源：Stern et al.（2013）。

设计过以两层独立住宅为主的田园住宅区（图 5），其以集中式为突出特征的规划构想中也包含了田园城市式住宅区，唯居于边缘次要地位。同时，帕特里克·阿伯克隆比（Patrick Abercrombie）在 20 世纪 30 年代初讨论旧城改造时，曾盛赞荷兰等地现代主义规划的实践，将之视作城市更新的一种趋向（Abercrombie，1935）（图 6）。可见，田园城市和现代主义这两种规划思想的边界并非不可跨越的鸿沟，而是相互影响、并行发展并构成了现代城市规划发展的主要图景。

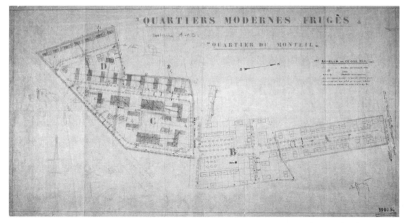

图 5   波尔多郊外的田园住宅区（Cité Frugès）总平面图，深色住宅为建成者（柯布西耶设计，1924 年）

资料来源：https://architecturalvisits.com/en/cite-fruges-le-corbusier-pessac/.

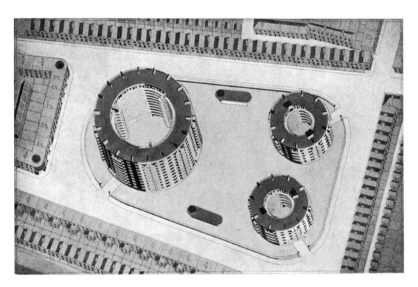

图 6　荷兰某地的旧城区改造，可见新的圆形集合住宅与周边住宅肌理的对比

资料来源：Abercrombie（1935）。

　　目前，国外有关现代主义建筑运动和现代主义规划的研究成果丰富且深入，但多未将研究焦点放在其与田园城市规划的关系上（Hall，2002；Ward，2004），国内的相关研究同样存在缺少关联比较的问题，对现代城市规划思想史发展的全景关注不足，现代主义规划思想发展的线索及其具体过程也仍待进一步梳理和补充。因此，本文首先简述 20 世纪前 20 年在田园城市运动之外的规划思想的转向与规划技术的发展，以之追溯现代主义规划思想兴起的背景，再着力分析其与田园城市思想与规划实践的关联，讨论 CIAM 成立之前西欧住宅区规划的新理论和实践，以及 CIAM 成立之后"功能城市"思想的形成、发展、实践及其影响，从思想史的角度清理现代主义规划的早期发展脉络。所谓"早期"指的是从 20 世纪初到第二次世界大战结束前，此时现代主义建筑和规划思想还远未取得像战后那样睥睨一切的主导地位，而是在与同时期其他思想相颉颃的过程中，不断丰富、完善和调整，其生机勃发也完全不同于战后那种日渐僵化的面貌。

2　从城市美化到城市实用化：现代城市规划的科学基础与功能主义之兴起

2.1　20 世纪 10 年代"泰勒制"的出现与美国城市规划的转向

　　20 世纪的头十余年是美国城市美化运动蓬勃发展的时期。城市美化运动最初是由美国城市的大企业家和金融家发起的城市改造运动，富有改革精神且有助于提振美国民众的民心士气，因此为美国各地方政府所采纳作为城市发展的蓝图。至 20 世纪 10 年代，以华盛顿（1901 年）、芝加哥（1909 年）（图 7）为首的美国各大城市都制定了气势恢宏的市中区改建规划，均以宽广笔直的放射形林荫大道、阔大的市政广场或公园及精美的公共建筑和城市雕塑为主要特征。这种规划模式的出发点是"美化"美国城市核心区，效果显著，因此其设计手法也得到大洋彼岸的英国利物浦学派规划家（如阿伯克隆比等人）的高度重视。但是，美国规划家们很快意识到城市美化运动立足于"美观"因而导致耗费巨大而获益面过窄，"得益者是最不迫切需要改善其生活环境的阶层"（Foglesong，1986），对切实促进城市工商业的发展收效甚微，也完全忽视了当时人们迫切关注的住宅问题。因此，美国规划家们提出城市规划的着眼点应更多关注经济和效率等实用性原则，从而自 20 世纪 10 年代就掀起了"城市实用化"（City Practical）运动。

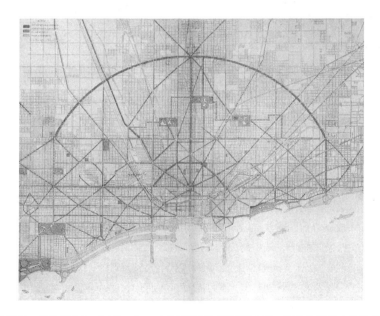

图 7　1909 年丹尼尔·伯纳姆（Daniel Burnham）制定的芝加哥规划方案，既是美国城市美化运动的集大成者，
也体现出美国规划运动的转向，道路体系基于城市及周边区域发展需要确定

资料来源：Burnham and Bennett（1909）。

　　与美国城市规划发展上这一转型遥相呼应的，是 1911 年美国工程师弗雷德里克·泰勒（Frederick Taylor）在其著作《科学管理原则》（Taylor，1911）一书中提出的"泰勒制"（Taylorism）。泰勒制的核心是通过"科学化管理"，即致力于使工人减少移动从而避免浪费时间，从而提高工业生产效率。这一管理思想经美国汽车厂商亨利·福特（Henry Ford，1863~1947）的推广，形成了固定工作地点和工作内容的流水线方式（Fordism），成为此后流行于各国的工业化、标准化大生产的基本模式，也成为现代主义运动中技术进步和理性、效率的代名词（Harvey，1991）。在泰勒制的启发下，美国规划家们也开始研究如何以更加科学的方式优化城市空间布局，从而提高城市的生产效率。这一时期在北美出现了一些以理性分析和缜密计算为特征的城市规划理论，如六边形规划理论的产生就是在分析不同形式交叉路口通行效率的基础上，确定六边形路网结构最为合理（图 8）。而同一时期欧洲规划师如恩翁和尤金·海纳德（Eugène Hénard，1849~1923）对交通节点的分析，也可视为在城市规划中重视理性、效率和量化分析趋向的一种体现（图 9）。

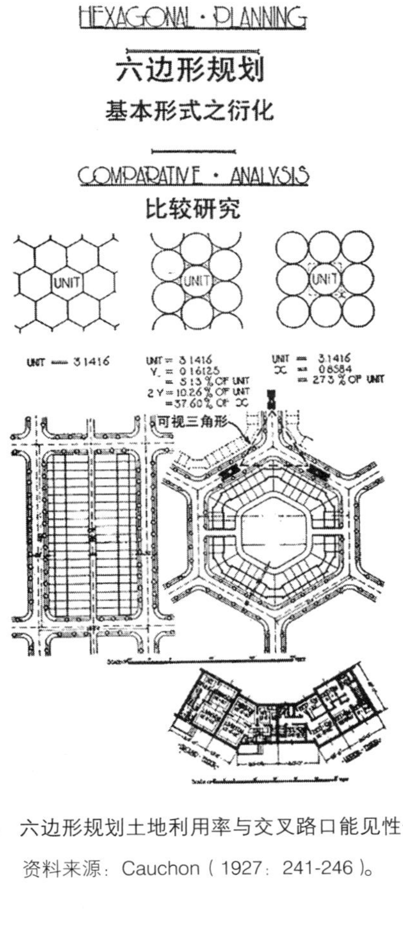

图 8 六边形规划土地利用率与交叉路口能见性分析

资料来源：Cauchon（1927：241-246）。

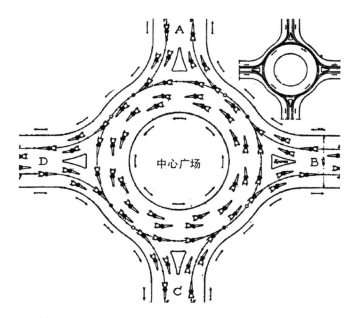

图 9 法国规划家海纳德对圆形环岛做的交通分析，此图也出现在恩翁书中

资料来源：Unwin（1909：240）。

这一时期，西方各国的规划家相率摈弃了完全基于美学原理的规划方法，转而采用兼顾物质环境及社会情势调研和分析为基础的"科学"方法，并将社会科学的研究方法和视角融入城市规划学科。规划家开始更加注重过程性分析而非最终的美学效果，"不再专注于以恢宏轴线为特征的城市方案，而是借助新的理性方法使规划工作能有效扩展到整个城市范畴"（Mumford，2000）；街道布局及其截面设计必定与所处地势、周边的土地利用情况相匹配，而不再仅考虑其对景和沿街立面。因此，城市实用化有时也被称作"城市科学化"（City Scientific）。同时，由于泰勒制的核心思想是提高效率，而这一时期规划家的目的同样是提高城市居民和物资的流转、通勤及生产效率，借提升效率、发展经济化解城市中各阶层的矛盾，因此城市实用化还被称为"城市高效化"（City Efficient）。

这些"理性""科学""高效"等核心观念促成了美国城市规划的转向，不但使城市规划跳脱出空间形式分析和局部区域美化的桎梏，也成为不久之后在西欧兴起的现代主义思想的理论基石，柯布西耶亦曾直言不讳他的建筑和规划思想都受到泰勒制的影响（Mumford，2009）。其中，交通规划和功能分区被视作贯彻城市实用化意图的两个重要工具，其理论和实践在美国的发展也深刻影响了之后现代主义城市规划思想的形成。

2.2 规划技术之发展与普及：功能分区与交通规划

德国在 19 世纪中后叶就在城区扩张（urban extension）的过程中，将城区尤其是新建区划分为不同功能并制定相应的管控规定，被称为分区制度（districting/zoning）。德国最早以法律形式确定的分区制度出现在法兰克福（1891 年），及后为柏林、慕尼黑等地市政府效仿（Foglesong，1986）。分区制度的基本原理，是德国市政专家观察到城市中的经济活动有聚集倾向，因此，市政当局有必要通过政策工具对之加以强化并顺势制定针对建筑体量、高度、密度等不同的规定，以此管理城市的活动与面貌，同时促进工商业发展并净化居住区的环境（Sutcliffe，1981）。

德国的分区制度主要针对的是城区扩张过程中形成的新区，考虑结合主导风向等因素布置工业区和居住区等。但其管理相对宽松，不但允许一定程度的功能混合，而且对密度极大、各种功能混杂的老城区基本采取一仍其旧的态度。以法兰克福为例，其新城区分为居住区、工业区和混合区，除工业区内严格不允许建设住宅外，其他两个区域均允许适当建设商业甚至轻工业，但对老城区未加任何规定（Hirt，2013）。由于当时德国在城市规划和城市治理"科学化"方面均为西方翘楚，英、美等国的规划专家前去德国参观交流者不绝于道，不约而同注意到这一城市治理的新工具。德国的居住区规划和管理对英国田园城市运动发展影响甚大，而美国最早的分区制度也是直接参考德国城市模板的结果（Hirt，2007）。

与人口密度很高、国土相对狭小的欧洲不同，美国不但工业高度发达，且 19 世纪中后叶以降大批外来移民涌入，资本家从自身利益出发亟须功能分区这一政策工具保障其阶级权利和经济利益。实际上，美国在 19 世纪 80 年代即开始在旧金山等地推行隔离居住政策，造成了"唐人街"这种将华工圈禁在一定城市区域居住和生活的现象，但现代意义上的该功能分区制度则始于 1916 年纽约市通过的分区法。美国法学家和市政学家在德国分区制的基础上大胆推进，不但将管控范围扩及包括建成区的纽约市全域，通过对限高、体量等控制，使市中心的高档商业区内再无容留工厂和普通住宅的可能（Johnson，2015）。同时，纽约的分区法制定了更为严格的规章制度，除将商业区和工业区独立开来之外，特别规定在居住区内只保留居住功能，而将所有工业和商业清除出去。此外，为维护特定种族和阶层的利益，纽约的分区法还对居住区内地块上的建筑密度加以详细规定，从法理上将不同形式的住宅——富庶阶层的独栋住宅区（"建筑占地不得超过所在地块的 30%"）和工人阶级的多层公寓区也分开建设与管理，并以独栋住宅为美国生活模式的代表（Hirt，2013）。

继纽约之后，加州湾区小镇伯克利（Berkeley）也于 1916 年通过了分区法，将伯克利周边的居住区划分为 5 个居住区和另外 3 个商业、文化和工业区，详细地规定出 1～5 居住区内住宅的类型和层高，也是第一次在对住宅区进行细分。纽约和伯克利的分区实践大获成功，获得美国各级政府的关注和支持，至 1925 年全美"425 个城市、涵盖美国一半人口的地区实行了分区法"（Foglesong，1986），而美国的城市功能分区制度也被认为是"美国对世界规划传统形成的主要贡献"（Talen，2005）。对比仍允许功能混合及对居住区中住宅类型未加限定的德国功能分区模式，美国的功能分区制度更加彻底和"科学化"，这种实践也成为之后"功能城市"思想的理论基础之一。

除功能分区外，19世纪末到20世纪初，美国的道路设计和交通规划等技术也取得巨大进步，也是美国对世界城市规划发展的另一重要贡献。美国人弗雷德里克·奥姆斯泰德（Frederic Olmsted）最先提出"园林路"（parkway）的概念，进而在城市及其周边腹地的区域内形成了与高速路相结合的公园绿地系统。随着美国私人汽车保有量的大幅增长，道路设计上出现了将城市内生活性交通和通过性的高速路区分开的方法，并且研究了不同性质道路的通行效率及其与居住区的关联。区域规划专家本顿·麦凯（Benton MacKaye）和刘易斯·芒福德（Lewis Mumford）曾提出"无城镇的高速路"（townless highway）和"无高速的城镇"（highwayless town）两种形态（MacKaye，1931），试图在提升通行效率的基础上减少快速交通对城市生活的影响，最终在1942年由特里普（Tripp，1883～1954，中文文献中曾将其译作"屈普"）总结为分区交通规划原则（图10）。这一时期，早期的园林路设计让位于以效率优先的交通规划和道路设计，一方面体现了以理性主义为基础的规划技术进步，是现代主义规划理论的关键部分之一，但同时也造成了后来广遭诟病的尺度丧失等问题。

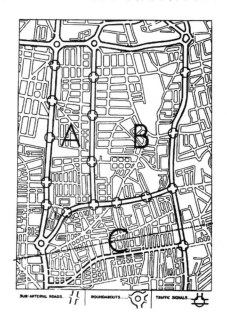

图10　特里普书中将道路区分为通过类和服务类的交通规划示意图（1942年）

资料来源：Tripp（1942：78）。

相比而言，田园城市思想的空间图示虽然早已提出空间分区的概念，但只粗略地以绿地（公园）和道路将住宅与商业和工厂分隔开，住宅区内部既无细分，也未涉及基础设施的空间布局等问题（图11）。此外，霍华德非常重视利用当时突飞猛进的交通技术，既设置了环城铁路，也使近郊干线铁路将其与"母城"和其他田园新城连成交通网络。但是，这些概念相比 20 世纪 10 年代的交通分析和 20 年代发展出的道路分级及其道路界面设计，显然后者是在田园城市理论的基础上深化和发展的结果。

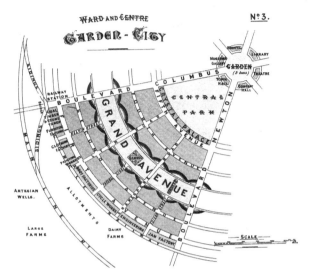

图 11 田园城市（1/6 局部）空间图示

资料来源：Ebenezer（1898）。

3 CIAM 成立前后现代主义规划思想之发展：从现代主义建筑到现代主义城市规划

3.1 从戛涅到柯布西耶：法国现代主义城市规划思想的形成与发展

在霍华德出版其《明日》一书不久，法国建筑师托尼·戛涅（Tony Garnier，1869～1948）于 1899～1904 年以其家乡里昂市郊为对象，发表了名为"工业城市"（Cité Industrielle）的规划方案（图 12）。戛涅以工业为未来城市的主要功能，其人口不超过 35 000 人，容纳居住、办公、商业、休憩等功能，但有意将教堂、兵营等建筑类型排除在外。在总平面上，"工业城市"采取了分区布局：城市主要区域是连片被划分为 30 米×150 米地块形成的居住区，办公、商业和市政中心集中，小学均匀分布在居住区中间；与工业相关的各种设施按其类型被集中布置在港口和货运铁路等附近，医院、屠宰场等部分都和居住区隔开。戛涅将新城布置在绿化充分的郊区，且将快速交通布置在居住区外围，使居住区内部形成连续的绿化步行带，而其内小学的布置更与 30 年后美国的"邻里单位"理论如出一辙。

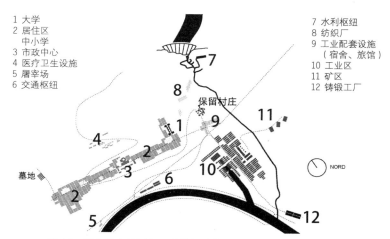

1 大学
2 居住区
  中小学
3 市政中心
4 医疗卫生设施
5 屠宰场
6 交通枢纽

7 水利枢纽
8 纺织厂
9 工业配套设施
  （宿舍、旅馆）
10 工业区
11 矿区
12 铸锻工厂

保留村庄

墓地

NORD

图12 工业城市总图与各功能部分布局（戛涅设计，1904年）

资料来源：*Les faiseurs de villes : 1850-1950.* sous la direction de Thierry Paquot, Gollion-Paris, Editions Infolio, 2010.

工业城市与田园城市的同心圆式布局不同。结合铁路、公路和航运一体的联运枢纽站位于市政中心对面，显见其核心地位，也为该市与外界及其不同功能部分之间提供了便捷的联系。同时，"工业城市"也体现出更加明确的分区原则，清晰可辨居住、工业、娱乐和交通等四种截然不同的功能。而且，在20世纪初混凝土尚未被广泛应用时，戛涅已敏感地认识到这种新建筑材料蕴藏的巨大潜能，提出在新建的工业城市中除个别例外，所有建筑都采用混凝土建造，尤其在居住区设计了2~4层的混凝土住宅，广泛使用了符合混凝土性能的带形窗、平屋顶和悬挑屋顶，也采用了自由平面布局、屋顶花园和底层架空等手法。整个方案既有创造性的前瞻构想，也包含了非常丰富的设计细节，柯布西耶在波尔多的住宅区项目就可视作是其方案的一种落实（图13、图14）。

CITÉ INDUSTRIELLE
TONY GARNIER ARCHITECTE.

QUARTIER D'HABITATION

图13 工业城市的住宅区街景（戛涅设计，1904年）

资料来源：Lampuhnani（1985）。

图 14　柯布西耶设计的波尔多郊外田园住宅区外观（1924 年建成）

资料来源：http://www.prewettbizley.com/graham-bizley-blog/corbusier-pessac.

　　戛涅的方案是早期理性主义规划的集大成作品，深刻影响了此后现代主义规划的发展，也是其重要的思想来源（Lampuhnani，1985）。柯布西耶受戛涅规划思想的影响尤大（Curtis，1986），而他基于住宅设计提出的"新建筑五点"实际也从工业城市的住宅设计中汲取了大量养分。柯布西耶从 20 世纪 10 年代末开始关注城市规划问题，尝试将"建筑是居住的机器"这一原理推广至城市尺度。在参考了工业城市的功能分区、绿地系统、交通规划、几何布局等要素的基础上，柯布西耶于 1922 年提出"当代城市"（Ville Contemporaine）构想（图 15）。

　　柯布西耶旨在改变 19 世纪以来欧洲城市拥挤、混乱的状况，但坚决反对田园城市规划的扩张发展和浪费用地的做法。他赞成适度的集中式发展，如"当代城市"中的高层和多层建筑，体现了为精英阶层服务的便利的生活方式。"当代城市"的中心区域布置 24 栋高层建筑。由于采取集约式发展，高层建筑裙房掩映在绿茵之中，市中心绿化率极高，一改既有习见的拥挤不堪、缺少绿地等状况（图 16）。高层外围是柯布西耶设计的多层板式住房——"居住单元"（Unité d'Habitation），其外形简洁且蜿蜒连续，是构成新城市面貌的重要元素，既用作精英阶层公寓，也包含了某些文化设施。居住单元外围是为中产阶级提供的住宅群，其建筑密度更小。在远离市中心的下风向区域则布置了工厂及与之毗邻、为工人阶级提供的田园城市式住宅（图 15 右下角），显示其对田园城市思想的部分接受。此外，和戛涅一样，柯布西耶也极为重视交通线规划和通行效率，将车站置于最核心的位置，使之能与城市的不同部分产生直接联系。

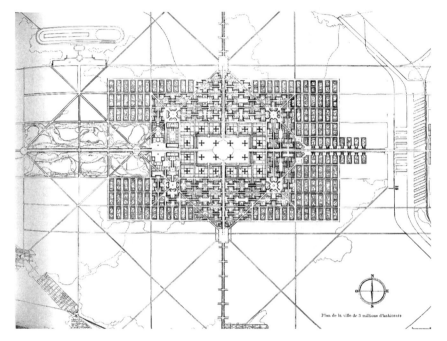

图15　"当代城市"总平面图，西南角为与主城区隔离的工业区和工人住宅区（1922年）

资料来源：Le Corbusier（1936：99）。

图16　"当代城市"市中心高层区域的绿化环境，充足的绿化和娱乐空间是柯布西耶城市规划思想的重要组成部分

资料来源：Le Corbusier（1936：97）。

　　"当代城市"旨在以理性主义规划促进城市效率的提高，并使社会各阶层各安其位、各得其所，不啻于造成新的社会秩序和生活方式，也显具柯布西耶的个人风格——对构成城市的各种空间和社会要素均极力加以控制，不容任何变通。虽然规划思路和建筑设计体现了显著的现代主义特征，柯布西耶的"当代城市"方案也带有奥斯曼巴黎改造的轴线设计的传统，呈现出强烈的几何式布局。

　　可容纳 300 万人的"当代城市"已非新建城镇的规模，而是对大都市尤其是首都城市建设蓝图的描摹，唯未指明具体地点。1925 年柯布西耶以上述规划理论和设计手法为基础，预设巴黎塞纳河北岸的大片区域为对象规划了新巴黎市区，可视作对"当代城市"的具体应用。这一方案和"当代城市"一样，虽然引起规划界轰动，但并无实施的可能。

　　20 世纪 30 年代初，在与 CIAM 成员的密切交流中，柯布西耶已初步形成了"功能城市"思想。同时，他汲取了苏联规划家对"当代城市"等规划构想的批评，即过于强调商业资本在城市中的地位，且分阶层将民众安置在不同等级的住宅类型中（显然借鉴了美国的住宅分区制度）也显得不合时宜。因此，柯布西耶在 1932 年提出了"光辉城市"（Ville Radieuse）构想（图 17）。这一方案同样重视对土地的集约利用和交通效率，但柯布西耶引入了比附人体结构的总图布局方法，使商业区和行政中心的高层建筑位于"头部"，"躯干"和"两臂"则布置绿化休闲区和住宅区，底部为工业区。此外，城市主体部分以外还设置了大学和行政等"卫星城"。"光辉城市"中的住宅形式与"当代城市"无异，一以贯之地利用现代工业和建造技术大量营建成本低廉的住宅，在其屋顶布置屋面花园和健身场地等。但在"光辉城市"中这种居住单元成为唯一的住房类型，避免了以住宅品类划分居住者的经济和社会地位的弊端。

图 17　柯布西耶"光辉城市"总平面及其功能分区（1933 年）

注：柯布西耶的巴黎改造方案模型，可见垂直路网及高层建筑与图中右下及远景保留的老城肌理形成强烈对比。

资料来源：Curtis（1986：65）。

柯布西耶在阐释"光辉城市"时，提到田园城市规划能够在一定程度上纾解大城市的拥挤问题，创造良好的居住环境并使某个阶层的生活质量得以提升，但受限于建造技术和用地模式，毕竟难以满足社会大众对住房的迫切需要，也无法推动霍华德曾向往的社会改革（Curtis，1986：118-124）。在此意义上，"光辉城市"提供了新的城市发展路径，即立足于清晰和等级分明的功能分区，通过集约化、工业化的开发和建造模式，融合田园城市等其他规划思想为辅弼，成为迅速改变城市面貌、重组社会形态的重要工具。"光辉城市"实际上是当时CIAM提出"功能城市"的具体表达形式之一，虽其本身暂仍未获实施的机会，但这一时期的若干实践则或多或少体现了柯布西耶规划思想的影响。

3.2　包豪斯学派及其他：德国城市规划理论与实践的发展

第一次世界大战后，德国成立魏玛共和国，其于1919年8月颁布的《魏玛宪法》（Weimar Constitution）第155款明确提出"为每个德国人提供恰当的住宅"（Silverman，1970），这意味着德国政府有义务至少为德国民众提供"最低限度的居住空间"。在这一背景下，带有改革倾向、对广大中下阶层悲惨的住房情况抱同情的一批德国建筑师和规划师以巨大的热情投入到住宅区的规划和建设中。

1919年，沃尔特·格罗庇乌斯（Walter Gropius）于魏玛市创建包豪斯学校（Bauhaus），开展融合现代艺术、工艺美术和实际建造的现代主义建筑教育，使之迅速发展为德国现代主义建筑运动的中心。格罗庇乌斯主张利用德国高度发达的工业体系和生产能力，推行设计标准化、降低建造成本并加速施工速度。同时，他支持将妇女从家庭的桎梏中解放出来，充实德国的劳动力，并参考苏联经验将育儿所、食堂等配套设施同步于住宅进行建设（Mumford，2009），进而通过新住宅造成新的生活方式，实现社会进步和改革。

在具体设计方面，格罗庇乌斯和同时代其他德国现代主义建筑师一样，抛弃了德国城市传统的沿街区周边布置的大院式住宅，而主张采用形式简洁、便于施工的长条形多层住宅，即著名的"条状多层公寓式住宅"（Zeilenbau）。由于挣脱了西特式街道界面和图底关系等设计原则的束缚，在总平面布局上，以住宅的长边垂直于街道，这种行列式布局显著提高了土地利用率，并进一步由5～6层发展为高层板式住宅（图18）。为了使住宅得到最大程度的日照和卫生条件，当时还流行将条状住宅布置成东西向。

1928年，格罗庇乌斯以这种行列式布局的规划方案参与德国卡尔斯鲁厄市（Karlsruhe）的一处新住宅区规划竞赛并获得头奖（图19）。除其规划方案外，格罗庇乌斯自己设计了其中几处条式住宅，体现了与工业大生产相适应的典型标准化设计（图20）。这一项目中的其他住宅设计则由格罗庇乌斯委托给包豪斯学校的教师和其他现代主义建筑师设计。

图 18　格罗庇乌斯设计的 11 层板式住宅，包豪斯学派与柯布西耶均主张采用高层建筑，

恩斯特·梅等则主张 3～5 层为宜（1931 年）

资料来源：Swenarton（1983：49-59）。

图 19　卡尔斯鲁厄市新建住宅区（Dammerstock）规划图（1928 年）

资料来源：Lampuhnani（1985：131）。

图 20　卡尔斯鲁厄市新建住宅区建成后鸟瞰图（1930 年）

资料来源：Krohn（2019：104）。

　　除住宅区外，包豪斯学派成员还将这种理性主义的规划思想扩大到城市尺度。主持包豪斯住宅建设和城市规划课程的路德维希·希尔伯塞默（Ludwig Hilberseimer，1885～1967）曾在 1923 年提出过"卫星城市"（Satellite City）方案，是当时包豪斯学派倡导的行列式住宅布局的居住区的典型例子。1925 年，在参考柯布西耶的"当代城市"构想后，希尔伯塞默又提出"高层城市"（High City）方案，将城市包含的住宅、商业、娱乐等各功能融汇在极为简洁、冷峻的一组组高层建筑中。与柯布西耶的方案一样，"高层城市"也极为重视交通效率和土地利用的经济性，但后者将标准化设计推向极致——不再区分住宅和其他建筑类型，而只保留了外观外圈一致的条状高层建筑，其底部为商业和办公，上部则用作娱乐设施和住宅。商业部分之间布置了步行连廊，与快速交通部分隔离开，供行人使用（图 21、图 22）。这一设计手法深刻影响了后来包括考文垂重建在内的诸多方案。同时，"高层城市"中不再布置工业，而只保留了办公空间，显示希尔伯塞默对未来城市从工业到服务业发展趋势的理性判断（Aureli，2011）。

　　希尔伯塞默后来还将这种规划思想应用到柏林的旧城区改造上，对老城区的历史遗产和肌理漠然视之（图 23）。正如透视图所示，希尔伯塞默和包豪斯学派的这些规划方案展现的城市场景是冰冷及拘谨的，理性、秩序和效率决定了规划的全部内容，而罔顾个体在情感和需求上的差异性。可见，包豪斯学派的规划思想在建筑形式、设计手法、城市发展模式等方面都与田园城市思想大相径庭，一方面引起理性精神和与工业化相匹配的立场确实有助于实现"最低限度的居住空间"，但同时也埋下了城市面貌趋于单调乏味和千城一面等世界性问题的远因。

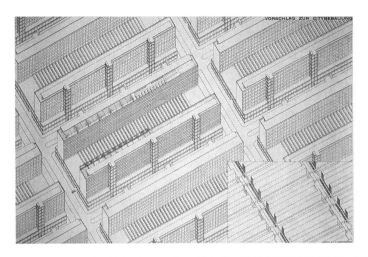

图 21 "高层城市"局部轴测图（1923 年），希尔伯塞默后来反思这种规划造成的效果
"并非都市（metropolis），而是坟场（necropolis）"

资料来源：Lampuhnani（1985：129）。

图 22 "高层城市"方案中裙房部分（办公及商业）的步行连廊，下部为车行交通

资料来源：Aureli（2011：3-18）。

图 23　柏林核心区改造方案，可见行列式的现代主义建筑与其他街区

（大院式住宅街坊）的强烈对比（1928 年）

资料来源：Aureli（2011：3-18）。

　　应该注意到，包豪斯虽然是德国现代主义运动的中心，但同时期还有其他德国建筑师和规划师也在探索现代住宅区与城市规划的理论，并进行了数量可观的实践，同样是德国现代主义城市规划发展的重要组成部分。其中，最为突出的是恩斯特·梅在 20 世纪 20 年代法兰克福开展的新住宅区建设。梅在第一次世界大战前曾受英国田园城市运动主将恩翁亲炙，但其返回德国后，认识到田园城市设计与工业化生产凿枘不投，而且独栋住宅占地过大，除增加交通负荷外，与德国用地紧张的国情也不相符。但他与包豪斯学派不同，仍将住宅沿街布置并注重沿街景观的塑造。梅袭用了田园城市在道路和绿地系统方面的浪漫主义设计原则，但以三层的平屋顶联排住宅为主体进行规划，利用住宅的进退组合创造出丰富的空间形态（图 24）。同时，他在住宅设计中大胆使用了鲜艳明亮的色彩，增加了其作品的现代性意味。1925～1928 年，梅在法兰克福市政府支持下在其市郊建成了 24 处造价低廉的工人住宅区（Mumford，2009），成为公共住宅建设的范例，得到西方各国的重视（Mullin，1977）。之后梅以这种规划思想和设计手法为苏联设计了不少新建的工业城镇（图 25）。

　　除梅在法兰克福的实践外，现代主义规划家布鲁诺·陶特（Bruno Taut）和马丁·瓦格纳（Martin Wagner）在柏林及其周边也进行了大量住宅建设，并探索了现代城市规划的空间布局方式。瓦格纳在 20 世纪 20 年代曾担任柏林市的总规划师，他同样注重理性和科学分析在规划中的核心位置，但同时也力图将人的主观需求纳入设计，因此其住宅区设计中显示了不同于包豪斯的现代主义风格（Lampuhnani，1985）（图 26）。

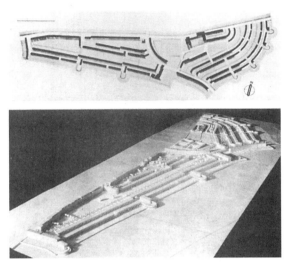

图 24　法兰克福市郊新建的工人住宅区（Römerstadt）总平面及模型，可见其街道蜿蜒曲折，东、西两个地块
分别采用不同的住宅形式，但均沿街道布局，形成特别的街道景观

资料来源：Swenarton（1983：49-59）。

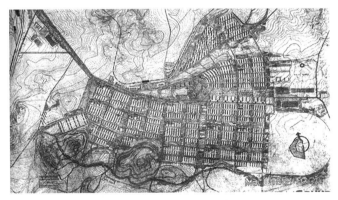

图 25　梅设计的苏联新建工业城市（Magnitogorsk）总平面（1930 年）

资料来源：International New Town Institute.

魏玛共和国时期（1919～1933 年）的这些德国建筑家和规划家虽然其设计呈现各有不同，但均立足于以工业化方式解决住宅短缺问题，虽在具体设计手法上与英国田园城市运动有所关联，但展现出与田园城市规划迥乎不同的面貌和风格。如前所说，田园城市的空间规划注重避免直线形街道，道路系统有意形成曲折蜿蜒的形态并力图与地形、地貌紧密结合（图 27）。相比之下，格罗庇乌斯等人的

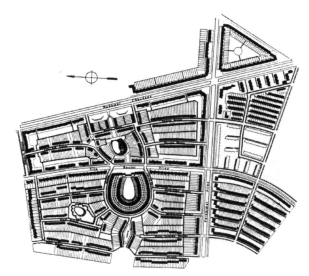

图 26 陶特及瓦格纳设计的柏林市郊布里茨（Britz）新建住宅区，马蹄状联排公寓居中布置（1929 年）

资料来源：Hellgardt（1987：95-114）。

行列式规划以大工业生产和标准化设计相标榜，又回到 19 世纪中后叶"法定住宅"的老路，而这正是田园城市思想的奠基人如霍华德、恩翁等人极力反对的。

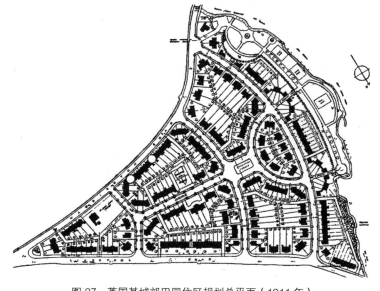

图 27 英国某城郊田园住区规划总平面（1911 年）

资料来源：Culpin（1913）。

在单体设计上，田园城市（实则除莱彻沃斯和韦林外均为城郊田园住区）既包括富庶阶层住宅，也包括工人住宅，二者的规模和装饰丰富程度迥异（图28、图29），但均遵从工艺美术运动设计原则，即使是联排的工人住宅其设计也别具特色，造价上相比现代主义风格的行列式住宅要昂贵得多。因此，田园城市住宅尤其是独栋住宅逐渐成为中产及以上阶层才能负担的居住形式，在"非西方"国家更成为权贵阶层社会地位和文明程度的象征（刘亦师，2019）。这也是田园城市运动在20世纪20年代前后最受诟病之处。

图28　莱彻沃斯田园城某艺术家住宅外观

资料来源：Purdom（1913：96）。

图29　莱彻沃斯田园城联排式工人住宅

资料来源：Purdom（1913：161）。

3.3 CIAM 与《雅典宪章》

与英、美主导的田园城市运动不同，现代主义运动在其初期主要由德语区和法语区国家的建筑师与规划师推动，格罗庇乌斯、恩斯特·梅、柯布西耶等均为其代表人物。由于他们的政治观点、设计哲学和对待工业化及城市化等立场接近，同时为了对暂处于弱势地位的现代主义思想进行有效宣传，将现代主义运动推向世界，他们于 1928 年在瑞士成立了著名的"国际现代建筑学会"组织（CIAM）。这一组织有效地团结了持现代主义立场的各国建筑师和规划师，陆续在 30 多个国家形成其分支机构（charter），通过组织展览、辩论、参观，对现代主义思想的基本观点达成了较为一致的看法，形成统一的宣传口径，对推动现代主义运动起到了至关重要的作用，其组织形式和活动内容也对之后的国际性建筑组织产生了重要影响（Glendinning，2008）[②]。

随着 CIAM 的成立和逐渐成熟，20 世纪 30 年代现代主义规划工作的重心从住宅设计转移到城市规划上，更为深刻地影响了世界城市建设的进程。从创立至 1939 年第二次世界大战爆发，CIAM 共举办五次大会，此外由核心成员组成的执委会（Comité International pour la Réalisation des Problèmes d'Architecture Contemporaine）几乎每年都聚集起来，会商现代主义运动中的重要问题及确定大会的选址和主题等。1929 年在法兰克福举办的第二次大会以"最小限度住房"（Existenzminimum）为主题，既与《魏玛宪法》的政治目标相符，也是现代主义建筑师致力于尽力降低造价的体现。第三次会议于 1930 年在布鲁塞尔举办，主题为"场地的理性规划"，显示了 CIAM 和现代主义运动将其关注点从建筑单体/组群设计转移到城市规划方面。而 1933 年举办的第四次会议是 CIAM 历史上"最具传奇色彩"的大会，此次会议以"功能城市"为主题，初步形成了现代主义城市规划的基本原则，成为深刻影响此后世界城市规划思想和实践的大事件。

CIAM 的早期活动具有非常鲜明的特征。其成员大都具有社会改革思想，密切关注苏联当时正在进行的社会革命和城市建设，急切希望将现代主义建筑的"革命"思想广泛应用到苏联，而苏联"一五计划"期间拟建设数百个新的工业城镇也为他们提供了广阔的前景。CIAM 的核心成员如梅与其法兰克福时期的同事组成团队（May Brigade），在苏联规划了不少新城（Flierl，2015），柯布西耶也曾在 20 世纪 20 年代末以"当代城市"为模板为莫斯科做过规划方案（Mumford，2009）。

CIAM 第四次大会本拟于 1932 年在苏联召开，但因斯大林赞赏的社会主义现实主义创作思想已占据统治地位，遂致日益排斥以抽象、简洁和工业感为特征的现代主义风格，使会期一再延宕。至 1933 年春，CIAM 执委会决定在从马赛到雅典往返的一艘游艇上举办第四次大会。由于决定仓促，大部分德国代表未能出席，但新增了英国代表，登船参会者及其家眷近百人（Gold，1998）。柯布西耶在大会开幕式上对"功能城市"的主题进行简要阐述，重申交通技术的进步和新材料如混凝土、钢材的应用为城市的集约化发展创造了条件，"功能城市"在合理分区的基础上将有效平衡集体组织和个体的需求，"以使多数民众获得最大快乐"（Mumford，2000），而这正是传统城市和田园城市规划均未解决的问题（图 30）。

图 30　柯布西耶在 CIAM 第四次会议上发言（1933 年 8 月）

资料来源：Van Eesteren-Fluck（2014）。

CIAM 在此前几次活动中根据会议主题制作统一比例尺的项目展板，第四次大会则要求会员在会前准备同一比例尺城市规划方案（展板尺寸、图纸内容及其比例尺均作了统一规定），最终在游艇上展出了欧美 33 个城市的规划项目或构思方案（Mumford，2000：84）。通过观摩和讨论，参会成员一致肯定了规划技术的重要性，并确定下来"功能城市"的四大功能：住宅、工作、交通和娱乐。其中居住最为重要，且与之紧密相联系的是"娱乐"，并力图使娱乐活动不与集体生活完全脱离。因此，参会成员也形成了"功能城市"规划思想的五点"决议"：①城市规划应"适合其中广大居民在生理上及心理上最基本的需要"（清华大学营建学系编译组，1951），并使个体自由与集体生活得以协调；②城市的空间布局应遵从人的尺度；③城市应合理进行功能分区；④居住是城市最重要的功能；⑤应提供充足的绿化等自然环境，各功能区域和元素应融汇并用（Gold，1998）。

CIAM 第四次会议结束后，"功能城市"成为现代主义规划家一致接受和宣传的设计原则，并通过理论和实践对"功能城市"的概念加以完善、丰富，如 1933 年柯布西耶出版的《光辉城市》一书及其提出的各种规划构想等。然而，迟至 1942 年 CIAM 成员才在美国首次将第四次大会上关于"决议"的内容编辑成小册子出版（Mumford，2009）。柯布西耶则于 1943 年又将 CIAM 第四次会议的过程及其他对"功能城市"的见解编辑成书，取名《雅典宪章》发表，迅即引起世界性轰动，被翻译成多国文字，为现代主义规划思想在战后城市重建中跃居主流奠定了基础。

　　20 世纪 30 年代初以降，随着苏联美学思想的转向，苏联的现代主义规划运动戛然而止。CIAM 也随之调整，其政治立场渐趋中立并使"功能城市"的蓝图能适用于不同政治意识形态的国家。1935 年 CIAM 在巴黎召开第五次会议，会议召集人、CIAM 总干事西德弗里德·吉迪恩（Sidfried Giedion，1888～1968）等还号召继续丰富现代主义规划思想，在具体设计中将对"人"的需求考虑进去，同时也将城市规划进一步扩大到区域范畴（图 31）。但总体而言，第二次世界大战以前的现代主义运动始终处于世界舞台的边缘，相继在苏联和德国遭到抵制，但却于 20 世纪 30 年代以后的世界变局背景下，陆续在英国和美国大为发展，最终在战后成为无可争辩的主流思想，影响至今。

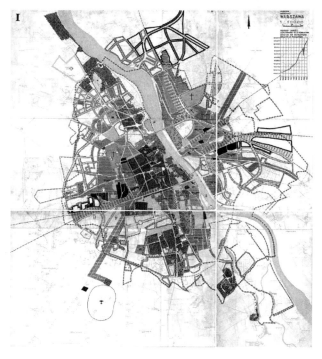

图 31　CIAM 第五次大会上展示的华沙区域规划方案（1935 年）

资料来源：Kohlrausch（2019）。

4　"功能城市"：第二次世界大战前后现代主义城市规划构想与实践（1932～1945）

　　1933 年 CIAM 第四次会议以后，"功能城市"成为现代主义城市规划运动发展的主导思想，以柯布西耶为首的一批现代主义规划家在此框架下纷纷开展多种探索,对欧洲、非洲、南美的诸多城市提出了规划构想,如巴黎、莫斯科、阿尔及尔、安特卫普(图32)、日内瓦、斯德哥尔摩、里约热内卢等(Mumford,2000)。应该看到,前文提及柯布西耶在 1932~1935 年提出的"光辉城市"构想及巴黎等地的规划构想,是"功能城市"思想诸多呈现方式中的一种,而同时还有正式得以实施并切实推动了现代主义城市规划发展的例子。

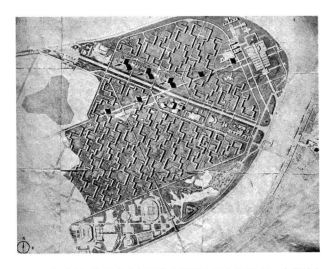

图 32　柯布西耶制定的安特卫普市规划方案(1933 年,未实施)

资料来源:Le Corbusier(1936:150)。

例如,荷兰在 20 世纪 20 年代和 30 年代曾积极践行现代主义。1929 年,后来担任 CIAM 主席的荷兰规划师范·伊斯特伦(Van Eesteren,1897~1988)被任命为阿姆斯特丹规划师,遂于 1929~1933 年为这座首都城市制定了新的总体规划,并在此后不断予以调整(图33)。伊斯特伦采用了"基于过程性的规划方法",首先对该市及其周边进行了细致的调研和分析,其功能分区与后来"功能城市"的四大分区一致,在此基础上布局各种相互关联的要素(Spoormans et al.,2019),被视作是与田园城市规划不同的新规划路径(Buder,1990)。由于伊斯特伦主持该市的规划工作长达 30 年(1929~1959),该方案的主要部分得以逐步实施。阿姆斯特丹规划方案是 CIAM 第四次大会之前的重要实践,体现了CIAM大力宣传的理性规划和功能性方案的诸多重要特征,也是"功能城市"思想的参考对象(Mumford,2000)。

图 33　阿姆斯特丹规划鸟瞰渲染图，可见城市空间布局和建筑形式均完全不同于田园城市模式（1935 年）

资料来源：Mumford（2019）。

　　1931 年，巴塞罗那市委托本地在 CIAM 中活跃的一批青年规划师进行总体规划，柯布西耶也受邀参与，于次年正式公布最终方案（图 34）。柯布西耶完整保留了巴塞罗那市的老城区，而在旁边规划了两片由商业和住宅建筑组成的新城区，其由典型的柯布西耶风格的多层和高层建筑组成。此外，还在南部沿海地带布置了供大众休闲的"娱乐城"（Leisure City）。旧城、居住区和娱乐区等不同部分之间用高速路系统连接，并延伸到与之相隔一段距离的工业区和码头，形成分区明确且联系便捷的空间布局。1932 年的巴塞罗那规划方案既展现了柯布西耶之前的标志性规划手法，如居住单元等建筑形式及对绿地和交通的重视，但同时也融入了他对"功能城市"的思考如四大功能分区等，而"娱乐城"的设置也体现了他设想的"通过住宅布局体现个体的个性，同时在日常性的体育等娱乐活动体现集体精神"（Mumford，2000）。1932 年，CIAM 曾在巴塞罗那召开执委会，其核心成员讨论了这一方案的规划原则，之后第四次大会才正式提出"功能城市"思想。该方案的部分内容在 1936 年西班牙内战爆发前得以实施。

　　英国是田园城市运动的发源地和现代城市规划学科的诞生地。在 20 世纪 30 年代以前，田园城市运动推崇的浪漫主义和乡村情调占据规划界主流，CIAM 的英国分部即"现代建筑研究小组"（Modern Architectural Research Group，MARS）迟至 1933 年春才成立。其成立后立即响应大会组委会要求对伦敦进行了初步调研，并将成果在 CIAM 第四次大会上进行展示，这也是之后英国现代主义规划家制定伦敦规划构想的最初努力。1933 年纳粹政府上台以后，包豪斯学派的重要人物格罗庇乌斯和阿瑟·科恩

图 34　柯布西耶参与指导的巴塞罗那规划方案（1932 年，部分实施）

资料来源：Mumford（2000：72）。

（Arthur Korn）等人相继流亡到英国，后者且留在英国从事教学和实践直至退休，与英国本土的现代主义建筑师、规划师一道推动英国现代主义运动的发展。但与德、法力求与传统割裂不同，英国的现代主义运动无论理论还是实践从一开始就体现出借鉴英国传统的倾向。20 世纪 30 年代中后期英国产生了一批现代主义作品如坎索住宅（Kensal House）（图 35），设计者除综合利用包豪斯学派和柯布西耶惯用的设计手法外，也努力在场地设计中融入英国园林的自由布局等特点。

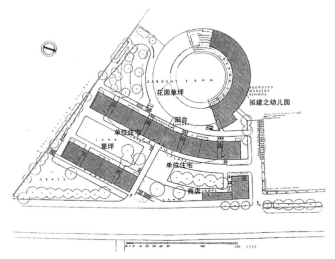

图 35　坎索住宅总平面，半圆形部分为育儿所（1937 年）

资料来源：Kensal House. Journal of the Royal Institute of British Architects, 1937(3): 502.

英国现代主义城市规划的发展建立在对田园城市运动的批判和汲取的基础上。1933～1942 年，英国现代建筑研究小组在科恩和英国本土规划师亚瑟·林（Arthur Ling，1891～1978）的领导下，广泛收集和分析伦敦城市发展的各种数据，着眼于经济发展和交通效率，制定了新的伦敦规划方案。该方案将原本拥挤不堪的伦敦建成区彻底拆除，以泰晤士河、东西向铁道干线和外围环线为骨架，布置了 16 条南北向的通勤铁道，沿线重新布置居住区和工业区，组成一系列"卫星城"（Korn，1971）（图 36）。它们周边再环绕绿地，阻遏其无序扩张。值得注意的是，居住区的设置参考了田园城市运动的最新理论即邻里单元，但在具体的单体建筑设计上则体现了柯布西耶的影响，有意与当时英国流行的独栋住宅区别开（图 37）。可见，这一方案融合了带形城市、田园城市和"功能城市"思想，是英国早期现代主义规划运动的集大成作品，但其对历史城区和土地权属等现实情况的漠然态度，也注定了这一方案无法落实。

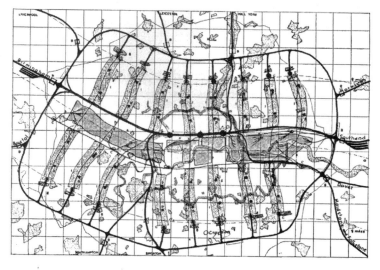

图 36   英国现代建筑研究小组（MARS）的伦敦规划（1942 年）

资料来源：Korn（1971：163-173）。

第二次世界大战爆发后，德国轰炸了英国的主要工业城市，考文垂等市的旧城区几乎被夷为平地（Ward，2004），但也为主张拆除旧城重新规划的现代主义规划家获得了施展的机会，得以系统地将现代主义规划方案落实并将其效果较为完整地向世人展现。在英国中央政府的鼓励和支持下，考文垂市总规划师、时年 33 岁的唐纳德·吉斯本（Donald Gisbon，1908～1991）于 1941 年提出了立足于现代主义城市规划原则的重建方案（图 38）。实际上，吉斯本早在数年前即已与其设计团队研究重建考文垂市中心的方案（Johnson-Marshall，1958）。他将车行交通沿核心商业区外围布置，为商业区营造出良好的步行环境（图 39）；重建区的商业、娱乐和市政建筑各自成组，相对集中布置，且都采用了

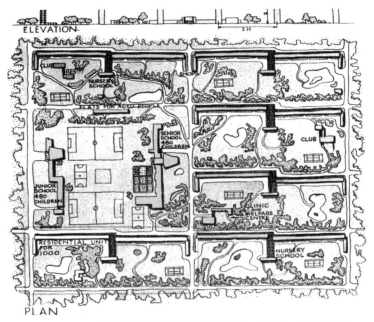

图 37 MARS 伦敦规划的邻里单元方案（亚瑟·林设计，1942 年）

资料来源：Gold（1995：243-267）。

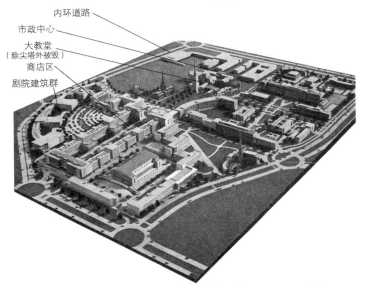

图 38 考文垂市中心区重建规划方案模型（1940～1942 年）

资料来源：Jeremy & Caroline Gould Architects（2009）。

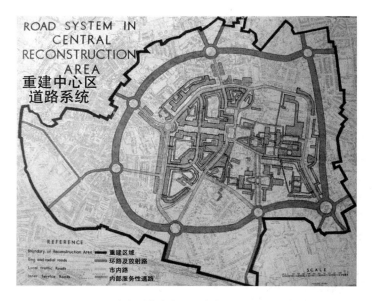

图 39　考文垂市中心区重建方案道路交通规划

注：深色表示重建区域的范围和外部环路，较浅色线代表市内生活和服务性道路。

资料来源：Jeremy & Caroline Gould Architects（2009）。

简洁、实用的现代主义风格，其中商场上部的二、三层连廊实现了希尔伯塞默的"高层城市"构思，创造出新型的商业氛围。但是，吉斯本摒弃了柯布西耶式的高层建筑，并使商业区的中轴与仅存的大教堂尖塔（大教堂建筑群后于 20 世纪 50 年代复建）取直，体现出尊重传统的规划态度。吉斯本此后在考文垂总规划师任上致力于落实其规划，他于 1955 年离任后，另一位现代主义规划师亚瑟·林继任该职并完成了剧院的建设，使该规划得以完整实现。

20 世纪 30 年代以后，英国成为现代主义运动的新的重要舞台，而考文垂重建规划方案的实施则是现代主义规划运动的重大进展，引起全世界的极大关注。因此，英国政府逐渐转变立场，将现代主义规划与其前一直推崇的田园城市规划等量齐观，在战后重建的规划活动中发挥了重要作用，并将这些经验推向世界各国。

5　结语

现代主义城市规划思想的形成及其早期发展是现代城市规划思想史上的重要篇章。经历了考文垂等城市重建的实践检验后，这种规划思想和设计方法在"二战"结束后得以"登堂入室"，占据了各国城市规划和建设的主流。本文追溯现代主义规划思想形成的历史背景，并在其早期发展的脉络下与田园城市思想和实践进行比较，辨析二者的区别与联系（表1）。

表 1　田园城市规划思想与现代主义规划的对比

	田园城市	功能城市
思想来源	19 世纪英国理想城市构想及社会改革思潮	大工业化生产与泰勒制；城市实用化、城市效率化、城市科学化
城市发展模式	疏散式发展	集中式发展或集中式与疏散式并用
规划内容	以住宅区为主；"寓工于农"	包括住宅在内的城市各功能要素
政治立场	赞成资本主义制度下的社会改革	反对资本主义
设计方法	浪漫主义；重视构图	理性主义；重视过程
对工业化生产的态度	批判	赞成
对自然景观和绿化的态度	赞成提高绿化率	赞成提高绿化率
对住宅问题态度	独栋住宅；"每英亩不超过 12 户"；工艺美术运动风格为主	条状多层公寓式住宅；居住单元；现代主义风格
对交通的态度	重视交通联系；发展了楔形绿地理论，使绿地与道路结合布置	重视交通效率；交通枢纽为城市的核心要素
对功能分区的态度	霍华德的田园城市图示中包含功能分区，但未细化	四大功能分区为核心思想
街道与建筑关系	以住宅等沿街建筑构成沿街景观	建筑布局与街道形式无关
对历史城区的态度	保留不加触动；未形成完善的保护理论和处理手法	保留不加触动或拆除重建；未形成完善的保护理论和处理手法
主导国家	英、美	早期德、法，20 世纪 30 年代以后逐步移至英、美
国际组织	田园城市协会，后改称住房与规划国际联盟（IFHP）	CIAM 及各国分部（1928～）
国际影响	全球性的田园城市运动；促进英国为首的各国立法	"二战"前主要活跃于欧洲，"二战"后重心转移至美国并推广到全球

　　总之，现代主义规划思想是在对田园城市规划进行批判和反思的基础上产生和发展的，但在很多方面（人员、技术、立场等）与后者一致并积极对后者发展出的新理论如邻里单元等加以融合，不但丰富了现代主义规划思想，也促进了现代城市规划运动的发展。应该注意的是，不论田园城市规划还是现代主义规划，都表达出对传统城市的鄙视和漠视，其代表人物则均体现出真理在握、不容置辩的自信，其中不少现代主义规划家在对待历史遗产方面尤其漠然，远未形成系统的理论和方法。他们的

这些共性后来遭到后现代主义者的集矢攻击，而这种新一轮的反思和批判也喻示了现代城市规划运动发展新阶段的到来。

致谢

本文受国家自然科学基金"机构史视角下的北京现代建筑历史研究"（51778318）资助。

注释

① CIAM 按字面翻译应为"国际现代建筑会议"，本文采用梁思成等的译称。

② CIAM 的大会和执委会制度及其活动组织方式都影响了"二战"后成立的国际建筑师协会（UIA）。

参考文献

[1] ABERCROMBIE P. Slum clearance and planning: the re-modelling of towns and their external growth[J]. The Town Planning Review, 1935, 16(3): 195-208.

[2] AURELI P. Architecture for barbarians: Ludwig Hilberseimer and the rise of the generic city[J]. AA Files, 2011(63): 3-18.

[3] BUDER S. Visionaries and planners: the garden city movement and the modern community[M]. Oxford: Oxford University Press, 1990.

[4] BURNHAM D, BENNETT E. The plan of Chicago[M]. Princeton: Princeton Architectural Press, 1909.

[5] CAUCHON N. Planning organic cities to obviate congestion—orbiting traffic by hexagonal planning and intercepters[J]. Annals of the American Academy of Political and Social Science, Sep., 1927: 241-246.

[6] COMEY A. Regional planning theory: a reply to the British challenge[J]. Landscape Architecture Magazine, 1923, 13(2): 81-96.

[7] CULPIN E. The garden city movement up-to-date[M]. London: The Garden City and Town Planning Association, 1913.

[8] CURTIS W. Le Corbusier: ideas and forms[M]. London: Phaidon Press, Inc., 1986.

[9] DEARSTYNE H. The bauhaus revisited[J]. Journal of Architectural Education (1947-1974), 1962, 17(1): 13-16.

[10] EBENEZER H. To-morrow: a peaceful path to real reform[M]. London: Swan Sonnenschein & Co., Ltd, 1898.

[11] FLIERL T. Urbanism and dictatorship: a European challenge[M]. Berlin: Birkhäuser, 2015: 199-216.

[12] FOGLESONG R. Planning the capitalist city[M]. Princeton: Princeton University Press, 1986.

[13] GLENDINNING M. Modern architect: the life and times of Robert Matthew[M]. London: RIBA Publishing, 2008.

[14] GOLD J R. The MARS plans for London, 1933-1942: plurality and experimentation in the city plans of the early British modern movement[J]. The Town Planning Review, 1995, 66 (3): 243-267.

[15] GOLD J. Creating the charter of Athens: CIAM and the functional city, 1933-1943[J]. The Town Planning Review, 1998, 69(3): 225-247.

[16] HALL P. Cities of tomorrow[M]. New York: Wiley-Blackwell, 2002.

[17] HARVEY D. The condition of postmodernity: an enquiry into the origins of cultural change[M]. New York:

Wiley-Blackwell, 1991.

[18] HELLGARDT M. Martin Wagner: the work of building in the era of its technical reproduction[J]. Construction History , 1987(3): 95-114.

[19] HENDERSON S. Building culture: Ernst May and the Frankfurt initiative, 1926-1931[M]. New York: Peter Lang, 2013.

[20] HIRT S. American residential zoning in comparative perspective[J]. Journal of Planning Education and Research, 2013, 33(3): 292-309.

[21] HIRT S. Contrasting Aerican and German approaches to zoning[J]. Journal of the American Planning Association, 2007, 73(4): 436-450.

[22] JACOBS J. The death and life of great American cities[M]. New York: Random House Inc., 1961.

[23] JEREMY & CAROLINE GOULD ARCHITECTS. Coventry planned: the architecture of the plan for Coventry, 1940-1978[Z]. 2009.

[24] JOHNSON D. Planning the great metropolis[M]. New York: Routledge, 2015: 37-40.

[25] JOHNSON-MARSHALL P. Coventry: test of planning[J]. Official Architecture and Planning, 1958, 21(5): 225-226.

[26] KOHLRAUSCH M. Brokers of modernity: east central Europe and the rise of modernist architects, 1910-1950[M]. Leuven: Leuven University Press, 2019.

[27] KORN A, FRY M, SHARP D. The M.A.R.S. plan for London[J]. Perspecta, 1971(13-14): 163-173.

[28] KROHN C. Walter Gropius: buildings and projects[M]. Berlin: Heike Strempel, 2019: 104.

[29] LAMPUHNANI V. Architecture and city planning in the twentieth century[M]. New York: VNR Company, 1985: 52-53.

[30] LE CORBUSIER. Oeuvre complète, Vol. 1 (1910-1929)[M]. Zurich: Les Editions D' Architecture, 1936: 99.

[31] MACKAYE B. Townless highways for the motorist[J]. Harpers Magazine, 1931(8): 347-356.

[32] MULLIN J. City planning in Frankfurt, Germany, 1925-1932[J]. Journal of Urban History, 1977, 4(1): 3-28.

[33] MUMFORD E. CIMA and outcomes[J]. Urban Planning, 2019, 4(3): 291-298.

[34] MUMFORD E. Defining urban design: CIAM architects and the formation of a discipline, 1937-1969[M]. New York: Graham, 2009.

[35] MUMFORD E. The CIAM discourse on urbanism, 1928-1960[M]. Cambridge: MIT Press, 2000.

[36] PURDOM C B. The garden city[M]. London: The Temple Press, 1913: 161.

[37] SILVERMAN D. A pledge unredeemed: the housing crisis in Weimar Germany[J]. Central European History, 1970, 3(1/2): 112-139.

[38] SPOORMANS L, NAVAS-CARRILLO D, ZIJLSTRA H, et al. Planning history of a dutch new town: analysing lelystad through its residential neighbourhoods[J]. Urban Planning, 2019, 4(3): 102-116.

[39] STERN R, DAVID F, TILOVE J. Paradise planned: the garden suburb and the modern city[M]. New York: The Monacelli Press, 2013: 453.

[40] SUTCLIFFE A. Towards the planned city[M]. Oxford: Basil Blackwell Publisher, 1981.

[41] SWENARTON M. The theory and practice of site planning in modern architecture, 1905-1930[J]. AA Files,

1983(4): 49-59.

[42] TALEN E. New urbanism and American planning: the conflict of cultures[M]. London: Routledge, 2005: 154.

[43] TAYLOR F. The principles of scientific management[M]. New York: Harper & Brothers, 1911.

[44] TRIPP H A. Town planning and road traffic[M]. Edward Arnold & Co., 1942: 78.

[45] UNWIN R. Town planning in practice: an introduction to the art of designing cities and suburbs[M]. London: Adelphi Terrace, 1909.

[46] VAN EESTEREN-FLUCK (ed.). Atlas of the functional city: CIAM 4 and comparative urban analysis[M]. Amsterdam: Thoth, 2014.

[47] WARD S. Planning and urban change[M]. London: Sage Publications, 2004.

[48] WARD S. The garden city: past, present and future[M]. London: E & Fn Spon, 1992.

[49] 刘亦师. 全球图景中的田园城市运动研究(1899-1945)(下): 田园城市运动的传播、调适与创新[J]. 世界建筑, 2019(12): 100-105.

[50] 刘亦师. 田园城市思想、实践之反思与批判(1901-1961)[J]. 城市规划学刊, 2021(2): 110-118.

[51] 清华大学营建学系编译组. 城市计划大纲[M]. 上海: 龙门联合书局, 1951: 2.

[欢迎引用]

刘亦师. 现代主义城市规划中功能城市思想之兴起及其早期发展与实践[J]. 城市与区域规划研究, 2022, 14(2): 20-56.

LIU Y S. Emergence and early development and practice of functional city in modernist urban planning [J]. Journal of Urban and Regional Planning, 2022, 14(2): 20-56.

空间设计的复杂性：空间句法核心理论回顾及未来展望

杨　滔

The Complexity of Space Design: A Review on Key Theories of Space Syntax and Its Prospect

YANG Tao
(School of Architecture, Tsinghua University, Beijing 100084, China)

Abstract This paper reviews research questions, research directions, main theories, and methods proposed in space syntax, and emphasizes its core paradigm, that is, to measure and generate geometric spatial morphology from the perspective of socio-economic activities. Based on this, it looks into the prospect of space syntax and also, on account of complex manifolds, further explores spatial geometry language, spatial geometry cognition, and spatial geometric symbol.
Keywords geometric generation; network; manifold information model; behavior pattern; creativity

摘　要　文章回顾了空间句法的研究问题、研究方向、主要理论与方法等，强调了空间句法的核心范式，即从社会经济活动的角度度量并生成几何空间形态。基于此，文章展望了空间句法的未来发展方向，探讨了基于复杂流形的空间几何语言、空间几何认知以及空间几何符号。

关键词　几何生成；网络；流形信息模型；行为模式；创新

1　引子

2022 年 6 月 21 日，第 13 届国际空间句法大会开幕式在挪威举行，第一场主旨发言是"向比尔致敬"，由玛格丽特·格林（Margarita Greene）教授主持，杨滔博士、维尼修斯·纳拓（Vinicius Netto）教授、露丝·道尔顿（Ruth Dalton）教授、索菲亚·帕拉（Sophia Psarra）教授、弗雷德里科·奥兰达（Frederico Holanda）教授以及格林教授先后发言，对比尔·希列尔（Bill Hillier）教授学术思想进行了探讨。格林强调了社会住宅的空间与社会内涵，纳拓偏重空间的多元创新性，道尔顿论述了空间认知中身心的互动，帕拉总结了希列尔的思想性概念，奥兰达突出了建筑的社会性与哲学性，笔者描述了空间计算与结构。这些都体现了希列尔教授跨学科的学术思想体系，跨越了语言学、建筑学、数学、城市学、社会学、考古学、认知学、计算科学等，这也许就是学术大师的影响力所在。

作者简介
杨滔，清华大学建筑学院。

每门学科与专业都在寻求自身的核心本质，或称之为圣杯（Holy Grail）。空间句法也不例外。希列尔教授不时向笔者提到一些关键词，例如他早期的模式（pattern）、布局（arrangement）、结构（structure）、句法（syntax）、局部到整体（local-to-global）等，以及他后期的组构（configuration）、智能体与结构（actor-structure）、全中心（allocentricity）等。本文试图去剖析空间句法的核心研究问题、研究方向、理论与方法以及未来方向，以此去明晰空间句法的学术基石。

2 研究问题

2.1 设计的创新本质

对于设计过程，希列尔教授认同亚历山大（Alexander）的系统性思维，但他认为亚历山大的方法学存在问题。以村庄设计为例，亚历山大根据村庄的需求，将其分解诸如农舍、水井、耕田等模式，然后再组合成为村庄。希列尔认为这是一种"分析+综合"的设计方法，即根据设计任务书进行分解，再进行综合，其设计不会构成任何创新，偏离了设计的本质。他提出了"假设+验证"的设计方法，即从设计之初就需要把握农舍、水井、耕田等之间的整体性结构，并对此提出整体性做出创新性假设，之后在设计过程之中不断地验证、推翻、修正其假设，并不断地"假设+验证"，才能做出好的方案（Hillier，1996）。希列尔认为理性分析是必要的，而直觉性的假设也尤为重要。他认为人们对空间的描述往往难以用日常语言精准描述，必须采用图来表达；而这种图不仅需要从鸟瞰的角度去描述，更加需要从人看的角度去整体性描述，那么就带来了核心研究问题，即如何从人在地面的视角，去整体性地描述那些"上帝视角"的图及其内在结构以及社会经济内涵，用于揭示社会经济在时空中的运行模式，并最终能适用于系统性设计。那么，空间句法试图去建构一种空间描述的理论与方法，揭示整体性、直觉性的假设机制，并建立设计创造与分析验证的一体化过程。

2.2 空间句法的社会逻辑

从这个角度，空间句法研究的宏观问题是：物质空间是否影响日常社会经济文化运作？而社会经济文化的行为是否通过物质空间布局来实现？（Hillier et al.，1976）这也源于"二战"之后，英国大规模社会住宅建设导致了严重社会问题，同时大规模战后建设工作也引发了城市交通的恶化，那么，当时英国质疑物质性规划设计是否有效并提出了偏重于社会经济的城市规划，其中空间的概念得以保留。与之同时，当时美国航天的发展推动了数理模型在城市规划设计领域内的应用，而对于空间概念加以了强化。因此，空间与社会经济之间的关系成为某种共识。之后，欧洲提到的空间规划定义为：这是经济、社会、文化以及生态政策的地理空间表达，也是一门理性的学科、一种管理技术、一项跨学科的综合性政策，而且这也根据总体战略，形成空间上的物质性结构（图 1）。在这种背景之下，希列尔从传统住宅与社会住宅研究开始，提出了空间句法理论与方法。

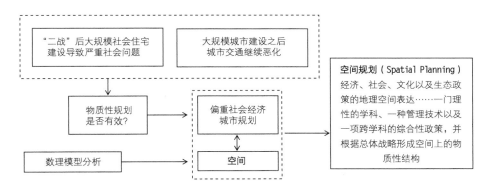

图 1　空间句法研究的宏观问题的相关背景

　　此外，空间句法研究的技术问题，即物质空间形态的构成是否可以精确度量？这种度量是否有社会经济意义？是否可动态地生成与运营城市形态？（Hillier and Hanson，1984）这也源于 20 世纪末至今的能源问题、城市蔓延问题以及城市品质问题。数字化技术的突飞猛进、可持续方法的提升、网络理论的涌现等给这些问题的解决提出了新的技术路径。在城市领域内，21 世纪初，物质空间形态的螺旋式回归受到了业界的重视，如欧美提出的新城市主义、精明增长、紧凑城市、区域城市等（图 2）。在学术界，空间句法结合了数字技术应运而生，并且与源于剑桥大学学理的 MIT 媒体实验室有密切联系。

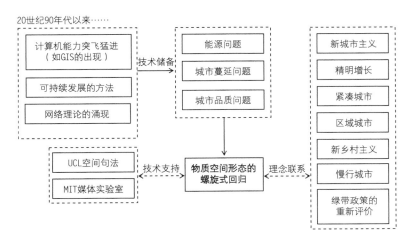

图 2　空间句法关注的技术问题的相关背景

2.3　整体性不可言表的空间涌现

在此基础之上，空间句法也提出：为什么要研究空间？首先，希列尔本人对中国哲学有一定研究，提出了有用的空间形态。这借鉴了《道德经》的一段话，即"三十辐共一毂，当其无，有车之用。埏埴以为器，当其无，有器之用。凿户牖以为室，当其无，有室之用"。在这种意义上，空间与实体相应，且属于为人所用的客观存在的形态。其次，空间是社会行为的物质再现，或就是社会行为的一部分。空间既支持社会活动，又来自社会活动；它是真实而复杂的人造物。最后，空间源于认知的直觉性，这是人行为的基础。以"人看"的视点来感知并使用各种局部空间，然而人们又需要从"鸟瞰"的角度来理解更为整体的城市空间；而从局部到整体的认知是直觉性的，无意识的，往往比较模糊（Hillier et al.，2012）。然而，在规划与设计中，我们则需要有意识地去理解空间形态，需要明确地知道哪些空间模式好，即哪些空间能较好地容纳社会经济活动，这些可能是规划设计的起点之一。

那么，句法的提出又是为了什么？空间句法认为城市或建筑空间是复杂系统，其局部在设计或运营过程之中逐步组合为整体，但各个局部空间之和不等于整体空间。空间的整体性"涌现"于局部的聚集过程；而整体性又作用于局部空间，并约束局部的聚集过程。比如：《城市不是一棵树》（Alexander，1965）与《模式语言》（Alexander et al.，1977）也提到类似观点。然而，空间句法更为强调复杂系统之中关联的作用，并认为元素的形成在很大程度上取决于元素之间的关联。例如，对于"社会"这类的离散系统，我们看不见，但是我们能感知它的存在（社会联系），也能赋予名称，而名称就表示了一种元素，空间系统就是这类离散系统。因此，对于三个以上的局部空间，它们之间存在复杂的关联，体现在局部与整体的互动之中，而形成这些复杂关系及其所蕴含的被人所理解的规则称为句法。

于是，空间句法研究那种不可言表的空间复杂关系，强调规划设计中存在的整体性直觉思维过程是其重点。例如，"路网清晰有序"往往只可意会，属于不可精准言表的想法，但这需要在设计过程之中被有意识地精准地表达出来，用于创作（图 3）。在这种意义上，空间句法是描述性与分析性的理论与方法，而非规范性理论与方法。它只是告诉规划设计者这个世界为什么是这样的，而不是要求这个世界应该如何。因此，空间句法基于实证，提出了系列方法。基于空间形态的分析以及其他社会、文化、经济等的空间调研，进行一些规划设计（关于形式与功能等），即假设；然后根据分析假设在空间、社会、文化、经济等变化，检验是否符合相关需求。空间句法认为：规划设计是"假设与检验"的过程，而实证贯穿始终。又如，一般的设计者会宣称自己在创造，而伟大的设计者会坚信自己在发现。这种差别在于这一点：虽然设计者根据理论基础进行某种概念的抽象，进而形成了自己特有的思维定势，即规范性的理论或者方法，但是在创造性的实践之中，伟大设计者的思维定势必将根据客观实在而被打破，于是思维定势中已有的类型将会升华为未来的设计。

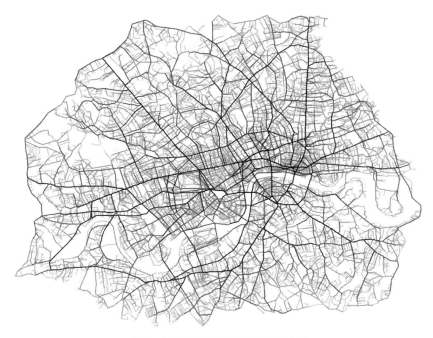

图 3　伦敦核心区路网的空间句法分析

3　研究方向

3.1　三大方向

　　空间句法包括三大研究方向：一是物质空间形态的几何机制研究，即研究空间形态自身的几何规律，探索建成环境的空间形态是如何由空间几何法则限定并生成的，如何构成突现的模式，并对建筑和城市研究有何延伸意义；二是空间形态的认知研究，即人们如何认知空间形态，从中获得时空信息，支持日常的行为活动以及生活工作模式；三是空间形态与社会经济的互动研究，即研究社会对空间形态的作用，试图回答社会是如何通过组织建成环境的空间形态而实现其自身，以及社会为什么需要空间形态的物化方式。同时，还研究空间形态对社会的影响，即建成环境的空间形态如何影响人们在其中的行为，包括出行、交流、占据等。在空间句法的研究之中，这三个方向彼此交融，构成了跨学科的研究范式。

其中最为核心的研究内容是：在社会经济活动之中，基于行为的建成环境空间形态如何动态涌现，其涉及客观与主观、实体与虚体、具象与抽象、个体与集体、微观与宏观等时空互动模式的辨析。基于此，空间句法也提出了如下一些研究的子方向。

3.2　空间形态的体验性

空间形态的体验性包括如下两点。一是空间的抽象与真实。希列尔探索真实的空间形态是如何成为人们对空间形态进行抽象分类和体验性描述的一部分，即抽象的空间结构或概念是否源于真实空间场景（Hillier et al.，2007）。在他看来，真实的空间实体与虚拟的空间概念相互补充和互动，共同建构起来空间感知和认知的过程。其理论性问题是如何解决空间认知的不可言表性。换言之，虽然空间形态可以用图形很方便地表达出来，然而难以运用语言去描述对它们的感知与认知。很大程度上，这在于空间及其体验具有连续性，较难进行共识性的分割。这其实涉及两个方面的主观意识：首先是对空间形态的分类；其次是对空间形态的体验性描述。这属于研究的难点。

二是空间可知性的描述性检索。人们对空间认知的描述是如何不断地从具象空间现实之中检索出来的，而非完全存储在抽象记忆之中。在希列尔的理论影响下，道尔顿（Dalton，2005）和佩恩（Penn，2003）通过虚拟现实的方式，探索了人们在不同空间布局下的识路行为模式，分析迷宫和正常城市对人们出行的影响等，提出了再现或化身（embodiment）的概念，即人们日常的生活体验在空间形态的概念性图示之中加以体现。此外，希列尔认为：对于复杂系统的可知性的描述，最好从人工智能的角度思考。对于诸如下象棋、识别图案、智能对话等，本质上将心智运行转化为操作流程。但是人类的智能不是建立在复杂流程之上，而是建立在知识的交流与互动之上。因此，空间知识图谱与描述性检索也是研究难点。

3.3　空间认知的互动性

空间认知的互动性包括如下三点。一是局部与整体认知的互动。空间认知则体现在局部和整体两个层面的描述性检索之中。局部层面上的回溯更多是从个人的视点去认知周边事物，称为自我为中心的认知（egocentric）；而整体层面上的回溯则是从所有人的视点去认知所有的事物，成为遍及所有自我中心的认知（allocentric）。这将涉及认知领域的非欧几何形态研究。

二是形态语言生成中的知识驱动机制研究。空间句法运用的是形态语言，不同于数学语言，也不同于日常语言。希列尔认为数学语言词汇少，组合关系的作用要大于词汇符号的作用，因此用于空间描述会过于简单；他认为日常语言的词汇很丰富，因此很难揭示空间的结构性。在他看来，形态语言不仅仅是逻辑与流程，而且包括知识结构，或者说知识图谱。因此，空间句法认为设计的构思过程是以知识为中心的，而不是围绕程序或流程展开的。设计是将功能说明的文字转化为形式与空间的思考过程。设计是对形式的创造，它是依赖抽象的具象化过程，但它自身却不是抽象的过程。这种创造过程可视为某种搜索引擎，使得设计师在不断地感知、辨析、寻找所需要的东西。规划师关注于社会经济的建构，而设计师关注物质空间形态的建构。这两者之间的鸿沟越来越大，但是空间形态与社会经济本身是不可分开的。那么，规划与设计的知识体系如何驱动形态语言的演进？

三是人机互动之中倒置的信息基因研究。对于生物系统，基因是隐藏在显性特征之下，而显性信息存在于时空环境之中。对于城市空间或人类社会而言，基因作为一种信息结构，或跨越空间的结构形式，它存在于时空的现实形态与活动之中。倒置的基因用于支配离散系统的演变，远比生物系统要复杂。在空间句法看来，人们通过读取时空之中的具象信息，去检索信息结构，用于再生产。例如，从建成环境的现实之中，人们读取与检索了院落组合现实或数字信息，运用抽象的院落结构，去设计新的院落方案。以此，空间基因结构也得以传承，而其反思行为也有可能将过去的基因彻底抹去。然而，这种信息基因是如何读取并建构的？

3.4 空间设计的几何性

空间设计的几何性包括如下两点。一是秩序（Order）与结构（Structure）的几何关联。秩序源于鸟瞰视角去认知空间布局的几何模式，往往与对称、重复、类似、韵律等相关，强化局部与整体的相似性，从而获得格式塔模式。与之相反，结构源于人看视角去游历与体验空间布局，在空间序列之中去感知局部与整体之间的关系，从而获得整体的空间认知。秩序是静态的图形，而结构是动态的流线（Hanson and Hillier，1987）。这种局部与整体之间的关系，决定了空间布局是迷宫，还是便于识路的空间组合。城市空间的形成与演变是逐步的，局部随机变化，适应各个时期的社会经济生活并最终涌现出来。上帝视角之中完型的图案并不能代表人视体验之中的有机结构（Hanson，1998）。因此，这种空间形态并不是用某个几何图案可以进行完全刻画的。

二是城市的三重过滤器的内在关联。第一重过滤器是空间法则，不计其数的空间组合方式被减少到极少量，这是满足人们便于认知空间布局，不至于迷路。这对应于基本城市。第二重过滤器是社会经济文化，这使得空间组合方式形成了类型，称为城市类型。第三重过滤器是特定地形与时期，这使得城市获得了个性。这种空间法则建构了最基本的几何城市。其规律体现为：一是内外整合度的博弈，即城市内部各部分最近，那么"圆"是最合适的形态，同时城市需要与外部连接，那么"线"是最合适的形态；二是视线与米制距离的悖论，"直线"对应于"一眼看尽"，便于理解，同时"直线"从米制距离而言，则是出行最远的形式。那么，在几何的限制之下，空间组合方式只能是有限的，如何满足人们基本的出行便捷与可理解性？

4　理论与方法

4.1　行为活动的几何设计

空间句法理论的建立首先在于"人与环境"范式的转型。对于"人与环境"的范式，大体的观点是环境作为背景对人有影响，同时人也反作用于环境。然而，这分为有机论的环境认知和环境论的个人认知。前者指物质空间形态就决定了某种社会形态，这就是建筑决定论的渊源；而后者指物质环境中没有任何社会内容，回归到了环境个体目的论，这是建筑现象学的来源。空间句法的范式认为：人与环境之间的作用来自空间形态中的复杂关系，即空间组构（configuration）或空间模式（pattern）；其中组构明确为"考虑到其他关联的一组关联"，即任意两个空间之间的关联属性，需要考虑该关联与其他空间之间的关联的方式。因此，空间形态不是社会经济活动的静态背景，而是社会经济活动的一部分，即空间形态本身的建构、体验、更新等就是社会经济活动的组成部分，而社会经济活动通过空间形态的塑造与运行来得以实现。更精准地说，空间几何形态的生成与人的行为活动合二为一（图 4），即行为活动的几何设计。

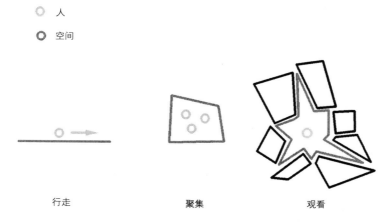

| 人 |
| 空间 |

行走　　　　　　聚集　　　　　　观看

图 4　空间几何形态的生成与人的行为活动一体化

那么，对于研究对象，空间句法提出建成环境空间与社会经济活动的离散性，其中蕴含了一个哲学问题，即社会是在建成环境的时空之中真实存在的，还只是人们头脑中的虚拟概念？一般而言，物质实体都是连续地占据某个有限的时空，才被认为是真实存在，否则会被认为是虚幻的概念或"神奇之物"。社会是由很多个体人所组成，呈现出不连续性，貌似其边界并不明确，那么社会是真实存在的物体吗？物质实体是什么？希列尔曾做了思想实验，即比较 1 立方米的盒子、1 立方米的蜂群以及 1

立方米的空气。根据常识，我们会认为盒子和蜂群是物体，而不会认为空气是物体；而当蜂群被大风吹散之后，"蜂群"这种物体也消失了。他认为真实物体的定义依赖其组构性的持续状态，即构成元素之间的关联呈现出某种持续的"结构"或状态模式。这种结构支撑了离散系统的形成、演化与消失。这带来了离散几何系统的探讨。

因此在 20 世纪 60 年代，空间句法理论就开始专注到网络的研究，将离散系统简化为网络本身，强调空间结构对社会经济网络行为的基本性影响，而将吸引点对社会经济行为的影响放到了天平的另外一侧。那么，空间句法在方法论上更加强调空间网络本身的作用力，而在一定程度上忽视了网络节点本身的吸引作用或规模效应，甚至强调网络中节点本身的吸引能力或规模效应也受制于该节点在网络之中的位置。例如，自然出行理论特指空间布局形态所引发的出行模式（Hillier et al.，1993）；虚拟社区理论特指自然而然的共同在场模式以及跨空间的交流网络（Hillier，2003）。可见空间句法对于出行与社区的定义都是基于网络，在当时都属于离经叛道的"胡说"，因为基于吸引点的研究还是当时的主流。恰巧，21 世纪初网络科学和"流"理论的流行，在很大程度上推动了空间句法理念的传播。

4.2　连续空间的分割与度量

对于建成环境中的空间系统和社会经济系统而言，它们是连续的，且彼此交织的，那么空间分割成为首要的方法问题。希列尔曾设想过城市空间分层模型，即不同的物质形态要素，如形状、密度、面积、边界、高度等，以及不同的社会经济环境要素，如人口、产业等，以不同层的方式在统一的空间模型之中得以表达。然而，其中的限制因素是各种要素系统之间的联系并不是那么清晰，这阻碍了统一空间模型的建立。然而，空间句法提炼出一系列的空间分割方式及其相关空间模型，并在实证之中得以校验。

首先是轴线（axial line）与线段（segment），即城市空间网络被简化为轴线与线段；前者是人在空间系统之中能看到的最长"直线"，它们彼此相交且能以最少数量去遍历该空间系统；后者指轴线相交之后，两两交点之间的线段。对于线段而言，最为争议的是线段本身的形态意义在何处。希列尔认为轴线本身才有真正的形态学意义，线段只是权宜之计，这是由于轴线与人的行为相关，代表了人在局部所能看到或"感知"到的最远空间，也代表了局部的运动趋势。此外，MIT 的卡洛·拉蒂（Carlo Ratti）教授曾还对轴线的客观性与一致性进行过质疑（Ratti，2004）。那么，轴线是否存在唯一性？希列尔、佩恩、特勒曾就此进行过回应（Turner et al.，2005），江斌教授也曾对此进行过探讨（Jiang and Liu，2009）。当然，连续空间还能分割为凸空间（convex space）、等视域（isovist）乃至像素点的方块（pixel box）等。

其次，对于空间网络的度量，空间句法借用了图论的各种计算方法，包括最常见的接近性（closeness）和之间性（betweenness）。前者计算每个空间要素到达其他所有空间要素的距离，其倒数不严格地称为整合度（integration）；而后者计算穿过每个空间要素的最短路径的频率或次数，称为选择度（choice）。值得一提的是，空间句法还运用了半径的概念，去选择计算每个空间要素周边特定半径之内的子系统，反过来将数值赋予那个空间要素，从而获得了空间网络在特定半径下的局部特征。

在很大程度上，半径的概念可用于探索局部子系统与整体系统的关系。空间句法广泛地采用局部特征与整体特征的相关性分析，如可理解性（intelligibility）和协同性（synergy）。这两个变量都是度量从局部的空间连接关系之中推断出整体空间结构的难易程度，广泛用于城市或建筑内部识路和认知的研究。

最后，空间网络还可以进行加权计算。例如，角度用于线段相交的权重之中，使得线段模型可以更好地发掘城市中的主干路网结构；而米制实际距离则有助于发现城市中空间分区的现象，或者空间的聚集效应。当然，在实践运用之中，可以将这三种最短路径混合起来使用，解决不同的规划设计问题。然而，根据视域面积、时间、价格、能源等因素，去度量最短路径，也可应用到特定的场景分析之中。例如，在路网和铁路网混合分析时，时间或价格因素就可进入最短路径的识别之中。

4.3 空间认知的计算探索

空间句法从方法上探索了个体对空间的感知以及集体对空间的认知。前者只是个体根据对真实空间的局部感受，逐步汇集在一起，形成了某种空间体验；后者则是众多个体在不同地点和不同时间内对整体空间形态进行了体验，通过交流协同机制，共同形成了对整体空间形态的抽象认知，并构成了各种分类，如方格网、放射状、自由形等。

基于空间等视域，引入智能体（agent），根据个人或机构的视觉需求和偏好，根据时间的演进，识别出有特点的路径或者扩散模式，这也是区别于最短路径的一种方式。当然，在一定程度上，这混合了空间形态本身与行为模式。不过，基于空间点的智能体与基于空间形态的视觉序列在模型计算上可以进行一定的迭代，建立起局部感知者（或建设者）与空间形态之间的互动关系，或者局部与整体之间的联动关系，这也是探索新的空间形态构成的一种方式。这是由于空间形态在一定程度上是根据建设者而实时发生变化的，将会引入空间形态主观性的思辨。

值得我们反思的仍然是作为离散系统的几何与社会空间形态可以怎样更为客观地分割和表达。这看似取决于两个方面的快速发展。一是超算计算能力的普及化和经济化，建成空间以点的方式加以表达，根据其视域范围及其序列的变化（含三维或时间维度），并反复迭代出新的抽象表达方式，乃至超越网络的表达方式，或者更为有效地证实或证伪轴线生成的客观性；二是空间认知科学的突破，发掘出人们空间行为和生活中所依赖的主要空间与非空间要素与关联，如空间的拐点或延长线、空间符号等，及其对人工智能学习机制的影响。

5 未来展望

5.1 现象学和社会物理学的纽带

不少争论认为空间句法对于空间研究更偏向于抽象的几何形态，而非挖掘其内在丰富的社会经济现象与机制，忽视了城市与建筑形态的社会经济动力根源。然而，这些争论往往没有去关注空间句法所提出的理论性范式转型，即几何空间形态与社会经济活动在本质上不可分离，而其中难以言表的形态语言则是空间句法研究的核心，适用于规划与设计专业。在这种意义上，空间句法试图去探索城市与建筑设计学科的理论根基。

当然，空间句法从理论上认可抽象的空间结构来自于真实空间体验，然而这种描述性回溯与涌现机制并未在实证案例中加以详实的论证，仅仅存在于思想实验或简单实验之中。希列尔曾提出空间句法是桥接现象学和社会物理学的纽带（Hillier，2005），不过针对个体体验的现象学研究，仍然是空间句法所缺乏的，其大部分案例型研究还是偏向集体性的统计分析和几何涌现。因此，在个体数据日益丰富的今天，借助于个体传感器去跟踪个体对空间形态的认知和感知，揭示个体与集体、虚拟概念与真实世界、客观空间构成与主观空间认知的联动路径，将会是空间句法的新挑战之一。在本质上，这也是通过数字化的世界，去桥接并联动物质几何世界和人们的行为感知。

5.2 非空间因素的网络连接

在这种过程之中，非空间因素的作用机制研究尤为重要。既然社会经济现象有很多非空间的因素起到决定性的作用，为什么空间句法要将物质几何空间放到如此重要的位置上？在一定程度上，这是回归到了形式与功能的问题，即良好的建成环境并不一定能带来良好的社会功能。正如空间句法的研究表明，诸如语言、服饰、火把或互联网等非空间因素的作用也在于跨越空间，实现人们之间的彼此沟通，也是形成社会的重要因素。随着互联网、物联网等通信设施的不断发达以及人工智能技术的完善，是否人们不再依靠空间去实现彼此的交流和交易？换言之，人们在未来是否不再需要面对面的交流？也就是人们在空间上的聚集逐步消失？或者如同彼得·霍尔（Peter Hall）所说的距离的消失？虽然历史上电话和互联网的出现曾带来了种种关于分散生活或城市消失的预言，然而这一直并未实现，反而出现了更为集中的城镇群现象。这在于跨越空间的同时，还依赖空间布局或共同在场去实现社会经济的运转。空间句法研究发现非空间因素借助几何空间本身的组构或模式，去实现其社会经济目标。从理论上而言，建成环境几何空间类似于其他非空间要素，如语言、文字、火把、徽章、制服、电话、互联网等，都属于人工产物，用于人们彼此的沟通，最终形成社会，其目的反而是跨越社会中的空间局部距离，建构起整体性且存在于认知领域的空间模式。

由于过去很多社会经济环境等联络性数据难以获取，空间句法只是重点分析了诸如日常行为活动、人车流、用地或房间功能、汽车尾气污染、犯罪活动、房屋价格等要素。例如，从空间形态网络在不同时间和尺度的发展变化视为空间足迹，分辨具有空间潜力的节点与联系；从功能业态以及开发强度等所代表的功能活力，去判断与空间区位相对应的空间价值；从公共空间或自然景观的场所界面中去落实空间营造的具体事项。空间句法并未完全揭示非空间因素之间的功能关系及其与空间的关系。换言之，社会经济等相关学科之中运用相似的图论方法揭示社会经济网络的规律，这些方法并未与空间句法的研究方法有密切的对接。

　　大数据与物联网时代提供了获取社会经济网络的实时数据的可能性。目前各种反映社会经济活动的大数据逐步普遍化，特别是那些数据的空间定位更为精准，那么这些社会经济活动的空间规律将会更为容易地获取，并被表达出来。其中的非空间因素与空间因素的对比作用将会更为明显。这不仅有利于我们证实或证伪那些非空间因素在今后建成空间发展趋势之中的作用，而且有利于我们建立更为全面的句法模型，即构建空间因素与非空间因素彼此互联互通的新型全息模型，用于解释或预测建成环境的运营与建设情况。

5.3　空间设计的复杂性

　　在此背景之下，我们提出了为了空间句法理论与方法发展的可能方向，即从社会经济环境活动的角度进一步研究空间几何的构成，重新定义空间距离这一核心要素。借助于流形（manifold）几何理论，去精准描述建成环境几何空间中多维的子系统及其相互关系（图5），运用机器学习的方式，进行降维处理，挖掘出社会经济文化等系统在人居环境巨系统之中的形态构成模式。我们称之为空间设计的复杂性。

5.3.1　空间几何语言

　　是否存在折射社会经济行为的几何语言应用于空间设计？回归空间句法的知识体系本源。希列尔的本科是语言学，他可成为诗人，而他对建筑的热爱，也许让他在不断思考日常语言与数学、几何图形之间的互动。这种空间几何不仅是视觉上的，而且是空间体验之中的。这种空间几何或图形表达出我们日常语言无法清晰表达的内容。这种空间几何是比数学更为丰富的表达方式。因此，这种空间几何语言本身是一种探索，即人在时空之中行为活动的几何语言。显然，拓扑几何是合理的选择之一，因为人的行为活动构成了社会，而社会系统在时空之中则是非连续的、离散性的，同时又具备整体性、集体性（Hillier，2012）。对于非有意设计的建筑物及其空间，例如民居等，这种空间语言是被人们自然而然地掌握，是从社会日常生活之中习得的本能，以某种无意识的方式体现出来，甚至构成了肌肉记忆；而这种本能又是我们在建筑或城市空间之中认知与行为的本能，只是并未精确地表达出来。那么，在有意识的设计过程之中，我们需要把这种无意识的本能，以有意识的方式，精准地表达出来。

图 5　社会经济环境耦合的流形信息模型

　　在未来我们需要采用新的几何语言。正如我们在球形的地球上航海，需要采用非欧几何进行度量。那么，在建筑与城市空间之中行走与活动，这样空间行为活动的几何也将超越传统欧式几何概念。我们曾经讨论过：街道空间如何折叠到二维几何平面之上，垂直的空间联系又如何延伸为更高维度，以及社会性与经济性的多维几何构成又如何转化为我们可方便感知的降维或升维结构。显然，基于流形的拓扑几何给予空间句法以新的思路，其中张量与网络的概念将有效地将多维空间彼此的连接或组构描述出来，并用于探索空间的"曲率"，即空间内在的社会经济环境活动的延续密度。

5.3.2　空间几何认知

　　如何从空间认知的角度在空间设计过程之中运用几何？正如道尔顿教授所说，在十字路口，我们向左转，或者向右转，这在多大程度上会受到空间路网结构的影响？这可追溯到 2003 年左右，空间句法对角度计算的讨论之中，在教室之中，我们从一个角走到另外一个角，由于中间有课桌的阻挡，我们如何选择路径，是否选择角度最小的路径？以及在虚拟现实的场景之中，我们如何在迷宫之中、在正常城市之中行走，并找到相关的标志性建筑物等？在很大程度上，这与我们实际看到的局部空间构成有关，同时也与我们头脑之中认知的整体空间网络有关，还与我们对空间的社会属性认知有关。

因此，我们身体是在不同尺度的空间之中感知与体验，而我们头脑则在不同尺度的空间之中实时切换。这是我们所具备的基本感知能力，局部与整体的身心联动，从而建构起我们的认知几何地图。因此，视觉局部空间之中的吸引点布局构成，认知整体空间之中的组织结构，将会影响到我们的路径选择。此外，借助于数字设施与设备，诸如导航器、VR 头盔、感知器等，我们将会感知到更多维度、更多尺度、更多时序的空间信息。那么，在社会经济环境等行动之中，数字感知信息与实体感知信息将会实时融通起来，强化我们通感能力，增强态势感知与响应能力。那么，空间几何感知在虚拟与现实、在局部与整体、在身与心之间的协同机制，将会是未来研究的重要方向。

与之同时，这种空间几何感知能力的增强与协同，也将重塑我们的设计方法与流程。在设计过程之中，小到对部件的理解，中到对场地的感受，大到对城市或区域的感悟，都将影响到我们如何去勾画设计方案。本质上，我们就是设计不同尺度的空间序列互动，而它们之间的时空连接则是设计的关键之处，也许往往成为点睛之笔，如同峰回路转、豁然开朗、曲径通幽等，从而影响着我们现实与虚拟的空间设计模式。

5.3.3　空间几何符号

如何将空间设计的整体性内涵通过空间几何符号表达出来？符号本身是一种分类，源于认知，更源于社会，因为这是我们作为社会群体进行交流的基础（Hillier，2019）。空间几何符号是对空间的分类，且蕴含在几何表达之中，传递出社会、经济、文化、环境等内涵。例如，我们勾画出一所学校、一所办公楼、一所医院等，它们的空间布局方式将会以程式化表达出来，这对应于我们如何使用这些空间，以及这些空间如何支持相应的教学、办公、就医功能。当然，这些几何符号还可以体现在立面、部件以及纹理之中。我们对此的分类来自于我们对学校、办公楼以及医院的理解。

推及城市或区域，我们也会总结出工业城市、港口城市、商业城市、旅游城市等，它们的空间构成也会在社会、经济、环境等意识之下，形成与之对应的几何布局。当然，这些并不存在那么明显的一一对应关系。不过，我们在经由专业训练之后，将会形成某种对应的几何符号分类定势。在很大程度上，这源于我们对不同功能城市的空间体验感觉是不同的，在专业性体验之中形成了空间符号分类。这种分类不仅仅是视觉上的，而且是直观感受上的。这也源于城市空间之中更为细节上的符号及其构成体系，而这一切都是社会性空间生产的重要部分。数字化生存将会加速空间几何符号的形成、传播以及消失，同时也将推动形成更为丰富的分类体系，支撑多元的社会和群体。

因此，脱离了社会或亚文化背景，这些空间几何符号也许可能会被误解。这就是跨文化旅游过程之中，有时会遇到的现象。例如，对于广场空间，在不同文化之下，其使用方式有可能不一样。此外，在设计过程之中，我们往往也是不断地突破我们对于空间几何符号的认知定势，试图从社会要素之中吸取新的经验，推测出不同于以往的使用模式，进而创新出不同的空间几何构成，最终赋予新的符号内涵。生态城市、智慧城市、韧性城市、未来城市等符号概念的创新，则体现了这类空间几何符号的创新。在这种意义上，"符号"本身也是社会空间再生产的动力。最后，我们回顾一下希列尔夫人希拉（Sheila）教授对于"向比尔致敬"的感受，她认为空间句法的内核是创新。

参考文献

[1] ALEXANDER C. A city is not a tree[M]. In Design, 1965: 46-55+206.

[2] ALEXANDER C, ISHIKAWA S, SILVERSTEIN M. A pattern language: towns, buildings, construction[M]. Oxford University Press, 1977.

[3] DALTON N S. New measures for local fractional angular integration or towards general relitivisation in space syntax[C]//Proceedings of the 5th space syntax symposium, 2005: 103-115.

[4] HANSON J. Decoding homes and houses[M]. Cambridge: Cambridge University Press, 1998.

[5] HANSON J, HILLIER B. The architecture of community: some new proposals on the social consequences of architectural and planning decisions[C]//Arch & comport. Arch. Behave, 1987(3): 251-273.

[6] HILLIER B. Space is the machine: a configurational theory of architecture[M]. Cambridge: Cambridge University Press, 1996.

[7] HILLIER B. The architectures of seeing and going: or, are cities shaped by bodies or minds? And is there a syntax of spatial cognition? [C]//(Proceedings) 4th international space syntax symposium. London, UK, 2003.

[8] HILLIER B. Between social physics and phenomenology[C]//(Proceedings) Fifth Space Syntax Symposium. Delft, The Netherlands, 2005.

[9] HILLIER B. Studying cities to learn about minds: some possible implications of space syntax for spatial cognition[J]. Environment and Planning B: Planning and Design, 2012, 39(1): 12-32.

[10] HILLIER B. Structure or: does space syntax need to radically extend its theory of spatial configuration? [C]//SHENG Q. Proceedings of the 12th international space syntax symposium. Beijing, 2019.

[11] HILLIER B, HANSON J. The social logic of space[M]. Cambridge: Cambridge University Press, 1984.

[12] HILLIER B, LEAMAN A, STANSALL P, et al. Space syntax[J]. Environment and Planning B: Planning and Design, 1976, 3(2): 147-185.

[13] HILLIER B, PENN A, HANSON J, et al. Natural movement: or, configuration and attraction in urban pedestrian movement[J]. Environment and Planning B, 1993, 20(1): 29-66.

[14] HILLIER B, TURNER A, YANG T, et al. Metric and topo-geometric properties of urban street networks: some convergences, divergences, and new results[C]//6th international space syntax symposium. Istanbul, Turkey, 2007: 1-22.

[15] HILLIER B, YANG T, TURNER A. Advancing DepthMap to advance our understanding of cities: comparing streets and cities, and streets to cities[C]//GREEN M, REYES J, CASTRO A. Proceedings 8th international space syntax symposium. Chile: Pontifica Universidad Catolica: Santiago, 2012.

[16] JIANG B, LIU X. AxialGen: a research prototype for automatically generating the axial map [J]. Arxiv preprint arXiv, 2009: 0902.0465.

[17] PENN A. Space syntax and spatial cognition or why the axial line?[J] Environment and Behavior, 2003, 35(1):

30-65.

[18] RATTI C. Space syntax: some inconsistencies[J]. Environment and Planning B: Planning and Design, 2004, 31(4): 487-499.

[19] TURNER A, PENN A, HILLIER B. An algorithmic definition of the axial map[J]. Environment and Planning B: Planning and Design, 2005, 32: 425-444.

[欢迎引用]

杨滔. 空间设计的复杂性: 空间句法核心理论回顾及未来展望[J]. 城市与区域规划研究, 2022, 14(2): 57-72.

YANG T. The complexity of space design: a review on key theories of space syntax and its prospect[J]. Journal of Urban and Regional Planning, 2022, 14(2): 57-72.

DAS 技术在村镇聚落变化监测集成平台中的应用研究

周文生　汪延彬　王娅妮

Research on the Application of DAS on the Integrated Platform for Monitoring Changes in Rural Settlements

ZHOU Wensheng [1], WANG Yanbin[2], WANG Yani [2]
(1. School of Architecture, Tsinghua University, Beijing 100084, China；2. Gansu Institute of Natural Resources Planning and Research, Gansu 730030, China)

Abstract This paper first introduces the background and construction goals of the integrated platform for monitoring changes in village and town settlements and analyzes the existing problems in the relevant research, and then briefly introduces the basic principles and technical characteristics of DAS. On this basis, this paper puts forward the framework for the integrated platform for monitoring changes in rural settlements as well as its development methods. Finally, taking the eco-environmental quality evaluation model as an example, this paper introduces the implementation process of the model in G language in detail. It turns out that DAS is an efficient, easy to implement and master geographic analysis model building technology based on MS Word. The integrated platform for monitoring changes in villages and towns built with this technology has the technical characteristics of maintainability and implementation and is of great significance to the planning and governance of villages and towns.

Keywords village and town settlements; change monitoring; DAS; geocomputation language; geographic analysis model

作者简介
周文生，清华大学建筑学院；
汪延彬、王娅妮，甘肃省自然资源规划研究院。

摘　要　文章首先介绍了村镇聚落变化监测集成平台的背景和建设目标，分析了相关研究所存在的问题，之后对 DAS 的基本原理和技术特点进行了简要介绍；在此基础上，提出了村镇聚落变化监测集成平台的框架以及平台的开发方法；最后，以生态环境质量评价模型为例，详细介绍了该模型的 G 语言实现过程。实践表明：DAS 是一种基于 MS Word 的高效的、易于实施和掌握的地理分析模型构建技术，利用该技术所构建的村镇聚落变化监测集成平台具有可维护、可落地的技术特点，对村镇规划和治理具有重要意义。

关键词　村镇聚落；变化监测；DAS；地理计算语言；地理分析模型

1　引言

1.1　研究背景

村镇聚落是农村居民与其相关的自然环境、社会生活和经济文化相互作用的产物，是人口聚居的主要形式。随着我国城市化发展进程的不断推进，城镇开始向周边村镇聚落侵袭扩张，严重扰乱了乡村聚落的发展秩序，造成村镇聚落人口规模不断缩小甚至趋于空心化的问题，村镇聚落的发展和转型迫在眉睫（陆大道，2013；韩非，2011）。为此，党的十九大报告明确提出了乡村振兴战略，意味着在今后一段时期内，乡村的建设和发展将成为国家现代化进程中重点关注的问题。

在此背景条件下，"村镇聚落空间重构数字化模拟及评价模型"国家重点研发计划项目中设立了"村镇聚落发展评价模型与变化监测"课题，旨在通过 GIS、遥感和大数据技术对村镇聚落的环境、经济和社会状况进行监测与评估，为村镇聚落的规划、建设和管理提供支撑。"村镇聚落变化监测集成平台"是该课题的子课题，其任务是在已有课题研究成果的基础上，建立村镇聚落物质空间、社会空间、经济空间以及生态环境等不同主题的多源时空数据库，并研发面向村镇环境、社会、经济等方面的分析评价模型系统。

1.2　集成平台的定位

村镇聚落变化监测集成平台（以下简称"集成平台"）作为本课题的核心任务，其开发应考虑以下三方面的内容。

（1）集成平台是一个研究、分析类平台

作为国家重点研发项目的研究课题，其研究内容应关注的是探索新理论、新技术、新方法的应用，为此，集成平台的定位是一种研究、分析型空间决策系统，重点是将研究成果中各类分析、评价模型进行系统的梳理和整合，形成一整套从理论、技术到系统的村镇规划量化分析平台。

（2）集成平台应服务于国家乡村振兴战略

乡村振兴战略是习近平同志 2017 年 10 月 18 日在党的十九大报告中提出的国家战略，旨在实现农业农村现代化的伟大目标。乡村规划是做好农村地区各项建设工作的基础，是各项建设管理工作的基本依据，对改变农村落后面貌，加强农村地区生产设施和生活服务设施、社会公益事业和基础设施等各项建设，推进社会主义新农村建设具有重大意义。科学合理的规划设计对乡村经济振兴十分重要。为此，集成平台的建设也应充分考虑乡村规划的现实需求，使各类评价、分析模型能够真正落地。

（3）集成平台应有可持续性的数据资源支持

一个可持续运行的系统平台离不开数据的支持，数据是 GIS 应用系统的"血液"，各种分析模型的运行都离不开数据的支持。由此可见数据库建设和维护的重要性，但数据库的建设和维护需要大量人力和财力的投入，且有些敏感数据难以有效收集。然而，大数据时代互联网上丰富多样的数据源（如各种遥感数据、土地覆盖数据、DEM 数据、POI 数据、交通数据、人口数据等）为这一问题的解决提供了新的思路，集成平台的建设应充分考虑利用网络空间数据资源，以便系统平台可以持续地服务于村镇规划的实践活动。

1.3　相关研究及问题

对于集成平台建设，国内外已开展了很多相关的研究，如程朋根（2015）等利用 ArcGIS Engine 与 ENVI/IDL 构建了城市生态环境监测与评价系统；王莉（2013）采用 SuperMap 为 WebGIS 二次开发平台构建了农业的土壤、农田灌溉水、大气三类环境数据实时监测管理；樊海强等（2019）引入地理设计方法论，建构了传统村落空间地理设计模型，并以邵武市和平村为例，探讨了传统村落空间的地理设计过程；金宝石、查良松（2005）针对村镇这一聚落地域的信息和管理特点，构建了村镇管理信息系统，提高了村镇管理和规划决策水平；于明洋等（2011）针对目前中国在经济村落保护方面的薄弱环节，采用 Google API 技术与 SuperMap 开发了中国传统村镇 WebGIS 管理平台；范文瑜等（2011）利用 GIS 构建了村镇建设用地节地效果评价系统，并对太仓市陆渡镇村镇建设用地集约节约利用效果评价进行了评价。

这些应用系统根据各自的研究目标采用适宜的系统开发路线，取得了一定的应用效果，但对于集成平台的建设来说，却存在以下三方面的问题：

（1）从系统功能来看，主要以空间数据的管理、空间数据的查询为主，数据分析功能不足，缺乏对数据深层分析的地理分析模型，对最终决策的支持有限。

（2）从数据方面看，数据多为静态 GIS 数据和遥感数据，缺乏能反映环境现状的时空大数据的支持，导致系统的可用性较低。

（3）从系统建设方法来看，目前的系统均采用的是一种传统的 GIS 应用系统建设方法，这种系统的自适应能力差，系统的更新、维护比较困难。

"文档即系统"（Document As System，DAS）是近年来由清华大学周文生团队提出并开发的一种全新的 GIS 应用模式，具有技术门槛低、系统开发效率高、所开发的系统易于推广与维护等重要技术特点。目前，DAS 技术已在国土空间规划"双评价"、网络时空大数据获取与分析、遥感数据分析以及 GIS 教学中得到应用（详情见双评价 DAS 公众号）。2021 年，该技术获第 48 届日内瓦国际发明展金奖，并入选 2021 年世界互联网大会"世界互联网领先科技成果"。

有鉴于此，将 DAS 技术用于集成平台的建设是一种积极和有益的探索。

2 DAS 技术概述

2.1 基本原理与关键技术

目前将 GIS 用于地理分析有四种应用模式，即工具箱模式、可视化建模模式、脚本开发模式和独立系统开发模式，其中工具箱模式就是通过 GIS 平台所提供的分析工具来完成特定的地理分析任务，其特点是无需编程，但计算效率低下；可视化建模模式就是采用可视化建模的方法（如 ArcGIS 的 Model Builder）来构建地理分析模型，以便实现地理分析过程的自动化，其特点是无需编程基础，但这种模式仅适合简单的地理分析模型，当分析模型规模较大时，无论是对模型的调试，还是对模型的理解和维护，都很困难；脚本开发模式是指采用专有脚本语言（如 MapInfo 的 MapBasic）或通用的脚本语言（如 VBA、Python）调用 GIS 平台中封装好的算法来完成地理分析模型的构建，这种模式的特点是可使地理分析过程自动化，但需要有一定的编程基础和 GIS 系统开发经验；独立系统开发模式就是采用系统语言（如 C++和.NET）利用 GIS 库开发独立的 GIS 分析系统，这种模式的特点是需要有专业的软件开发人员进行开发，开发成本和维护成本较高，且由于用户无法修改程序代码，致使所开发的系统很难满足地理分析工作对灵活性的要求。除此之外，上述四种模式都没有提供一种有效的检验地理分析结果质量的方法。

DAS 就是作者针对上述 GIS 应用模式所存在的问题，借鉴最终用户编程（郁天宇，2013）和低代码编程思想（韦青等，2021）所提出的一种全新的 GIS 应用模式，其核心思想是在 MS Word 或金山 WPS 文档处理环境下（后文统称为"MS Word"）由业务人员利用地理计算语言（GeoComputation Language，以下简称"G 语言"或"GCL"）对地理计算过程进行规范化描述，形成计算机可以理解的 DAS 智能文档，之后由 DAS 智能文档驱动后台 G 语言解释器完成地理计算（图 1）（周文生，2019，2021；武廷海等，2019；Zhou，2020）。

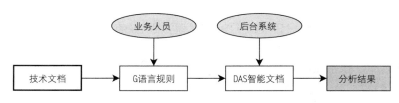

图 1　DAS 的基本原理

该技术主要包含以下四部分内容：

（1）G 语言。G 语言是一种在 MS Word 文档中描述地理分析过程的表格化编程语言，是计算机可识别并执行的一套地理计算的指令集，该语言与传统的计算机编程语言不同，是一种地理计算过程的描述语言。G 语言所提供的关键词可完成数据获取、空间分析、数据处理、统计分析和数据表达等一系列与地理分析模型相关的操作。

（2）DAS 智能文档。DAS 智能文档是指业务人员利用 G 语言所编写的描述地理分析过程的 MS Word 文档。从编程的角度来说，智能文档也可以理解为由 G 语言所编写的程序代码，这些程序代码通过 G 语言解释器可以自动化地完成一系列的地理计算。从应用的角度来看，DAS 智能文档就是为解决某一地理问题的地理分析模型。通常，地理分析模型是以计算机程序或系统的形式存在，而 DAS 智能文档所表达的地理分析模型则是以可读的 MS Word 文档形式存在。

（3）G 语言解释器。G 语言解释器是根据 G 语言的语法规则对 DAS 智能文档进行解析，提取地理计算的关键词和控制参数，并调用底层 GIS 开发库和第三方开发库执行地理计算。

（4）G 语言集成开发环境。G 语言集成开发环境（Integrated Development Environment，IDE）是用于 DAS 智能文档开发的应用系统，该系统集成了 G 语言代码编写、调试和运行等一系列功能。与其他编程语言集成开发环境不同，G 语言集成开发环境是在 MS Word 基础上开发的，充分利用了 MS

Word 的图表编辑功能，实现了地理分析模型从模型理论、模型实现到分析成果展示的一体化。

2.2 技术特点分析

与传统工具箱模式、可视化建模模式、脚本开发模式以及独立系统开发模式相比，DAS 具有以下技术特点。

（1）为复杂地理计算提供了便利的计算环境和描述语言。DAS 模式采用人们熟悉的 MS Word 作为地理分析构建和分析的环境，极大方便了地理计算的实施。而 G 语言采用独特的关键词技术和表格化编程技术，降低了地理分析模型或分析系统构建的技术门槛，对 GIS 技术的广泛应用具有重要作用。

（2）为系统化、规范化地进行空间分析提供了可行的计算范式。DAS 技术通过人们易于理解的 G 语言详细记录了每一个地理计算处理步骤所使用的方法、参数和中间结果，为回溯和检查地理计算成果提供了可靠的技术保证，同时也为杜绝研究成果造假提供了可行的解决方案。

（3）实现了地理处理知识的完整表达。在传统 GIS 应用模式中，地理计算过程和地理分析模型、计算成果是分离的，这为后续地理分析模型的复用和计算成果的验证造成了极大的困难。DAS 模式首次将三者在 MS Word 中进行了整合，形成了完整的知识表达体系，从而可以实现地理分析知识的高效传播和复用。

3 集成平台设计与开发方法

3.1 集成平台架构设计

针对集成平台的定位并结合 DAS 技术的特点形成了如图 2 所示的以 DAS 技术为核心的集成平台架构。整个系统采用三层结构体系，主要包括数据库层、模型层和应用层。

3.1.1 数据库层

该层整合课题的数据资源并分六个主题进行管理，分别形成基础地理数据库、土地利用数据库、环境质量数据库、物质空间数据库、人口流动数据库和社会经济数据库。这些数据库包括了矢量数据、栅格数据、遥感数据、表格数据以及网络时空数据等内容，其中网络时空数据中的 POI 数据、LOI 数据、AOI 数据、人口迁徙数据可直接通过 G 语言中的网络数据获取关键词获得。

3.1.2 地理分析模型层

该层为集成平台的核心，提供各类地理分析模型，用于村镇聚落物质空间、社会空间、经济空间以及生态环境空间的监测和评价，同时这些模型也可用于村镇规划的具体实践。目前该层包括土地利用变化分析、生态环境质量评价、人口迁徙分析、公服设施匹配度评价、公共服务可达性评价、可持

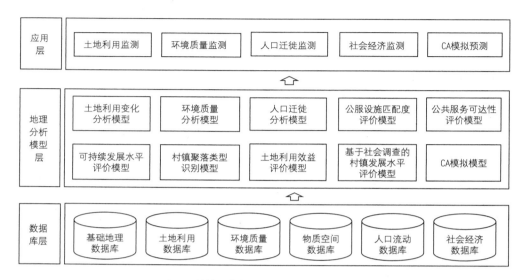

图2　村镇聚落变化监测集成平台总体架构

续发展水平评价、村镇聚落类型识别、土地利用效益评价、基于社会调查的村镇发展水平评价以及CA模拟等10个地理分析模型。需说明的是，本模型层可根据业务应用的需要进行调整。

3.1.3　应用层

该层面向最终业务用户，支持基层村镇规划与管理的分析业务，目前该层提供土地利用监测、环境质量监测、人口迁徙监测、社会经济监测以及CA模拟预测五个业务分析系统。

3.2　集成平台开发方法

与传统GIS应用系统的开发方式不同，整个开发过程就是在MS Word中用G语言将各地理分析模型（在DAS中称为地理计算任务）由概念模型转换为DAS智能文档的过程。DAS智能文档包括系统总体框架和地理计算任务两部分内容。

3.2.1　系统总体框架

系统总体框架是整个应用系统的总体控制部分，主要包括【基本参数表】和【任务设置表】。

【基本参数表】的内容相当于一般编程语言中的全局控制变量，用于控制各地理计算模型计算时的基本信息，如基本工作空间、范围图层、栅格大小、统计图层以及专题图模板等（表1）。

【任务设置表】用于管理集成平台中各地理分析模型（如公服设施匹配度评价、公共服务可达性评价、可持续发展水平评价等）的注册信息。每个模型主要包括任务名称、工作空间和表位置，其中工作空间是指计算任务所对应的数据库所在目录，表位置是指描述各地理计算任务的"输入与控制表"的题注编号（表2）。

表 1　基本参数表

序号	基本参数项	基本参数内容	说明
1	【基本工作空间】	BOOK_GIS06	
2	【范围图层】	BaseMap/MapRangeJX.shp	用于设置工作范围、坐标系统和裁减输出地图
3	【栅格大小】	30	用于设置像元的大小（单位：米）
4	【统计图层】	BaseMap/MapStatJX9.shp	用于分区统计数据 DX\DX7\蓟州区村庄行政边界 P3.shp
5	【专题图模板】	专题图模板 M.mxd	用于制作专题图
6	【图谱模板】	ZPoint.mxd	用于制作疑点图谱
7	【评价地区】		在统计报表中输出
8	【导出空间】	NewSpace	

表 2　任务设置表

序号	任务名称	是否计算	工作空间	表位置 （输入与控制表）	说明
1	公服设施匹配度评价	Y	DX/DX5	表 5	社会经济监测
2	公共服务可达性评价	Y	DX/DX6	表 16	社会经济监测
3	可持续发展水平评价	Y	DX/DX7	表 17	社会经济监测
4	村镇聚落类型识别	Y	DX/DX8	表 18	社会经济监测
5	土地利用效益评价	Y	DX/DX9	表 20	社会经济监测
6	基于社会调查的村镇发展水平评价	Y	DX/DX10	表 21	社会经济监测
7	……				

3.2.2　地理计算任务

集成平台中的每个地理分析模型对应一个地理计算任务，而每个地理计算任务包括模型描述性表达和计算性表达两部分，其中描述性表达为传统地理分析模型的图文描述，便于人们能够对后续计算性表达内容的理解。而计算性表达为地理分析模型的可执行代码。

（1）模型的描述性表达

这部分通常包括模型的具体分析流程、所使用的公式以及分级、分类标准等内容。对于 G 语言解释器来说，这部分内容属于注释内容，G 语言解译器对这部分内容不做任何处理。

（2）模型的计算性表达

这部分主要包括输入与控制、计算过程和结果输出三部分内容。

①输入与控制。该部分包括【输入对象】和【计算控制】,【输入对象】是指参加地理模型计算的地理数据（矢量图层和栅格图层）和非地理数据，而【计算控制】用于控制进行地理模型计算的执行步骤，如表 3 中"1-5"是指执行该地理模型时只计算第 1 至第 5 步骤。

表 3　公服设施可达性评价输入与控制

序号	对象逻辑名	对象物理名	参考页	值及说明
1	【行政管理】	DX\DX5\POI_XZGL.shp		
2	【教育文化】	DX\DX5\POI_JYWH.shp		
3	【体育休闲】	DX\DX5\POI_TYXX.shp		
4	【医疗卫生】	DX\DX5\POI_YLWS.shp		
5	【社会福利】	DX\DX5\POI_SHFL.shp		
6	【国道】	国道 P.shp		
7	【省道】	省道 P.shp		
8	【县道】	县道 P.shp		
9	【乡镇道路】	乡镇道路 P.shp		
10	【专题图模板】	/专题图模板 M.mxd		
【计算控制】				
1-5				

②计算过程。该部分为地理计算任务的主体，一个地理计算任务由若干地理计算项组成，而一个地理计算项主要包括输入、操作和输出（表 4）。输入部分描述的是操作的处理对象，输出部分描述的是操作的计算结果，操作部分是 G 语言中的关键词，用于对处理对象进行处理。

表 4　公服设施可达性评价计算过程

步骤	操作说明	输入	操作	输出	说明
1	生成【国道 R】	【国道】	【说明】筛选＋栅格化/欧式距离＋重分类[M]** KX_SelRasDisReclass (10:<50|7:50-100|5:100-200|3:200-250|1:>=250)	【国道 R】 GD.tif	
2	生成【省道 R】	【省道】	【说明】筛选＋栅格化/欧式距离＋重分类[M]** KX_SelRasDisReclass(7:<50|5:50-100|3:100-200|2:200-250|1:>=250)	【省道 R】 SD.tif	

续表

步骤	操作说明	输入	操作	输出	说明
3	生成【县道 R】	【县道】	【说明】筛选+栅格化/欧式距离+重分类[M]** KX_SelRasDisReclass(5:<50|3:50-100|1:>=100)	【县道 R】 XD.tif	
4	生成【乡镇道路 R】	【乡镇道路】	【说明】筛选+栅格化/欧式距离+重分类[M]** KX_SelRasDisReclass(3:<50|1:>=50)	【乡镇道路 R】 XZDL.tif	
……					

③结果输出。该部分为地理计算任务的成果表现或成果可视化部分，可将计算过程中所产生的专题图、统计表和统计图在指定的表格中输出，以便用户及时观察和分析计算结果，或在后续的报告编写中直接使用该部分的图表成果（图 3）。

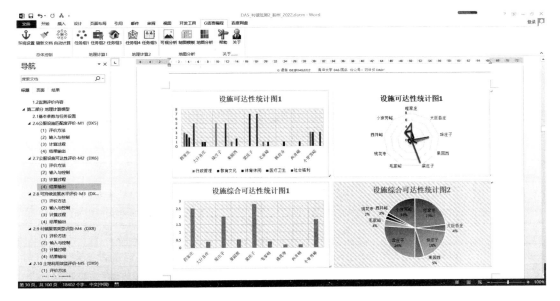

图 3　地理计算任务中的结果输出

4　集成平台的实现

按照上节所介绍的内容，目前已实现了土地利用变化分析、生态环境质量评价、公服设施匹配度评价等 10 个地理分析模型，当然，集成平台中的地理分析模型也可根据业务应用的需要进行扩展或调整。为了展示 G 语言描述地理分析模型的具体过程，下面以生态环境质量评价模型为例进行说明。需说明的是,为了方便读者理解,将模型计算性表达中的成果输出部分前置到描述性表达的"过程分析"部分。

4.1 模型的描述性表达

4.1.1 相关说明

生态环境质量作为生态系统结构、功能和要素在一定时间和空间上的综合表征,一直是当今社会最受关注的热点之一。及时监测多尺度生态系统的变化并发现所存在的问题,已成为保护生态系统的重要手段。利用遥感数据构建反映生态系统不同方面的指数,可以表征生态系统的质量。而在反映生态质量的诸多自然因素中,绿度、湿度、热度、干度是与人类生存密切相关的 4 个重要指标。为此,本地理分析模型将根据相关的研究成果分别计算研究区域的湿度、绿度、干燥度和地表温度,在此基础上采用主成分分析法进行生态环境质量的综合评价(乔敏,2021;覃志豪等,2001;岳辉、刘英,2018)。

4.1.2 输入数据

本地理分析模型采用天津市蓟州区 Landsat 8 数据进行相关指标的计算,具体参与计算的各波段数据如表 5 所示。

表 5 生态环境质量评价输入

序号	对象逻辑名	对象物理名	值及说明
1	【B1】	R2019B1.tif	Landsat 8OLI 蓝波段 30
2	【B2】	R2019B2.tif	Landsat 8OLI 绿波段 30
3	【B3】	R2019B3.tif	Landsat 8OLI 红波段 30
4	【B4】	R2019B4.tif	Landsat 8OLI 近红外波段 30
5	【B5】	R2019B5.tif	Landsat 8OLI 短波红外波段 30
6	【B6】	R2019B6.tif	Landsat 8TIRS 热红外波段
7	【变量】	变量 1.csv	包含辐射定标的 6 个波段的加常数和乘常数以及湿度计算公式中的 6 个系数

4.1.3 过程分析

生态环境质量评价主要流程如图 4 所示。

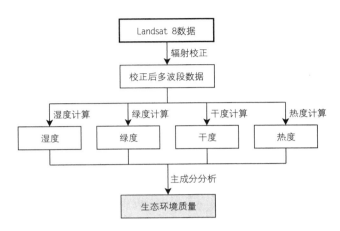

图 4　生态环境质量评价主要流程

主要过程描述如下：

（1）辐射定标

对【B1】、【B2】、【B3】、【B4】、【B5】以及【B6】波段数据采用式 1 进行辐射定标，分别得到【B1R】、【B2R】、【B3R】、【B4R】、【B5R】以及【B6R】等栅格图层。

$$L=gain \times DN + bias \tag{1}$$

式中，L 为各波段的象元在传感器处的辐射值；DN 为象元灰度值，$gain$ 和 $bias$ 分别为各波段的增益值和偏置值，可在下载文件中获得。

（2）计算湿度 WET

利用式 2 计算湿度 WET，得到【湿度】栅格图层。

$$WET=0.0315 \times b1+0.2021 \times b2+0.3102 \times b3+0.1594 \times b4-0.6806 \times b5-0.6109 \times b6 \tag{2}$$

式中，b1 为蓝波段，b2 为绿波段，b3 为红波段，b4 为近红波段，b5 为短波红外波段，b6 为热红外波段。

（3）计算绿度 $NDVI$

采用式 3 计算绿度，得到【绿度】栅格图层。

$$NDVI=(b4-b3)/(b4+b3) \tag{3}$$

（4）计算干度 $NDSI$

采用式 4~6 计算干度，得到【干度】栅格图层。

$$SI=((b5+b3)-(b4+b1))/((b5+b3)+(b4+b1)) \tag{4}$$

$$IBI=(2×b5/(b5+b4)–(b4/(b4+b3)+b2/(b2+b5)))/(2.0×b5/(b5+b4)+(b4/(b4+b3)+b2/(b2+b5)))$$

（5）

$$NDSI=(SI+IBI)/2$$

（6）

（5）计算热度 *LST*

①根据式 7 由【NDVI】计算植被覆盖度 *Fv*，得到【FV】栅格图层。

$$Fv=\begin{cases} 0.7, & NDVI>0.7 \\ 0, & NDVI<0 \\ \dfrac{NDVI}{0.7}, & 0\leqslant NDVI\leqslant 0.7 \end{cases}$$

（7）

②根据式 8 由【FV】、【NDVI】计算地表辐射率 *e*，得到【E】栅格图层。

$$e=\begin{cases} 0.7, & NDVI\leqslant 0 \\ 0.9589+0.086×Fv-0.0671×Fv^2, & 0<NDVI<0.7 \\ 0.9625+0.0614×Fv-0.0461×Fv^2, & NDVI\geqslant 0.7 \end{cases}$$

（8）

③根据式 9 计算黑体辐射亮温 *lt*，得到【LT】栅格图层。

$$lt=(b2-u-t×(1-e)×d)/(\tau×e)$$

（9）

式中，b2 为热红外波段，*e* 为地表辐射率，τ 为大气在热红外波段的透过率，*u* 为大气向上辐射亮度，*d* 为大气向下辐射亮度，τ、*u*、*d* 这三个参数可在 NANS 公布的网站查询。

④根据式 10 计算地表温度值 *ts*，得到【热度】栅格图层。

$$ts=K2/alog(K1/lt+1)-273$$

（10）

式中，*lt* 为黑体辐射亮温，对于 Landsat 8 OLI，K1=774.68 W/(m² · μm · sr)，K2=1 321.08K。

（6）计算生态环境质量 RSEI

①对【湿度】、【绿度】、【干度】和【热度】进行归一化处理，得到对【湿度 1】、【绿度 1】、【干度 1】和【热度 1】等栅格图层并制图输出（图 5）。

②采用主成分分析的方法对【湿度 1】、【绿度 1】、【干度 1】和【热度 1】进行分析，取第一主成分作为生态环境质量，得到【生态环境质量 1】栅格图层。

③对【生态环境质量 1】按等间隔法进行重分类，得到【生态环境质量 2】栅格图层并制图输出（图 6）。

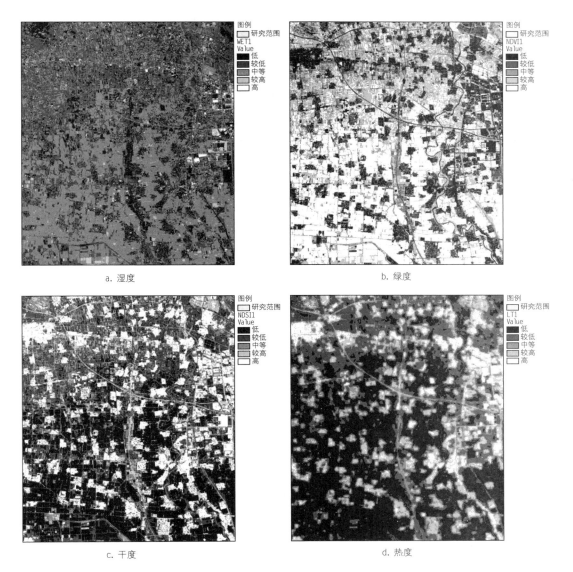

图 5　湿度、绿度、干度和热度计算结果

图 6　生态环境质量评价结果

4.2　模型的计算性表达

生态环境质量评价的 G 语言实现如表 6 所示。

表 6　生态环境质量评价计算过程

步骤	操作说明	输入	操作	输出	说明
1	辐射定标	【B[1:6]】 【变量】	【说明】栅格计算[M]* KX_RasCalculator (${B[1:6]C}+{B[1:6]M}* [R1])	【B[1:6]R】 B[*]R.tif	S1： 辐射 定标
2	计算湿度 WET	【B[1:6]R】 【变量】	【说明】栅格计算[M]* KX_RasCalculator (${Wet1}*[R1]+{Wet2}* [R2]+{Wet3}*[R3]+{Wet4}*[R4]+{Wet5}* [R5]+{Wet6}*[R6])	【湿度】 WET.tif	S2： 计算 湿度
3	计算绿度 NDVI	【B4R】 【B3R】	【说明】栅格计算[M]* KX_RasCalculator(([R1]−[R2])/([R1]+[R2]))	【绿度】 NDVl. Tif	S3： 计算 绿度

续表

步骤	操作说明	输入	操作	输出	说明
4	计算 *SI*	【B1R】 【B3R】 【B4R】 【B5R】	【说明】栅格计算[M]* KX_RasCalculator ((((([R4]+[R2])−([R3]+[R1]))/(([R4]+[R2])+([R3]+[R1]))))	【SI】 SI.tif	S4： 计算 干度
5	计算 *IBI*	【B2R】 【B3R】 【B4R】 【B5R】	【说明】栅格计算[M]* KX_RasCalculator ((2*[R4]/([R4]+[R3])−([R3]/([R3]+[R2])+[R1]/([R1]+[R4])))/(2.0*[R4]/([R4]+[R3])+[R3]/([R3]+[R2])+[R1]/([R1]+[R4])))	【IBI】 IBI.tif	
6	计算干燥度 *NDSI*	【SI】 【IBI】	【说明】栅格计算[M]* KX_RasCalculator (([R1]+[R2])/2)	【干度】 NDSI. tif	
7	计算 *LN*	【B6R】	【说明】转换工具* 【方法】全能拷贝 KX_Conversion(SC)	【LN】 LN.tif	S5： 计算 热度
8	计算植被覆盖度	【NDVI】	【说明】栅格计算[M]* KX_RasCalculator ((([R1]>0.7),1%([R1]<0),0%[R1]/0.7)	【FV】 FV.tif	
9	计算地表辐射率	【NDVI】 【FV】	【说明】栅格计算[M]* KX_RasCalculator (([R1]<0),0.995%([R1]>0) and ([R1]<0.7), 0.9589 + 0.086*[R2]−0.0671*[R2]*[R2]%([R1]>=0.7),0.9625+0.0614*[R2]−0.0461*[R2]*[R2])	【E】 E.tif	
10	计算黑体辐射亮度	【E】 【LN】	【说明】栅格计算[M]* KX_RasCalculator (([R2]−0.60−0.91*(1−[R1]*1.07)/(0.91*[R1]))	【LT】 LT.tif	
11	计算地表温度	【LT】	【说明】栅格计算[M] 【关键词】{$-文件变量}{@-标准化}算数表达式、逻辑表达式、单元统计、焦点统计 KX_RasCalculator (1321.08/Ln(774.89/[R1]+1)−273)	【热度】 LST.tif	

续表

步骤	操作说明	输入	操作	输出	说明
12	归一化处理	【湿度】 【绿度】 【干度】 【热度】	【说明】归一化[M] 【关键词】{归一化字段}|处理模式(1|2) KX_StandardField (1)	【湿度1】 WET1.tif 【绿度1】 NDVI1.tif 【干度1】 NDSI1.tif 【热度1】 LT1.tif	S6：计算生态环境质量
13	制作专题地图	【@y 研究范围 [WET1; NDVI1; NDSI1; LT1]】 【[*]】	【说明】专题制图[M]* KX_Mapping(MapRange@研究范围，RNGray@#低;较低;中等;较高;高|区界|200|1|*#1.05)	【[湿度;绿度;干度;热度]专题图】 Map[WET;NDVI;NDSI;LT]1.jpg	
14	插入专题地图	【湿度专题地图】 【绿度专题地图】 【干度专题地图】 【热度专题地图】	【说明】插入图片* KX_InsertPic (9)	1	
15	计算生态环境质量	【WET1】 【NDVI1】 【NDSI1】 【LT1】	【说明】栅格叠置分析* 【方法】主成分分析-p,PrincipalComponents,<R*,R#A>,<主成分数目> KX_RasOverlay(P|1)	【RSEI2】 RSEI2.tif 【参数】 P1.txt	

16	分级	【RSEI2】	【说明】重分类
			【关键词】{{分类字段},{目标字段},{缺省值}}#重分类表达式
			KX_Reclass(1|2|3|4|5)
				【RSEI】
				RSEI.tif	

17	制作专题地图	【研究范围】 【RSEI】	【说明】专题制图[M]* KX_Mapping(MapRange@研究范围，RNGray@#低;较低;中等;较高;高|区界|200|1|*#1.05)	【生态环境质量分级图】 RSEI.jpg	
18	插入专题地图	【生态环境质量分级图】	【说明】插入图片* KX_InsertPic (12)	2	

5 结论

村镇聚落变化监测集成平台是一个利用 DAS 技术开发的，以村镇聚落物质空间、社会空间、经济空间以及生态环境空间评价为核心功能的决策分析系统，目前整合了课题研究的 10 个地理分析模型，即土地利用变化分析、生态环境质量评价、人口迁徙分析、公服设施匹配度评价、公共服务可达性评价、可持续发展水平评价、村镇聚落类型识别、土地利用效益评价、基于社会调查的村镇发展水平评价以及 CA 模拟，这些模型可为村镇规划、建设和管理提供支持。

与常规 GIS 应用系统相比，采用 DAS 技术所构建的集成平台具有以下三个优势：

第一，DAS 技术可以将集成平台所有的地理分析模型的计算过程通过表格形式清晰地表达出来，使地理分析模型不再是"黑箱"，方便人们对地理分析模型逻辑的了解，为分析模型的应用、维护和扩展提供了便利条件。

第二，集成平台的建设过程实际就是 DAS 智能文档的编写过程，由于所关注的是"做什么"的问题，而不是传统软件开发模式中"怎么做"的问题，从而节省了大量系统编码与调试时间，大大提高了集成平台的开发效率。

第三，由于集成平台的开发采用易于理解和掌握的表格化编程语言，对开发人员编程能力的要求较低，普通业务人员或研究人员只要了解地理分析模型的逻辑并具备基本的 GIS 知识也可参与集成平台的建设，这有利于集成平台的调整和扩展，为课题研究成果的真正落地创造了条件。

致谢

本文受国家重点研发计划（2018YFD1100303）资助。

参考文献

[1] ZHOU W S. A new geocomputation pattern and its application in dual-evaluation[M]. Berlin: Springer Nature, 2020.

[2] 程朋根, 童成卓, 聂运菊, 等. 基于 RS 与 GIS 技术的城市生态环境监测与评价系统设计及其应用[J]. 东华理工大学学报(自然科学版), 2015, 38(3): 314-318.

[3] 樊海强, 陈雅凤, 陈璐璐, 等. 传统村落空间地理设计模型研究——以和平村为例[J]. 华中建筑, 2019, 37(8): 66-70.

[4] 范文瑜, 张荣群, 朱道林, 等. 基于 GIS 的村镇建设用地节地效果评价系统[J]. 计算机工程与设计, 2011, 32(10): 3526-3529.

[5] 韩非, 蔡建明. 我国半城市化地区乡村聚落的形态演变与重建[J]. 地理研究, 2011, 30(7): 1271-1284.

[6] 金宝石, 查良松. 基于 GIS 的村镇管理信息系统设计与实现[J]. 地域研究与开发, 2005, 24(2): 112-115.

[7] 陆大道. 地理学关于城镇化领域的研究内容框架[J]. 地理科学, 2013, 33(8): 897-901.

[8] 乔敏. 面向空间规划的村镇聚落分类制图研究——以北京为例[D]. 唐山: 华北理工大学, 2021.

[9] 覃志豪, ZHANG M H, ARNON K, 等. 用陆地卫星 TM6 数据演算地表温度的单窗算法[J]. 地理学报, 2001, 56(4):

456-466.

[10] 王莉. 基于 WebGIS 的农业环境动态监测与评价管理信息系统设计与实现[D]. 南昌: 江西农业大学, 2013.

[11] 韦青, 赵健, 王芷, 等. 实战低代码[M]. 北京: 机械工业出版社, 2021.

[12] 武廷海, 周文生, 卢庆强, 等. 国土空间规划系统下的"双评价"研究[J]. 城市与区域规划研究, 2019, 11(2): 5-15.

[13] 于明洋, 张子民, 史同广. 基于 GIS 的中国传统村镇管理系统设计和实施[J]. Agricultural Science & Technology, 2011, 12(1): 153-156.

[14] 郁天宇. 面向最终用户的领域特定语言的研究[D]. 上海: 上海交通大学, 2013.

[15] 岳辉, 刘英. 基于 Landsat 8 TIRS 的地表温度反演算法对比分析[J]. 科学技术与工程, 2018, 18(20): 200-205.

[16] 周文生. 基于 DAS 的地理设计方法在空间规划中的应用[J]. 人类居住, 2021(3): 32-42.

[17] 周文生. 新型地理计算模式及其在双评价中的应用[M]. 北京: 测绘出版社, 2019.

[欢迎引用]

周文生, 汪延彬, 王娅妮. DAS 技术在村镇聚落变化监测集成平台中的应用研究[J]. 城市与区域规划研究, 2022, 14(2): 73-90.

ZHOU W H, WANG Y B, WANG Y N. Research on the application of DAS on the integrated platform for monitoring changes in rural settlements[J]. Journal of Urban and Regional Planning, 2022, 14(2): 73-90.

基于多源大数据的沈阳市中心城区"夜经济"空间格局与特征分析

王越琳 魏 冶 关皓明

Spatial Pattern and Characteristics of "Night-Time Economy" in Central Urban Area of Shenyang Based on Multi-Source Big Data

WANG Yuelin, WEI Ye, GUAN Haoming
(School of Geographical Sciences, Northeast Normal University, Changchun 130024, China)

Abstract In the context of the leisure economy, the "night-time economy" serves as a huge demand space for urban consumption and a new engine driving urban economic development. Existing research on the "night-time economy" mostly focuses on theoretical and macro levels, yet pays less attention to the measurement evaluation and space analysis of the "night-time economy" at the city level. Based on the POI data and NPP-VIIRS data of night-time shops in Shenyang, this paper analyzes the spatial characteristics of Shenyang's "night-time economy" in terms of the overall spatio-temporal distribution of the "night-time economy", regional identification comparison, etc. Then, it explores the problems and countermeasures in the development of "night-time economy", and draws the following conclusions. Firstly, Shenyang has only one dominant type of "night-time economy", though with various types, which present a dual-center agglomeration form and have a strong inheritance of development space, mainly based on traditional business districts and residential agglomeration points. Secondly, the "night-time economy" active area can be divided into three categories: large business district-based active area, residential block-based active area, and emerging amusement park-based active area in accordance with passenger flow, per capita

作者简介

王越琳、魏冶(通讯作者)、关皓明,东北师范大学地理科学学院。

摘 要 休闲经济背景下,"夜经济"作为城市消费巨大需求空间和经济新引擎成为各地发展的突破口。现有"夜经济"研究多关注理论和宏观层面,少有研究关注城市尺度"夜经济"的度量评估和空间分析。文章基于沈阳市的夜间营业店铺POI数据和NPP-VIIRS夜间灯光数据,从城市"夜经济"整体时空分布、区域识别比较等方面对沈阳市"夜经济"的空间特征进行分析,探讨城市"夜经济"发展存在的问题与对策。结果表明:①沈阳"夜经济"品类多样、主力单一,整体呈现双中心集聚态势,其发展空间继承性较强,各经济形式都以传统商圈和居民集聚点为据点;②依据客流量、人均消费和配套设施水平及载体类型可将"夜经济"活跃区划分为依托大型商圈、住区和新兴游园三类;③沈阳"夜经济"发展仍面临定位不清晰、同质化严重,特色不鲜明、市场待拓展,中心不突出、配套须完善等问题。在未来发展中可立足品牌基础,打造区域中心,注重以人为本和多元业态联动,探索数字智慧管理和实施多维主体共建。

关键词 夜经济;NPP-VIIRS;POI;沈阳市

1 引言

21世纪以来中国迎来大众消费转型和休闲经济时代的浪潮,"夜经济"作为城市经济新的增长点广受关注。在国家政策支持下,"夜京城"、"美食深圳"、成都"夜间市长"等都对"夜经济"的发展和管理进行了创新,发展势头迅猛。

consumption, supporting facilities, and spatial carrier. Thirdly, Shenyang's "night-time economy" faces such problems as unclear positioning and industrial isomorphism, lack of distinctive features, insufficient market size, less prominent development focus, and imperfect supporting facilities. In the future development, Shenyang can be built into a regional "night-time economy" center in northeast China based on its city brand. Specifically, Shenyang should pay attention to the people-oriented concept and interaction of multiple types of business, explore digital intelligence management, and implement multi-player joint construction.

Keywords "night-time economy"; NPP-VIIRS; POI; Shenyang City

　　"夜经济"是指在夜间进行的涵盖吃、购、娱等多种类型的经济活动，是城市经济实力和活力水平的重要体现。目前，"夜经济"并没有达成共识的统一定义，其内涵因国家、语境而异（Ashton et al.，2018），且随着社会的发展和认知的深入得到不断丰富。20 世纪 70 年代欧洲城市的夜间空心化背景下，夜间的城市是犯罪、沉寂、混乱的代名词。"24 小时城市"（Heath，1997）提出，人们尝试通过振兴城市中心让夜间的城市获得新生（Tiesdell and Slater，2006）。但夜间城市的新生往往伴随着酒精危害和犯罪滋生等负面影响（Roberts，2006），学者们通过对夜间城市发展和管理的不断探讨，认为正确引导和注入合适的商业元素对"夜经济"进行发展有助于让夜间城市更加包容和谐（Crawford and Flint，2009）。在解决城市夜晚空心化带来的一系列城市问题的同时，休闲经济时代的到来和大众消费水平的升级（Becker，1965）让"夜经济"逐渐成为世界上诸多城市经济发展的新方向。我国的"夜经济"研究起步较晚，近年有增多趋势，且历史上早有夜间城市繁荣的发展先例。梳理中国古代夜市的相关研究，通过对历史的追溯，挖掘城市"夜经济"的文化底蕴，"夜经济"的发展拥有强有力的软支持（张金花、王茂华，2013）。21世纪初起，政府出台的若干"夜经济"政策文件见证了中国"夜经济"发展的不同阶段和演变逻辑（储德平等，2021）。另外，相关学者关注不同类型消费活动的时空变化，对深圳居民的夜间消费情况进行研究，夜间消费空间和规划的前景广阔（柴彦威、尚嫣然，2005）。从对城市夜间基础设施（靳泓，2018；李建军、户媛，2006）的关注到运用模型对"夜经济"潜力进行评估（李富冬，2012；武粉莎，2013），再到对"夜经济"中文化要素的重视和反思（郑自立，2020），关于"夜经济"的研究逐渐深入多样。

　　伴随信息技术水平的迅猛提高，多样的数据为城市"夜经济"的大范围精细化研究提供了可能。在城市相关研究中，夜光遥感（Geronimo et al.，2018）、手机信令（钟炜菁、王德，2019）、百度热力图（吴志强、叶锺楠，2016）、微博签到（陈宏飞等，2015）和大众点评（秦萧等，2014）等数据均对空间活力及结构方面的研究助益颇多。已有的研究表明，夜间灯光数据与人类活动有密切的联系（Chen et al., 2019）。"夜经济"研究中夜间灯光虽是其繁荣与否的直观体现，但仅是描绘"夜经济"整体肖像的一个侧面（师满江、蒲沫桥，2021）。由于"夜经济"时间特殊性和空间准确性要求，城市尺度的相关数据指标难以获取，很难对"夜经济"进行精细化定量评估。夜光遥感与POI等大数据结合可揭示许多城市问题（Ye et al., 2019；Lou et al., 2019），研究将夜间灯光亮度值纳入评价"夜经济"的指标体系，使用的NPP-VIIRS数据和POI数据所具有的高精度、易获取、广覆盖的特性，正可以为城市"夜经济"的研究提供新的思路和路径。

因此，本文以沈阳市为研究案例，将NPP-VIIRS数据和POI相结合，利用优化核密度和区域统计分析探究"夜经济"的时空分布特征，构建"夜经济"指数，识别"夜经济"区并对沈阳市"夜经济"整体发展情况进行评估。最后从基础设施、欢迎度和消费水平对各"夜经济"区进行对比分析，最终提出沈阳市"夜经济"存在的发展问题和路径对策。本研究一方面推进了城市"夜经济"研究的定量化和空间化，另一方面明晰了沈阳"夜经济"的发展特征和发展问题，对其未来"夜经济"发展提供了有价值的参考。

2 研究区域、数据来源及研究方法

2.1 研究区域

沈阳位于辽宁省中部，为辽宁省省会，是中国东北地区重要的中心城市。作为中国的先进装备制造业基地，沈阳位于环渤海经济圈和东北亚经济圈的中心，是"一带一路"向东北亚延伸的重要节点。和大多数东北城市相似，沈阳具有重生产轻消费的鲜明特点。在中国南方城市"夜经济"普遍较北方城市繁荣的大背景下，沈阳"夜经济"相较于成都、上海等城市有所差距，但由于其特定的地理位置、经济基础、地方文化和消费观念，沈阳的"夜经济"发展形成了一定的特色。沈阳本地的"宵夜江湖"具有深厚的民众基础，对其"夜经济"发展的研究，对沈阳乃至东北城市的发展都具有重要的参考意义。

早在2012年辽宁省便高度重视沈阳的"夜经济"发展，通过发展"夜经济"工作现场会的召开强调丰富夜晚的文化娱乐项目，鼓励24小时开放公共场所和全天供应便利商店。沈阳经过多年经营积累了一定的"夜经济"基础，不再晚8点便进入深睡眠。时隔8年，沈阳"夜经济"再次升温。2019年发布的《关于加快发展"夜经济"的实施意见》中，规划提出了"三核"（中街、太原街、奥体商圈）、"两带"（青年大街和浑河两岸）、"九片区"（九城区）的沈阳市"夜经济"未来发展总体布局。

根据第七次人口普查数据，2020年沈阳全市常住人口907.01万人，市区人口788.51万人，本文研究区域范围为沈阳市中心城区（四环以内），涉及和平区、皇姑区、沈河区、铁西区、于洪区、大东区、沈北新区、苏家屯区、浑南区 9 个市辖区。

2.2　数据来源

通过美国国家信息环境中心（NCEI）网站获取 2016 年全年的 NPP-VIIRS 合成数据，以沈阳市行政区划为掩膜进行校对和剪切。通过大众点评 2016 年沈阳市商铺的商铺名称、评论条数、口碑评分、地址、营业时间、人均消费价格、经纬度等信息数据的爬取，共得到 30 余万条 POI 数据，将营业时间为"空白""0"和"其他"的信息条删除，并以研究区域为范围进行筛选，共得到有效信息 31 629 条。依据沈阳市人民政府《关于加快发展"夜经济"的实施意见》中提到的六种业态类型，将上述有效信息进行划分并统计，结果如表 1。通过 OpenStreetMap 获得沈阳市详细的道路街区图，借助高德地图和相关规划文件得到沈阳市"四环"位置并进行矢量化。

表 1　"夜经济"类型及数据量统计

"夜经济"类型	大众点评 POI 类别	POI 数量（个）
夜间美食	美食	15 836
夜间购物	购物	3 180
夜间保养	休闲、运动健身、丽人	6 661
夜间旅游	周边游	91
夜间服务	生活服务、学习培训、酒店、亲子、医疗健康、结婚、家装	4 271
夜间娱乐	娱乐、K 歌、电影演出赛事	1 590

2.3　研究方法

2.3.1　优化核密度分析

核密度分析可用于分析夜间营业店铺的空间集聚分布特征。密度函数公式为：

$$f(t) = \sum_{i=1}^{n} \frac{1}{h^2} k\left(\frac{t - c_i}{h}\right) \tag{1}$$

式中，$f(t)$ 为空间位置上 t 处的核密度计算函数；h 为距离衰减阈值；k 为空间权重函数，通常选用方差为 σ^2 的标准 Gaussian 核函数。

本文采用 Delaunay 三角网构建夜间营业店铺邻近关系网络，以此为输入要素进行核密度分析，弱化空间集聚和带宽累积对边界扩张的影响，解决传统核密度分析中带宽选择主观性强、拟合不精确的问题，有效识别微观中心，获取更多有效信息。

2.3.2 区域统计法

区域统计法（zonal statistics）是 GIS 空间分析方法之一，通过将研究区域划分为一定数量的个体单元来提取整合并简化不同数据的信息。本文用区域统计分析法提取夜间营业店铺 POI 数据的信息，使夜间灯光数据和 POI 数据的信息在空间上叠合对应。考虑到蜂巢状正六边形空间密合度最高，因此研究采用边长为 250 米的正六边形为统计单位，统计每个单元中的 POI 数量、"夜经济"类别和夜间灯光值，作为研究沈阳"夜经济"的基础，有效解决因数据类型差异带来的数据冗余和不贴合问题，便于进行数据的空间对应和结合分析。

2.3.3 熵权法

熵权法（entropy weight method）通过各指标所蕴含的信息量大小来赋予不同指标相应的权重，本文通过熵权法构建"夜经济"指数。"夜经济"指数用于衡量城市"夜经济"的发展水平和繁荣程度。夜间灯光亮度值仅为"夜经济"发展水平的一个侧面反映，与"夜经济"发展水平两者间并无必然联系，需要将夜间灯光亮度值纳入指数构建体系中，与 POI 相关属性要素结合。综合认为：夜间灯光亮度值高，店铺的夜间营业时间长短、数量多寡，夜间营业店铺的分布密集程度、知名度及消费水平的高低，都是一个城市"夜经济"发展水平的评估要素。因此，研究选取夜间照明强度、店铺营业时长、店铺密集程度、店铺知名程度和地区消费水平等相关指标。

选取 k 个指标 X_1，X_2，X_3，$\cdots$，其中 $X_i = \{x_1, x_2, x_3, \cdots, x_n\}$，进行归一化处理得到评价指标 r_{ij}：

$$r_{ij} = \frac{x_{ij} - \min(x_i)}{\max(x_i) - \min(x_i)} \tag{2}$$

计算各指标的信息熵 H_i，定义为：

$$H_i = -k \sum_{j=1}^{n} f_{ij} \ln f_{ij} \tag{3}$$

式中 $f_{ij} = \dfrac{r_{ij}}{\sum_{j=1}^{n} r_{ij}}$，$k = \dfrac{1}{\ln n}$，其中 $f_{ij} = 0$ 时，$f_{ij} \ln f_{ij} = 0$。

最终得到第 i 个指标的熵权 w_i：

$$w_i = \frac{1 - H_i}{m - \sum_{i=1}^{m} H_i} \tag{4}$$

3　沈阳夜间营业店铺分布特征

3.1　夜间业态品类多样但主力单一

图 1 是以 30 分钟为间隔，对 17 时至次日凌晨 2 时时间段营业的店铺数量及种类进行统计分析的结果。

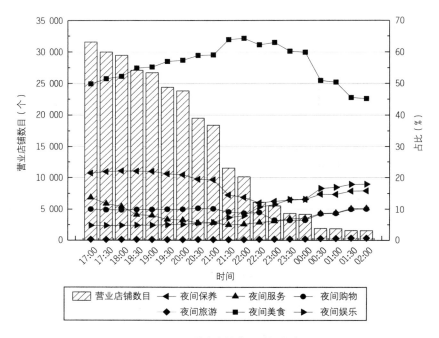

图 1　不同种类店铺营业时间统计

如图 1，夜间经济类型数量由高到低依次为：夜间美食、夜间保养、夜间服务、夜间购物、夜间娱乐、夜间旅游。夜间经营商铺 62.6% 在 21 时前结束营业，33.3% 在 21 时至 2 时营业，2.7% 通宵营业。图 1 反映出了沈阳夜间营业店铺较为明显的时间特征：①营业店铺的数量随夜深减少，且在 20 时、21 时、22 时三个节点数量变化明显。22 时后店铺营业数量趋于稳定，且多为通宵营业。可见沈阳市多数夜间营业店铺在 21 时至 22 时时段选择结束营业。②主要夜间经济形式为夜间美食，夜间旅游类的占比连续较低。其中仅夜间美食形式占比稳定于 45% 以上，在 21 时至 0 时期间甚至达到 60% 以上，于 22 时达到顶峰 64.3%。夜间保养形式占比在 21 时前平稳在 20% 左右，但在 23 时后占比稳步增长的夜间娱乐后来居上，占比最高达 18%，随后趋于稳定。夜间购物形式占比在 10% 上下浮动。而夜间旅游形式的夜间经营店面占比不高于 1%。随着夜渐深，美食店铺率先进入活跃状态。在 17 时至 21 时，保养型店面深受人们欢迎。多数夜间娱乐场所为通宵开放且在后半夜占有不小比重。总体来看，沈阳夜间经济的主要形式是夜间美食，另由夜间保养、夜间娱乐、夜间购物和夜间服务相辅助，与夜间旅游结合，呈现"品类多样，主力单一"的特点。

3.2 整体空间呈双中心高度集聚，不同类别空间差异明显

对夜间营业店铺进行优化核密度分析，获得沈阳市"夜经济"的空间分布特征：如图2所示，店铺整体集聚在二环以内以环状分布，呈现明显的双中心形态。核密度最大的区域位于中街商圈，其次为太原街附近，且向外围呈圈层递减的态势。而二环外店铺分布密度均较小，仅有沈北新区和奥林匹克体育中心两处有聚集。早在20世纪初期，依托于"茅古甸"火车站的快速商业，太原街南段形成商业集聚区。后期太原街南段联动北段，随后中兴、伊势丹等大型商企入驻，使得太原街一度是购物、时尚的代名词，太原街也因此成为沈阳文化、潮流的胜地。同样在20世纪初，中街作为开放度高、可达性好的街区也开始吸引大量人流，后续凭借毗邻沈阳故宫风景名胜区的区位优势，中街一带一直保持较好的发展状态。东中街以大悦城为主体，中街路的业态集传统历史与现代商业元素为一体，汇集了大型综合体、个体品牌店面和部分零售行业。中街与太原街这两大沈阳老牌商业集聚地在夜晚都保持有较高的商业活力，是整个沈阳市"夜经济"的两个中心地带。

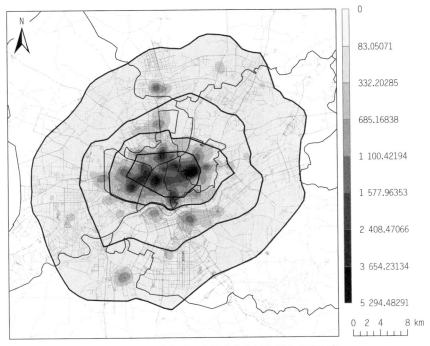

图2　沈阳市中心城区夜间营业店铺空间分布核密度

　　占最高比重的夜间美食经济主要聚集在一环以内，并呈现出明显的双核心特征，两核心分别为太原街和中街商圈（图3）。夜间服务和夜间购物虽然也呈团状集聚，但呈现为以中街为核心的单中心特征。以中街和太原街为首的城市中心地带拥有大量的客流资源和良好区位，两个大型商业街区较好的历史资源和底蕴也为需要"人气"支撑的美食、购物类活动提供了发展基础。相比于娱乐和保养类，夜间美食和购物的发展更成规模也更为成熟。夜间娱乐和夜间保养经济呈零散点状集聚。夜间娱乐主要在铁西商圈、太原街商圈、中街商圈和青年大街四处集聚。根据原始数据和实地调研，沈阳的夜间娱乐项目主要是影院、桌游、密室逃脱类游戏室和轰趴馆，仅少部分是 DIY、棋牌室和茶庄。总体上沈阳市夜间的娱乐活动偏向年轻化和游戏化，追求刺激性，文化类和学习类娱乐项目缺乏。夜间保养类商铺或项目的数量庞大，仅次于夜间美食类商铺，主要集聚在太原街商圈和中街两处。洗浴推拿中心、美妆美发和健身养生会所遍布大小街道，是沈阳的一大特色。夜间旅游类项目分布极为单一，呈现两处集中分布。沈阳夜间旅游和文化类项目数量有限，集中在沈阳北站北侧和地铁一号线滂江街站附近的龙之梦购物中心，沈阳北站北侧附近集中盛京满族文化馆和华裔艺术馆、微展厅等参观场馆，龙之梦购物中心附近聚集冰雪游乐场嘉年华、海洋球乐园和欢乐沙滩等体验类游览项目，其余的夜间旅游项目均较为分散。夜间旅游类项目过度集中和同质化会造成游览疲劳，因此分散分布相对合理，但分散开来的大型旅游景点的周边项目还有待开发。

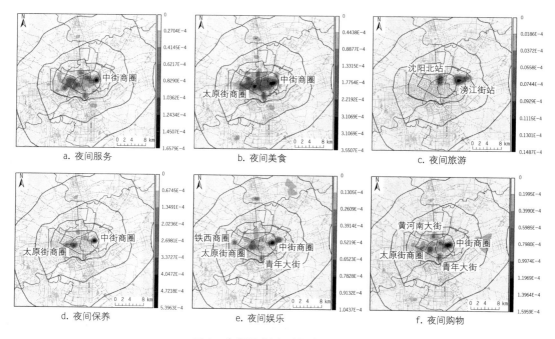

图 3　分类别"夜经济"分布核密度

4 沈阳市"夜经济"区识别与分类比较

综合考虑沈阳市夜间灯光照明情况以及夜间营业店铺的营业时间、密集程度、受欢迎程度和经济收入五方面因素测度沈阳市不同地区"夜经济"的发展现状。通过分区统计功能统计单元中所有店铺夜间营业时间的众数，将其作为该单元的夜间营业时间对夜间灯光数据进行修正，同时结合统计单元中店铺的数量，店铺的平均有效评论条数和单元内人均消费均值进行"夜经济"指数的构建，指标体系与指标权重如表 2 所示。

表 2　构建"夜经济"指数的指标与权重

评价目的	评价指标	指标权重
夜间照明强度	单元内夜间灯光亮度	0.09
店铺营业时间	单元内营业时间众数	0.16
店铺密集度	单元内店铺数量	0.23
店铺知名度	单元内平均评论条数	0.25
地区消费水平	单元内平均人均消费	0.27

依据"夜经济"指数，以正六边形网格为基本空间单元，得到沈阳市中心城区"夜经济"发展空间差异图（图 4）。从图 4 可见沈阳市"夜经济"以市中心二环以内部分为发展核心，内部存在多个等级较高的重点单元，外围四区中虽也零星分布有高等级单元，但均未形成规模，尚未对周围单元起到辐射作用。综合来看，沈阳市"夜经济"尚未形成大规模且明显等级划分的核心，呈现多点零星分布，且各区域"夜经济"中心的影响力和带动情况不尽相同。其中第一等级的单元有 10 个，与第二等级单元关系密切并形成显著连片规模的仅沈阳北站北侧、中街、太原街、沈阳站西北侧（兴华北街与北二中路交叉一带）4 处，其余 6 处均与周边"夜经济"过渡呈脱节状态。沿金廊（青年大街沿线）主线第三级别单元呈带状分布，未出现高等级的"夜经济"单元中心，仅有五爱商圈和沈阳药科大学两处第二等级中心。从市府大路分支向东是较大规模的中街"条状"中心。太原街、沈阳站西北侧和沈阳北站北侧为三个"块状"中心。沿浑河一带同样无第一等级单元中心，仅有长白岛森林公园附近和沈阳奥林匹克体育中心两个第二等级中心，且尚未形成浑河沿岸的"夜经济"带。

结合识别出的重点"夜经济"区和沈阳市政府《关于加快发展"夜经济"的实施意见》，选取太原街、中街、奥体商圈、浑河沿岸和金廊五个区域所覆盖的正六边形网格单元统计各夜间营业店铺所属"夜经济"类型的占比。太原街和中街显现出高度相似的"夜经济"类型比例结构，夜间美食均占比43%，夜间保养占比达到30%左右，夜间服务和夜间购物均为10%上下，夜间娱乐为6%~7%，而金廊沿线"夜经济"类型则主要偏向夜间美食。奥体商圈和浑河沿岸介于两者之间。五个"夜经济"区中夜间旅游占比均接近 0。相比之下，识别出的其他高等级孤立单元的组成类型各异。北海街和珠林路交

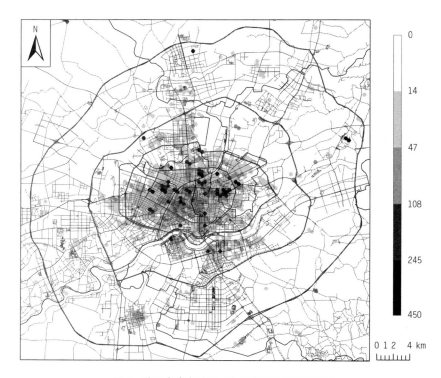

图 4　沈阳市中心城区"夜经济"发展空间差异

会一带夜间保养和夜间服务各占一半，北三中路和保工北街虽也是夜间美食独大，但缺少夜间旅游和夜间娱乐两种类型。沈阳北站北侧则涵盖六个"夜经济"类别。沈阳大学附近则仅有夜间美食、夜间购物和夜间服务三类。远离城市中心的沈阳方特和沈阳世博园一带则主打夜间旅游。可见沈阳市各夜间活跃区域在业态组成和发展方向上存在差异。

将由"夜经济"指数识别出的"夜经济"活跃区进行编号（图 5），并从基础设施、欢迎度和消费水平三方面对这些"夜经济"区域进行对比（图 6），其中基础设施=夜间灯光值×0.2+营业时间×0.4+夜间营业店铺数量×0.4，欢迎度=店铺评论条数，消费水平=人均消费额。图 5 中识别的区域均为"夜经济"较为活跃的区域，通过图 6 的对比可以根据其表现出的不同特征将沈阳"夜经济"活跃区划分为三类，分别是以新兴游园为载体的"夜经济"活跃区、以住区为载体的"夜经济"活跃区、以大型商圈为载体的"夜经济"活跃区。

（1）以新兴游园为载体的"夜经济"活跃区的主要代表是沈阳方特欢乐世界和沈阳植物园。其特征是受游客欢迎度高，人均消费水平不高，周围配套设施尚且不完备。沈阳方特欢乐世界推出的一系列夜晚游园活动吸引了大量客流，园内夜间烟花和表演属于沉浸式体验。沈阳植物园曾推出国庆假期夜游庙会、夏季啤酒节、极光灯光秀等活动。由于两地远离城市中心，周围尚待开发建设，且

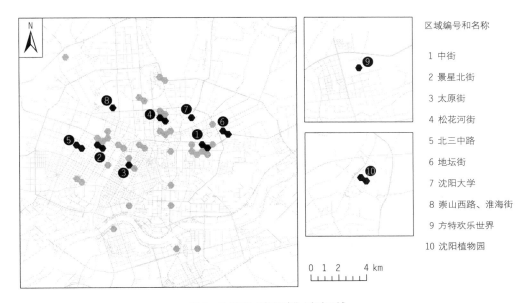

区域编号和名称

1 中街

2 景星北街

3 太原街

4 松花河街

5 北三中路

6 地坛街

7 沈阳大学

8 崇山西路、淮海街

9 方特欢乐世界

10 沈阳植物园

图 5　沈阳市"夜经济"活跃区域

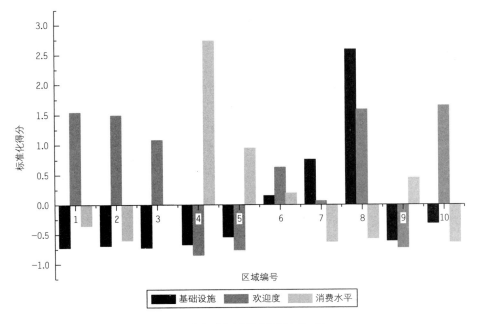

图 6　"夜经济"活跃区发展条件对比

未形成具有一定规模的相关配套基础设施，对周边的带动尚不明显。两园的相关措施促进了人们夜间的游览和丰富了沈阳市民的夜间生活，但园外住宿餐饮等基础条件供应不足，使市民和外来游客游览多有不便。

（2）以住区为载体的"夜经济"活跃区的代表为崇山西路一带、北三中路等。其特征是吸引力较低，到店客流有限，人均消费水平偏高且配套基础设施不完备。这一类活跃区未成规模，其"夜经济"较高的活跃主要来源于大型的夜间休闲和保养店面的中高消费，这类夜间活动不产生大量的人流且中高的消费也限制了客流，相比于美食类消费缺少了日常性，难以产生短期重复消费。

（3）以大型商圈为载体的"夜经济"活跃区的代表为中街、太原街、景星北街万达商圈。这类商圈普遍具有较强的生命力，属于较为成熟的"夜经济"活跃区。其特点是基础配套设施较为完备，人均消费水平中等偏下，更为亲民，同时对客流的吸引力较强。太原街包罗新世界、伊势丹等高档商场和百盛、华联等中档商场，同时兼顾多档次多种类的消费。中街既有老牌商场也有 HK01 流行馆等时尚元素，对不同年龄段和性别的客流都具有较为持久的吸引力。它们都位于城市中心的繁华地带，具有较长的发展历史，业态相对丰富，是人们夜晚朋友相聚、逛街吃饭和散步放松的首选。相比之下，景星北街万达商圈一带的人均消费水平更高。主要是因为景星北街一带包含大量美容美发、汽修和健身锻炼一类的夜间服务型的商铺，美食和购物类商铺散布其中，虽然种类上更为均衡，但商铺的规模和数量较小。

5 问题与对策

5.1 沈阳"夜经济"存在的问题

5.1.1 定位不清晰，同质化严重

近年来太原街的发展陷入了迷茫期。随后的几次大规模动迁改造中太原街的原有商号逐渐消失，且随着客流货运的加大和辅路的狭窄，本是其优势的地理位置也成为发展的制约因素，交通拥堵和繁杂混乱带来的消极消费体验让百年老街疲惫不堪，与中街和一批新晋商圈相比逐渐黯淡。太原街一度模仿中街的商业模式，但始终未找到自己准确的定位。中街在规划中侧重于突出其悠久历史与传统文化，在打造皇城印记、突出百年老街的同时与现代文化商业相融合，并且在近年的营销中开始向"传统、历史"靠拢，但依然是现代同质气息浓重，急需进行深度的挖掘。品牌与商品的同质性使得中街缺少历史独特的韵味。

5.1.2 特色不鲜明，市场待拓展

沈阳"夜经济"区之间存在一定的定位重复。入驻品牌趋同和人群受众相似使得沈阳本地"夜经济"特色不鲜明。沈阳"夜经济"的进行更倾向于是"日经济"的延续，大型购物广场发挥主要作用。

相反，分散的社区型的商业品牌和产品的引进反而更有可能开拓出不一样的家庭消费市场，更贴近日常生活的消费需要，达到遍地开花的效果。综合体是一种发展形势，但临街社区形式的商铺也需要得到足够的重视和扶持。众多体验性项目虽然足够吸睛，但很难成为重复消费的理由。一旦新鲜感消除便不再是主要消费支撑。

5.1.3 中心不突出，配套须完善

"夜经济"中经济活动的进行需要集中的中片区。从识别情况看，金廊所涵盖的一大片区域内没有出现等级水平高的单元，且夜间消费类别单一。完整的金廊长达 25.3 千米，整体规模浩大。空间范围过大，造成集聚规模不足，即便沿线分布市府恒隆、裕景中心、华强商业金融中心、华润万象城等众多大型项目，但带动作用不尽如人意。在规划中，金廊的定位是集购物、观光、文娱、休闲、餐饮、酒吧、会展于一体的辐射"夜经济"带，客观来看，这个定位需要比其他"夜经济"区更长的发展时间。

5.2 对策与建议

5.2.1 立足品牌基础，打造区域中心

城市的夜晚更能反映城市的活力。沈阳市"夜经济"的发展应该立足于区域品牌的打造，倚重有潜力的带动中心。"夜经济"贵在精，否则将扰乱居民原有的生活秩序。浑河两岸遍布沈水湾公园、五里河公园等公共空间，宜在青年大街和浑河两岸寻找一些突破口，发现"夜经济"亮点。如浑河两岸借助多公园举办接力活动，沿河运动路径建设和灯光亮化装饰将有助于健身文娱休闲定位的实现。在文化支撑上，沈阳素有"一朝发祥地，两代帝王都"之称，文化氛围的塑造将有利于沈阳市"夜经济"的提质发展。在空间策略上，要在符合沈阳自身的需求特色的前提下走稳点到片、以片连带的"夜经济"发展路径。同时借助融媒体，积极开展营销活动，增强品牌宣传，打造示范效应区进行夜间消费活动。

5.2.2 注重以人为本，多元业态联动

"夜经济"的主体是人的消费活动，应该把人的需求优先考虑。随着消费升级，夜间消费活动趋于日常化，需要满足消费者便利性的需求。在品类丰富管理有效的基础上，时间消耗程度和舒适良好的体验是吸引人群的重要因素。一方面，沈阳市中心城区的"夜经济"中夜间美食占绝对主导地位，与绝大多数城市无异；另一方面，"夜经济"类型的丰富也不足以凸显沈阳"夜经济"的特殊性。另外，夜间美食类消费的市场功能发生了变化，即从传统的基础型需求消费逐渐向体验型意义消费转化，对环境和质量提出更高要求，大量重合度高的餐饮店面扎堆不能丰富功能反而产生无效竞争，出现餐饮后无其他经济形式活动延续的问题。因此，有必要改变扩大夜市规模和增加餐饮类消费体量的思路，转而改善其空间分布，使餐饮与文旅等其他"夜经济"消费类型融合，实现有效嵌入，形成吃喝购物游览休憩等一站式体验。

5.2.3 数字智慧管理，多维主体共建

"夜经济"的发展需要各层级通力合作共同建设。首先，政府部门要明晰发展基调，做好各部门协商工作。沈阳市人民政府《关于加快发展夜经济的实施意见》明确了各部门职责范围，在此基础上可整理权责清单进一步优化和明晰职责范围。其次，商务、住建、文旅、交通等部门需要整合现有资源，实现数字化精细管理，有效健全协商机制。在此基础上增强与"夜经济"市场主体和相关从业人员等多层面的交流与协作。另外，管理主体、经营主体和消费主体三者间的博弈中，在促进管理主体多元化的同时，需提升夜间的供给服务水平，结合新媒体和相关营销途径构建夜间互动景观，培养夜间消费意愿，保障消费主体权益。借力大数据等对消费者需求和人群特征进行立体化分析，提升数据驱动的管理服务针对性。

6　结论与讨论

作为城市活力和经济发展水平的重要体现，"夜经济"作为城市发展新引擎将是提升城市吸引力、开拓消费需求的重要途径。同时城市夜间活力的提升也是当前完善城市空间功能、提高城市生活品质的焦点。由于时间和空间的特殊性对数据搜集的影响，城市层面单个案例的细致分析较为困难。本研究以夜间灯光和 POI 数据为基础，对沈阳市中心城区的"夜经济"进行探索，从城市"夜经济"整体时空分布及可视化、区域识别比较等方面对沈阳市"夜经济"的空间特征进行分析，结合相关规划探讨城市"夜经济"问题与对策，最后就"夜经济"的定义、发展和度量进行讨论。

研究表明：①沈阳市中心城区"夜经济"品类多样但主力单一，整体呈现太原街和中街商圈的双中心集聚态势。"夜经济"的发展空间继承性强，各经济形式均以传统商圈和居民集聚点为据点，夜间美食类依赖性最强，夜间娱乐、服务和保养等其他形式在空间上较为分散，夜间旅游形式下的"夜经济"水平较低。②"夜经济"活跃区可划分为依托大型商圈、依托居住街区和依托新兴游园三大类，三类特征存在差异。以中街、太原街为代表依托大型商圈的"夜经济"区客流吸引力高、人均消费中下且配套设施完备；以崇山西路为代表的依托居住街区的"夜经济"区客流吸引力弱、人均消费偏高且配套设施不足；以沈阳方特和动植物园为代表的依托新兴游园的"夜经济"区客流吸引力高、人均消费适中且配套设施不足。③沈阳市的实施意见为其"夜经济"营造了良好的发展环境。沈阳市"夜经济"的发展存在定位不清晰、同质化严重，特色不鲜明、市场待拓展，中心不突出、配套须完善等问题。在未来发展中可立足品牌基础，打造区域中心；注重以人为本，多元业态联动；数字智慧管理，多维主体共建。

目前，沈阳市"夜经济"总体上依托于大型商圈、住区和新兴游园发展，夜间营业点中，仅夜间营业的商户几乎可忽略不计，多数为"日经济"在夜间的延伸拓展，"日经济"的延伸是沈阳市"夜经济"发展的重要倚仗。即便"夜经济"的时间限制决定其存在衰退期，但两者在主导消费类型上高度相似。相比之下"夜经济"存在消费方式和消费类型的明显转变。到达一定时间节点，在消费形式上

会出现从线下向线上转移，在消费类型上会从美食购物类消费向服务保养休憩类转移。相较于"日经济"，"夜经济"有更强的阶段性，对基础保障的要求更高。发展"夜经济"不仅需要时间条件和供给水平，还需要考虑特殊的消费人群，突破"日经济"发展的传统思维，改变"夜经济"发展依赖夜市夜宵的惯性至关重要。

通过研究可以看出，大数据的应用可以有效改善城市"夜经济"研究停留在理论层面和缺乏案例研究的问题，使得研究可以在较高精度研究单元的基础上对城市整体进行直观的定量评估，客观地探究沈阳市中心城区"夜经济"发展水平，并对其城市"夜经济"存在的问题进行分析，提出提升城市夜间活力的建议，对丰富城市功能、提高城市吸引力有重要意义。随着人口向中心城市集聚、人们消费观念的转变和基础设施水平的提升，沈阳市"夜经济"的发展迎来机遇期，并逐渐走向成熟。未来将持续关注其"夜经济"的发展和中国南北方"夜经济"的发展差异，以增强对"夜经济"的内涵的认识，总结发展经验和模式，为我国城市"夜经济"发展提出更有价值的建议。

致谢

本文受国家自然科学基金项目"辽中南地区城市网络韧性研究"（41971202）、国家自然科学基金资助项目"辽中南地区经济韧性特征及其空间机理研究"（42001117）资助。

参考文献

[1] ASHTON K, RODERICK J, WILLIAMS L P, et al. Developing a framework for managing the night-time economy in Wales: a Health Impact Assessment approach[J]. Impact Assessment and Project Appraisal, 2018, 36(1): 81-89.

[2] BECKER, G. A theory of the allocation of time[J]. The Economic Journal, 1965, 75(299): 493-517.

[3] CHEN Z, YU B, TA N, et al. Delineating seasonal relationships between Suomi NPP-VIIRS nighttime light and human activity across Shanghai, China[J]. IEEE Journal of Selected Topics in Applied Earth Observations and Remote Sensing, 2019, 12(11): 4275-4283.

[4] CRAWFORD A, FLINT J. Urban safety, anti-social behaviour and the night-time economy[J]. Criminology and Criminal Justice, 2009, 9(4): 403-413.

[5] GERONIMO R, FRANKLIN E, BRAINARD R, et al. Mapping fishing activities and suitable fishing grounds using nighttime satellite images and maximum entropy modelling[J]. Remote Sensing, 2018, 10(10): 1604.

[6] HEATH T. The twenty-four hour city concept—A review of initiatives in British cities[J]. Journal of Urban Design, 1997, 2(2): 193-204.

[7] LOU G, CHEN Q, HE K, et al. Using nighttime light data and POI big data to detect the urban centers of Hangzhou[J]. Remote Sensing, 2019, 11(15): 1821.

[8] ROBERTS, M. From "creative city" to "no-go areas"—The expansion of the night-time economy in British town and city centres[J]. Cities, 2006, 23(5): 331-338.

[9] TIESDELL S, SLATER A M. Calling time: managing activities in space and time in the evening/night-time

economy[J]. Planning Theory & Practice, 2006, 7(2): 137-157.

[10] YE T, ZHAO N, YANG X, et al. Improved population mapping for China using remotely sensed and points-of-interest data within a random forests model[J]. Science of the Total Environment, 2019: 658.

[11] 储德平, 廖嘉玮, 徐颖. 中国夜间经济政策的演进机制研究[J]. 消费经济, 2021, 37(3): 20-27.

[12] 陈宏飞, 李君轶, 秦超, 等. 基于微博的西安市居民夜间活动时空分布研究[J]. 人文地理, 2015, 30(3): 57-63. DOI: 10.13959/j.issn.1003-2398.2015.03.009.

[13] 柴彦威, 尚嫣然. 深圳居民夜间消费活动的时空特征[J]. 地理研究, 2005(5): 803-810.

[14] 靳泓. 夜间经济视角下广西中小旅游城市旅游配套设施优化研究[D]. 重庆: 重庆大学, 2018.

[15] 李富冬. 基于钻石模型的扬州夜经济发展潜力研究[D]. 金华: 浙江师范大学, 2012.

[16] 李建军, 户媛. "城市夜规划"初探——"广州城市夜景照明体系规划研究"引发的思考[J]. 城市问题, 2006(6): 30-34.

[17] 秦萧, 甄峰, 朱寿佳, 等. 基于网络口碑度的南京城区餐饮业空间分布格局研究——以大众点评网为例[J]. 地理科学, 2014, 34(7): 810-817. DOI: 10. 13249/j. cnki. sgs. 2014. 07. 011.

[18] 师满江, 蒲沫桥. 基于多源数据的城市夜间经济圈空间格局及优化策略研究[C]//面向高质量发展的空间治理——2021 中国城市规划年会论文集(14 区域规划与城市经济)2021-09, 中国四川成都: 中国建筑工业出版社, 2021: 643-654. DOI: 10.26914/c.cnkihy.2021.028104.

[19] 吴志强, 叶锺楠. 基于百度地图热力图的城市空间结构研究——以上海中心城区为例[J]. 城市规划, 2016, 40(4): 33-40.

[20] 武粉莎. 基于 FCE 方法的城市"夜经济"发展潜力评估模型研究[D]. 大连: 东北财经大学, 2013.

[21] 张金花, 王茂华. 中国古代夜市研究综述[J]. 河北大学学报(哲学社会科学版), 2013, 38(5): 106-113.

[22] 郑自立. 文化与"夜经济"融合发展的价值意蕴与实现路径[J]. 当代经济管理, 2020, 42(6): 57-62.

[23] 钟炜菁, 王德. 上海市中心城区夜间活力的空间特征研究[J]. 城市规划, 2019, 43(6): 97-106+114.

[欢迎引用]

王越琳, 魏冶, 关皓明. 基于多源大数据的沈阳市中心城区 "夜经济" 空间格局与特征分析[J]. 城市与区域规划研究, 2022, 14(2): 91-106.

WANG Y L, WEI Y, GUAN H M. Spatial pattern and characteristics of "night-time economy" in central urban area of Shenyang based on multi-source big data[J]. Journal of Urban and Regional Planning, 2022, 14(2): 91-106.

乡村旅游地空间政策的实施评价与优化路径探究

焦　胜　尹靖雯　牛彦合　朱　梅

Research on the Implementation Evaluation and Optimization Path of Spatial Policies for Rural Tourism Destinations

JIAO Sheng, YIN Jingwen, NIU Yanhe, ZHU Mei
(School of Architecture and Planning, Hunan University, Changsha 410082, China)

Abstract The spatial policy is an important means for rural tourism destinations to realize balanced and coordinated regional development. With the help of spatial neutrality and spatial intervention of policies, this paper explores the implementtation effect of the comprehensive regional spatial policy and the sub spatial policy in the evolution of rural tourism destinations in Hunan Province. It finds the following results. Firstly, the exploration stage (2006-2010) witnessed the formation of a point-shaped spatial structure of rural tourism destinations as the comprehensive regional spatial policy was changing from intervention to neutrality. The Chang-Zhu-Tan (Changsha-Zhuzhou-Xiangtan) tourism area stood out in terms of development. Secondly, in the expansion stage (2011-2015), the comprehensive regional spatial policy which took into account the dual attributes, together with the involvement of the sub spatial policy, promoted the formation of a circular spatial structure of rural tourism destinations. The performance of the spatial policy was further improved. Thirdly, in the promotion stage (2016-2020), the comprehensive regional spatial policy which integrated the dual attributes, coupled with the coordination of the sub spatial policy, contributed to a balanced spatial structure of rural tourism destinations. However, there was a "spatial mismatch" in the performance of spatial policies. Finally, from the two aspects

作者简介
焦胜、尹靖雯（通讯作者）、牛彦合、朱梅，
湖南大学建筑与规划学院。

摘　要　空间政策是乡村旅游地实现区域均衡协调发展的重要手段。文章借助政策的空间中性和空间干预理论，探寻区域综合空间政策和分项空间政策在湖南省乡村旅游地演化中的实施成效。研究发现：①在探索阶段（2006～2010年），由干预向中性转变的区域综合空间政策，引导形成点状乡村旅游地空间结构，但长株潭旅游区的发展明显优于其他区域；②在拓展阶段（2011～2015年），区域综合空间政策兼顾双重属性，分项空间政策介入，推动圈带状乡村旅游地空间结构形成，空间政策绩效进一步提升；③在提升阶段（2016～2020年），区域综合空间政策融合双重属性，分项空间政策协同，乡村旅游地空间结构趋向均衡，但空间政策绩效存在"空间错配"。最后，文章从区域综合空间政策引领全域和分项空间政策完善两个层面，明确乡村旅游地空间政策的优化路径选择。

关键词　乡村旅游地；空间政策；湖南省乡村旅游；乡村旅游空间结构

1　引言

乡村旅游是发生在乡村地域内，基于传统农业，以田园风光、自然名胜、农村生活等资源作为主要吸引物的旅游活动形式（黄震方等，2015），具有综合性强、市场潜能大等特性（袁宇阳，2021）。在中国的制度背景下，乡村旅游的高质量发展有赖于科学合理的政策体系与制度框架（马静、舒伯阳，2020），不同阶段的各类旅游政策充分体现了区域决策者的意志或意图（Hwang and Lee，2015）， of the comprehensive regional space policy leading the improvement of the whole and sub regional space policies, the paper clarifies the optimization path of space policies for rural tourism destinations.

Keywords rural tourist destination; space policy; rural tourism in Hunan Province; the spatial structure of rural tourism

并成为乡村旅游地实现区域均衡协调发展的重要手段。但是，传统的经济增长理论忽视了政策的空间视角，易导致"空间失灵"。即使是同一旅游政策在不同区域也会作用不同，从而引起旅游发展的"空间差异"（王慧娴、张辉，2015）。因此，有必要结合新经济地理学中指出的政策空间性能，重新审视乡村旅游地空间政策的重要作用，并对其进行总结优化，以缩小乡村旅游的空间差距，实现协调发展。

多数研究认为乡村旅游地空间结构是空间政策最为直观的实施效果表征（韩卢敏、陆林，2020）。因为乡村旅游地空间结构不仅反映了发生在乡村地域范围内旅游活动的地理空间分布，呈现出不同旅游经济体相互作用、相互影响而形成的聚集状态（卞显红，2007；王婷，2016），并且在连结度分析（刘红梅等，2018）、最邻近指数（黄璨等，2017）、空间相关性（李淑娟、高琳，2019）等空间数据分析方法的帮助下，点—轴结构、圈层结构等乡村旅游地空间结构形态得以可视化。将空间政策制定的"理想结构"与"现实结构"进行对比，即可按照差异性特征明确未来空间政策的制定方向（邓良凯等，2019）。但整体而言，现有乡村旅游地空间结构的研究成果依旧聚焦于地理学（陈志军，2008；曾申申，2015）、经济学视角，仅在策略和启示部分对空间政策提出"呼吁"式的优化意见，未能深入对空间政策和空间结构二者之间的耦合关系进行机理与实证研究（朱晶晶等，2007）。而按照管理学的思路，政策的实施评价离不开绩效测算（曹芳东等，2012），经济指标或者说旅游收入仍是旅游空间政策最基准的衡量。同时，空间结构与绩效两者之间存在密切联系（Anas et al., 1998），为本文进行乡村旅游地空间政策的实施评价提供了思路和理论支撑。从研究尺度来看，省域是乡村旅游地空间政策研究最为广泛的尺度层级（王宜强、朱明博，2019；丁华等，2020）。除空间政策区域性的本质原因外，更重要的是省级政府在中国自上而下的空间政策传导体系中具有"承上启下"的重要地位，资源执行能力明显优于三级地方政府，从而能在国家宏观政策的指引下细化乡村旅游地发展的空间政策方向（卞菲，2013）。由此，如何更好地发挥乡村旅游地空间政策战略性、协调性的作用成为研究亟须解决的问题。

湖南省乡村旅游起步早，乡村旅游地品质较高、种类较多，2017 年湖南省星级乡村旅游区总收入40.38 亿元，占旅游总收入的 5.6%。近年来，关于湖南省乡村旅游地空间结构的研究已取得了一定进展（孙盼，2018；张杰、麻学锋，2021），但未涉及对空间政策的评价分析。综上所述，本文基于区域协调发展的空间政策理论，从空间结构和绩效评价两个维度进行湖南省乡村旅游地空间政策实施评价，并根据案例经验探究乡村旅游地空间政策的优化路径，以期为乡村旅游地空间政策有效性、适用性的提升，提供一定的科学理论基础。

2 空间政策与乡村旅游地

2.1 空间属性：空间中性与空间干预

空间中性理论立足于空间均衡，通过要素自由流动，破除制度障碍，财富地理分布均质化，获得落后地区的发展趋同，促进人口和经济聚集，最终实现"人的繁荣"（邓睦军、龚勤林，2018）。中国"优化空间经济发展空间格局"的三大策略："一带一路"、京津冀协同发展、长江经济带，以及 2010年的《全国主体功能区规划》均遵循了空间中性的发展思路（周玉龙、孙久文，2016）。空间中性政策有利于推动旅游地空间均衡化发展，从而提升旅游空间效率和旅游经济总体发展水平（韩卢敏、陆林，2020）。

空间干预认为现实中存在空间错配，政策的制定要重视异质性，区域的发展要聚焦优势资源的选取和提升，实施特定的干预政策（Martin，2011；Barca，2011），在加强地区间的互动发展的基础上，挖掘地区发展的潜能，达到"地区繁荣"的目的。如安徽省在 20 世纪末有针对性地将黄山风景区作为空间政策干预作用的空间，纵向性的垂直干预使得黄山、九华山内的乡村旅游地迅速发展。但是，过于强调空间干预会使得乡村旅游地的空间失衡，旅游经济差距急速拉大。

2.2 作用机制：协同引导乡村旅游地发展

空间政策是一个覆盖面广泛的概念，包括一系列面向城乡空间利用和资源分配的规划、措施、法令等（邓睦军、龚勤林，2018）。根据空间政策包含的内容以及政策高度，可将空间政策分为综合政策和分项政策，针对乡村旅游地即为区域综合空间政策和产业、交通、环保等方面的分项空间政策。两类空间政策协同引导乡村旅游地空间结构的协调发展。

国家经济市场的变化及改革，呈现出"区域非均衡协调发展（1999～2006 年）、区域协调与融合发展（2007～2012 年）、区域均衡协调发展（2013～2020 年）"三个阶段，区域综合空间政策在各阶段间进行着空间中性和空间干预的属性交替（林靖宇等，2020）。按照经济发展战略设计的"三角锥"概念模型（罗黎平，2017），区域综合空间政策是全局统筹性的理想战略，具有全局性、长远性、关键性等特点，主要从政策制定的本身加强对重点区域如发展优先区或发展欠发达区的关注。在区域综合空间政策的思路指引下，产业空间政策、土地空间政策、环保空间政策、设施配套政策等空间干预政策，通过针对性的空间规划、产业结构调整、土地流转保障等措施，强化特定区域之间的联系，带动或提升发展欠发达区乡村旅游发展的内生动能，从而增强区域乡村旅游地空间结构的协调性与均衡性。同时，财税空间政策通过政策倾斜、财税体制改革等消除制度障碍等手段促进发达地区的要素流向欠发达地区，以实现"人的繁荣"（图 1）。

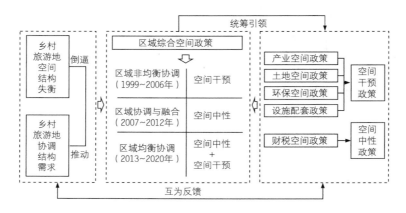

图 1　两类空间政策对于乡村旅游地发展的作用框架

具体而言，在乡村旅游地发展初期，区域综合空间政策选择高等级、高品质的某个乡村旅游资源或重点村镇进行优先干预，形成增长极式的点状空间结构。在乡村旅游地逐渐发展并相对成熟的阶段，区域综合空间政策发挥空间中性的效能，注重客源市场、乡村旅游目的地、交通的空间均衡，进一步实现乡村旅游要素的跨区域合理流动，构筑经济优势互补的空间发展布局。分项空间政策进行针对性的调整与倾斜，以破除区域失衡。

3　湖南省乡村旅游地空间政策实施评价与经验启示

在 2007 年湖南省人民政府办公厅下发《关于加快发展乡村旅游的通知》（湘政办发〔2007〕57 号）之后，湖南省步入乡村旅游的规范化时期。本文收集整理了乡村旅游规范化以后的多项空间政策，按照"五年规划"的时间序列划分并判断其空间属性。从收集的空间政策来看，明确针对乡村旅游地建设的空间政策，尤其是区域综合空间政策是依附于全域旅游布局政策中的，因此，以旅游业规划作为乡村旅游地空间结构的区域综合空间政策指引（表 1），结合各分项空间政策，形成每个阶段内的乡村旅游地空间政策体系。

表 1　湖南省旅游建设的主要区域综合空间政策

阶段划分	政策工具		空间属性	空间政策的主要内容	空间结构
	时间	名称			
探索阶段（2006～2010 年）	2006	《湖南省旅游发展总体规划》	干预	在空间上划分"两极、三区、四带、多中心"的空间功能体系	点状密集
	2007	《湖南省"十一五"旅游业发展规划》	中性	精心打造 3 个国际旅游品牌，科学构筑 5 个特色旅游区、8 条旅游精品线路	
拓展阶段（2011～2015 年）	2012	《湖南省"十二五"旅游规划》	中性干预	一个中心、一个龙头、三大旅游板块、十条旅游精品线路	圈带协调
提升阶段（2016～2020 年）	2016	《湖南省旅游业"十三五"发展规划纲要》	中性干预	做大做强张家界旅游目的地建设，依靠四大经济带形成乡村旅游辐射，形成 12 个主体功能区	中心外围
	2017	《湖南省主体功能区规划》	中性干预	以"一带（湘江旅游带）四圈（长株潭、环洞庭湖、大湘西、大湘南）"为骨架的区域旅游发展格局	
	2018	《湖南省建设全域旅游基地三年行动计划（2018～2020 年）》	中性干预	夯实"五大旅游板块"的支撑作用，加快创建 30 个全域旅游示范区、建设 30 个省级重点旅游项目	

　　本文地域范围为湖南省 14 个地级市（州）。五星级乡村旅游名录来源于湖南省文化和旅游厅 2010~2021 年 1 月公布的 532 家五星级乡村旅游景区（点），对其成立与对外营业时间数据进行整理，并通过高德地图 API 接口，获取各乡村旅游区地理坐标，运用 GIS 10.2 平台将地理坐标转化为乡村旅游区空间点数据文件，进行空间密度分析，以显示三个阶段乡村旅游地空间政策的空间响应图。湖南省经济、旅游数据等均来自各年份的《湖南统计年鉴》。由于长时序的乡村旅游收入数据无法统一获取，因此以湖南省 2007~2019 年[①]14 个市（州）的旅游收入及地区 GDP 为基础，运用区位熵指数[②]测算各市（州）的旅游产业集聚水平，以表征各阶段间湖南省乡村旅游地空间政策的绩效差异。

3.1　探索阶段：2006～2010 年

3.1.1　区域综合空间政策转变空间属性

　　2007 年之前中国处于区域非均衡协调发展阶段，区域政策具有明显的空间干预性（邓睦军、龚勤林，2018）。2007 年，国家"十一五"规划为解决人口、资源和环境的空间失衡，促使综合区域政策的空间属性向空间中性转变。同年,《湖南省"十一五"旅游业发展规划》在国家主体功能区划的实践基础上,采用空间中性的思想,构建长株潭旅游区、大湘西旅游区、环洞庭湖旅游区、大湘南旅游区、湘中旅游区五个旅游区,以期将整个湖南省的旅游经济连为一体,实现全省乡村旅游的快速发展。但此阶段的空间政策以区域综合空间政策引导为主,乡村旅游配套的分项空间政策较少。

3.1.2　空间政策实施成效

由于区域综合空间政策处于空间属性单一交替的变化期,全域旅游思想虽有显现,但是对影响乡村旅游发展的自然资源、交通区位、经济基础等因素的考虑不足,致使五星级乡村旅游区在空间上未能形成足够的市场吸引力。此时的乡村旅游仍处于城市居民"自发性"选择的状态,城市近郊交通便利、景色较为优美、可体验民俗风情的乡村旅游地成为"首选之地"。截至 2010 年,湖南省开业的五星级乡村旅游区共 199 家,除长株潭城市旅游区形成了较为明显的融合区外,其余区域呈现出"有点无区""大分散,小聚集"的点状密集式空间结构,常德市、邵阳市、郴州市、怀化市为次一级乡村旅游地核心节点。其中,湘潭市、邵阳市、郴州市、怀化市的旅游区位熵增长明显(表 2),尤其是怀化市,旅游区位熵从 2007 年的 0.75 上升到 2010 年的 1.35,上涨 80%,旅游聚集程度不断提高,与五星级旅游区的集聚态势呈现出一致的结果。但无论是景区数量还是旅游收入,其余四个旅游区与长株潭旅游区的差距仍较大。

表 2　2007～2019 年湖南省各市(州)旅游区位熵

市(州)	年份												
	2007	2008	2009	2010	2011	2012	2013	2014	2015	2016	2017	2018	2019
长沙市	1.29	1.19	1.14	1.10	0.93	0.91	0.84	0.81	0.79	0.75	0.79	0.74	0.73
株洲市	0.52	0.66	0.76	0.71	0.83	0.88	0.83	0.86	0.90	1.12	1.04	1.03	0.88
湘潭市	0.99	0.98	1.10	1.26	1.16	1.21	1.07	1.12	1.18	1.21	1.36	1.27	1.19
衡阳市	0.52	0.91	0.74	0.74	0.79	0.87	0.82	0.81	0.85	0.89	0.95	0.95	0.84
邵阳市	0.57	0.59	0.53	0.71	0.70	0.76	0.71	0.74	0.82	0.75	0.99	1.10	1.01
岳阳市	0.82	0.78	0.83	0.83	0.82	0.88	0.93	0.95	0.91	0.94	0.67	0.75	0.73
常德市	0.62	0.64	0.61	0.70	0.66	0.74	0.72	0.71	0.69	0.67	0.57	0.59	0.60
张家界市	6.29	6.43	5.47	5.76	5.24	5.35	4.77	4.81	4.62	6.02	4.76	4.54	6.24
益阳市	0.85	1.35	1.30	1.25	1.17	1.20	1.06	0.95	0.88	0.70	0.78	0.73	0.89
郴州市	1.08	1.14	1.29	1.29	1.16	1.22	1.25	1.25	1.23	1.06	1.19	1.24	1.36
永州市	0.83	0.80	0.90	0.93	0.86	1.07	0.97	0.90	0.91	0.73	1.20	1.21	1.12
怀化市	0.75	0.74	1.09	1.35	1.25	1.40	1.27	1.38	1.46	1.51	1.37	1.39	1.38
娄底市	0.74	0.86	0.94	0.99	0.87	1.00	0.99	1.05	1.08	1.13	0.87	0.97	1.14
湘西州	1.62	2.60	2.75	2.98	2.58	3.06	2.95	3.01	2.95	2.67	2.96	3.28	3.12

3.2 拓展阶段：2011～2015 年

3.2.1 区域综合空间政策兼顾双重属性，分项空间政策介入

非均衡的乡村旅游地发展倒逼了区域空间政策的转型以提升政策的空间适应性，此阶段的区域综合空间政策的空间属性开始朝着双重兼顾转变。首先，《湖南省"十二五"旅游规划》在一定程度上破除了要素自由流动的限制，提高了乡村旅游及配套资源的配置效率，通过强化长沙"中心"的集聚并发挥扩散效应，以实现区域乡村旅游地的共同发展，具有明显的空间中性属性。其次，在考虑区域差距的基础上，将原有的五个旅游区进一步细化为一个中心、一个龙头、三大旅游板块、七条黄金旅游带的旅游产业空间布局，具有空间干预政策的本质。按照各旅游板块、旅游带的定位与发展重点，颁布和实施了多项分项空间政策以支撑区域空间政策的战略转型。如 2010 年全省开展实施的"3521 旅游创建工程"以及 2014 年印发的《湖南省改善农村人居环境建设美丽乡村工作意见》，均以改善乡村旅游地交通条件为基础，逐步从硬件改善、配套公服完善等角度辅助乡村旅游地"质"的提升。而乡村旅游发展与扶贫工作结合的相关政策，直接加强了对欠发达地区的干预，如 2015 年《湖南省人民政府关于促进旅游业改革发展的实施意见》将乡村旅游开发纳入扶贫工作，支持张家界市、湘西自治州开展国家旅游扶贫试验区建设，不仅符合区域空间政策要求的"增长极效应"，更是进一步解决了本地域内乡村旅游地区域发展的不均衡，影响了五星级乡村旅游区的空间结构。

3.2.2 空间政策实施成效

在区域综合空间政策的明确指引下，该阶段长株潭城市群五星级乡村旅游区的融合度进一步提升，并通过自身资金、交通、技术等优势，辐射形成了长株潭—益阳—常德（西北方向）、长株潭—娄底—怀化（向西方向）、长株潭—衡阳—郴州（向南方向）连线的五星级乡村旅游区圈带状空间分布结构，三条连线上的景区数量占据 2015 年全省景区数的 81.03%，扩大了整个大长沙板块圈层，此圈带协调的空间结构为之后的中心外围结构奠定了基础。其次，《大湘西生态文化旅游圈发展规划（2011～2020）》《罗霄山片区区域发展与扶贫攻坚规划（2011～2020 年）》等具有明显空间干预性质的分项空间政策促进了西南部、南部等欠发达地区乡村旅游地的发展。其中，怀化市乡村旅游地聚集区在包茂高速等交通设施建设的影响下，由城郊向南边的会同县、靖州苗族侗族自治县、通道侗族自治县蔓延，形成了明显的"带状"空间结构。 在乡村旅游经济市场化过程中，湖南省政府制定了多项财税空间政策，不仅规范财政资金，还引导和激励除政府外的其他主体投资建设乡村旅游地，使得区域内乡村旅游效益明显增加，除长沙市与张家界市外，各市（州）的旅游区位熵均呈现出波动上升趋势，长沙市旅游区位熵下降与其整体经济快速增长有关，而张家界市旅游区位熵下降是因为其旅游聚集水平已处于较高水平，难以持续发展。

3.3　提升阶段：2016～2020 年

3.3.1　区域综合空间政策融合双重属性，分项空间政策协同

2016 年，国家"十三五"规划出台，区域综合空间政策的双重空间属性进一步深度融合。《湖南省旅游业"十三五"发展规划纲要》立足"一带一部"区位优势，明确了以张家界市为龙头，以岳阳市、怀化市、郴州市为增长极，以"一带（湘江旅游带）四圈（长株潭、环洞庭湖、大湘西、大湘南）"为骨架的区域旅游发展格局。在区域综合空间政策的统筹下，湖南省相继出台了《湖南省乡村旅游提质升级计划（2015～2017 年）》《湖南省村镇建设试点示范管理办法（试行）》《规范和推进乡村民宿建设的指导意见》等相关分项空间政策，大力实施"互联网+""旅游+"等创新融合的乡村旅游发展模式，并在《湖南省文化生态旅游融合发展精品路线旅行社送客入村奖励办法》中增加了 13 条文化旅游精品线路，其中 12 条位于大湘西地区内，从省域视角增强了对于大湘西、大湘东乡村旅游地的关注度，提升了旅游扶贫精准化、智慧化的实施，乡村旅游地的建设得到了良好的指导。

3.3.2　空间政策实施成效

在系列空间政策的作用下，乡村旅游建设在潇湘大地铺展蔓延，长株潭的圈层效应进一步提升，加强了与三个方向的融合度。五星级乡村旅游区形成了多核心的"中心—外围"结构，大致可分为长株潭、环洞庭湖（常德为增长极）、湘西（怀化与张家界为双核心）、湘南四大片区（衡阳与郴州为双核心），分布上趋于板块均衡。在张家界的"龙头"效应影响下，"以强带弱"发展模式提升了湘西版块产业的"共生水平"，但受地形条件、交通和经济较为落后，人口市域分布分散等因素的制约，五星级乡村旅游区在湘西地区呈现出怀化—吉首—张家界三市中心的狭长带状联系。截至 2019 年，旅游产业聚集度超过 1 的市（州）有 8 个，表明湖南省内旅游产业已有较高的专业化水平。但是，空间结构与旅游区位熵仍出现了明显的"错位"现象，如常德的五星级乡村旅游区集聚处于高值，但其旅游区位熵不增反降，数值处于全省最低位。从相关空间政策来看，涉及常德市乡村旅游地发展的较少，在未来的发展中需加强空间政策的扶持力度推动乡村旅游地发展。

3.4　湖南省案例的经验总结与启示

案例研究发现，湖南省在不同阶段实施了不同空间属性的区域综合空间政策，对乡村旅游区的发展进行了整体性的目标布局，并在各分项空间政策的支持下，进一步实现乡村旅游地的协调发展，产生了积极影响。

3.4.1　以提升区域综合空间政策乡村性为诉求

目前，湖南省并未形成系统性的乡村旅游地区域综合空间政策。而乡村旅游资源的特殊性也决定了其空间结构与城市旅游地空间结构的差异性，有必要针对乡村旅游进行"乡村性"的区域综合空间政策制定。国内乡村旅游发展走在前列的浙江省、江苏省意识到此问题，将乡村旅游地发展的政策单列，进行可操作性空间政策的实践。例如，《浙江省旅游业"十三五"发展规划》在乡村旅游的项目安

排和品牌培育上秉持空间干预的理念，进行大幅度的政策倾斜和扶持，提出利用乡村旅游带衔接和壮大全省旅游网络的概念。《江苏省乡村旅游发展规划（2016～2020年）》结合全省乡村旅游的本底资源和经济社会发展目标，优化乡村旅游产业空间布局，以满足乡村旅游地的长期利益诉求或发展诉求。

3.4.2 以增强空间政策空间属性融合度为主线

《湖南省"十二五"旅游规划》将长沙作为全省旅游业发展的中心，这是因为长沙市作为湖南省省会拥有较好的经济基础，城市化生活程度较高，城市居民对于乡村旅游的需求较大，空间政策选择向其倾斜能在短时间内获得较大的收益。但湖南省传统村落分布具有"边缘化"的特征，保护与发展面临经济、交通等多重限制，亟须探索复合其"自组织""自生性"特点的乡村旅游模式（焦胜等，2016）。因此，在要素不完全流动的现实条件下，有必要加大空间中性政策的力度，以改善乡村旅游的制度和基础设施建设，促进各资源要素的流动，同时进一步发掘与利用湘西等发展落后地区的本地优势，进行针对性的局部空间政策干预，最终形成合作共赢的乡村旅游关系。

3.4.3 以完善各项空间政策工作协同度为保障

乡村旅游地空间政策涉及多部门，易形成职能交叉、权责不清的问题，导致空间政策的指向性被弱化。如空间规划作为最重要的空间政策，长期以来面临着"多规并存"的问题，不同类型、不同维度的空间规划共同作用于乡村旅游地，虽在促进乡村旅游资源有效分配、乡村旅游产业布局等方面发挥了积极作用（表3），但各类空间规划分属于不同职能部门，过于强调空间的异质性，对于经济活动与地理空间的区域协调把控不够，弊端逐渐显现。同时，区域综合空间政策作为一种战略性政策，其描述的空间结构仅是最终的理想状态，在实施阶段，任何一个分项空间政策都能对乡村旅游地演化产生影响。湖南省各版的五年旅游规划均有明确的优先开发级选择，但是湖南省14个市（州）的乡村旅游业在区域经济发展及产业结构中的地位和作用不同，政府采取的空间政策实施力度有所差异，导致五星级乡村旅游区的实际空间布局与理想化空间结构有所偏差。

表3 主要空间规划对于乡村旅游地空间结构的作用

空间规划大类	空间规划细分	作用内容	管控措施	主要特点
战略规划	经济与社会发展规划	国民经济和社会发展的统筹安排，为区域乡村旅游各方面指引大方向	用途管控、指标管控	以五年为期限进行规划，涵盖面广
	主体功能区规划	明确国土空间开发的主要目标和战略格局，约束并引导乡村旅游空间布局		是实践科学空间治理体系的依托单元

续表

空间规划大类	空间规划细分	作用内容	管控措施	主要特点
国土资源规划	土地利用总体规划	保障承载乡村旅游的土地的开发、利用、治理	用途管控、指标管控	具有权威性、动态性、综合性
	各类资源保护利用规划	对人与资源进行关系调整，合理安排乡村旅游的空间布局		利于生态系统服务价值的提高，保护乡村旅游的原生地
生态环境规划	生态功能区划	根据生态适宜，确定乡村旅游相宜的产业节后	边界管控、指标管控	基于生态调查得出的综合性评价结构，科学性高
	环境保护规划	通过评价体系严格控制，提出不同区域内的限值		利于改善环境质量，助力乡村旅游高质量发展
城乡规划	城乡规划	对区域空间范围进行整体把控	边界管控、指标管控、形态管控	全面性强，多方位服务支持乡村旅游

3.4.4　以培养空间政策保护发展底线观为约束

乡村振兴战略、全域旅游战略、精准扶贫精准脱贫战略的部署与实施，给予了乡村旅游更广阔的市场机遇。但之前的乡村旅游地空间政策是在摸索中前进的，遵循无限思维理念（龙江智、朱鹤，2020），缺乏多层次标准规范的约束。乡村旅游地建设快速推进，同时对生态系统的保护造成了冲击。十八届三中全会提出国土开发的生态红线（吴承照，2014），随后，"三区三线"的划定成为国土空间规划发挥作用的重要基础。将湖南省五星级乡村旅游区的位置与湖南省红线进行叠加以后发现，仍存在与"三线"冲突的区域，在未来的发展中，亟须利用空间政策解决保护与发展的问题。

4　乡村旅游地空间政策的优化路径选择

4.1　区域综合空间政策：空间属性并行引领全域空间布局

从全域的角度出发，区域综合空间政策应明确各项空间政策的共同目标：①提升省会城市长沙的引领辐射能力，以长株潭城市群形成区域联动发展；②做大做强乡村旅游带，从而衔接强势景区形成全域旅游网络；③优化全省的乡村旅游产业结构，重点推进乡村旅游品牌和示范区的建设。

首先，区域综合政策应整体遵循空间中性思想推动聚集市场一体化，发挥乡村旅游要素空间优化配置的作用，细化乡村旅游地的空间分区并明确关键性发展区域，按照"分类指导"的原则进行空间干预的指引。在具体的做法上，以国土空间规划为基础，以社会经济发展需求为导向，首先通过"双评价"评估全省乡村旅游地的自然本底，结合"三区三线"树立底线思维，确定科学合理的土地开发强度以及可控制的开发边界，如生态保护红线与永久基本农田线内的区域内禁止新增乡村旅游项目，在保护的基础上低影响式的发展，对于已经存在于区域内的乡村旅游地，遵循"零扰动"的目标调整项目开发的强度，从而明确乡村旅游地建设的禁止区、功能区、融合区等不同类型区（表4）。

表4　乡村旅游类型区的划分

类型空间	空间分布	空间特点	开发模式
乡村旅游禁止区	生态保护红线与永久基本农田线内	在国土空间规划"三线"划定范围内的区域	严禁新增旅游项目，原有项目进行"零扰动"开发
乡村旅游功能区	"三生"空间内	以乡村旅游项目为主导产业的地区，例如风景名胜区、自然度假区	在生态文明思想的指引下绿色开发，壮大乡村旅游的发展
乡村旅游融合区	"三生"空间融合处	乡村旅游产业与其他功能区交叉、重叠的区域	明确主导产业，进行多产业的融合开发

　　其次，结合乡村旅游发展模式、区域位置、地理环境以及地方特色等情况对乡村旅游地进行建设的类别分区，如湖南省乡村旅游可分为洞庭湖水域休闲乡村旅游区、长株潭红色文化乡村旅游区、湘中山水乡村旅游区、湘南历史文化名村乡村旅游区、湘西民俗风情乡村旅游区。在经济建设、配套设施等条件的评估基础上，明确各区内建设的欠发达区域，叠合乡村旅游地建设的类别分区，从而确定乡村旅游地开发建设的优先级及需要政策倾斜的重点区域，达到区域振兴的目的。

4.2　分项空间政策：功能整合完善乡村旅游地空间网络

　　分项空间政策应针对本地区的发展限制因素，加强空间干预或空间中性的手段力度，进行精准施策，增强空间政策的瞄准度。如对于发展欠发达地区的乡村旅游融合区、乡村旅游功能区，应配置对应的土地空间政策进行空间干预保障乡村旅游用地的供给，配合财税空间政策，整合使用财政涉农资金，处理好政府与市场的关系，以市场为导向提升乡村旅游资源的空间配置效率。设施配套空间政策应对本地区进行详细指引，形成全域覆盖、全面发展、具有目的地结构的全面性服务体系。同时，交通空间政策应适当倾斜，引导节点实现网络关联与乡村旅游产业的全域衔接，降低跨城市边界进行乡村旅游的资本、信息、劳动力等各种要素流的链接成本，从而构筑以交通网络为主的乡村旅游地网络。对于发展欠发达地区的乡村旅游禁止区，应利用产业空间政策的手段，合理调配区域的产业空间架构，鼓励创新农村集体土地利用的盘活（王梓懿等，2020），注重对非旅游产业的创新及鼓励机制的完善。

　　从湖南省五星级乡村旅游区的分布可以看出，多数高等级高质量的乡村旅游地环绕张家界武陵源景区、韶山旅游景区、郴州东江湖景区、常德柳叶湖景区等核心旅游景区分布。这些景区开发时间较早，开发程度较为成熟，依附于重要旅游景区的乡村旅游地可作为配套发展的互补空间，承担"食宿购娱"等功能（孙盼，2018）。因此，应在环保等空间政策的约束下，倒逼乡村旅游地的高效紧凑开发，从而落实区域综合空间政策，形成健康、可持续发展的乡村旅游地空间结构（图 2）。

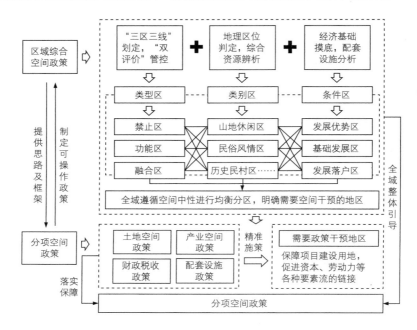

图 2　乡村旅游地空间政策的优化路径

5　结语

正确认识乡村旅游地空间政策的作用，是进一步实现乡村旅游地科学布局，乡村旅游高质量发展的基础。本文在区域协调发展的空间政策理论指引下，深入挖掘空间中性和空间干预政策的内涵，结合经济发展战略设计的"三角锥"概念模型，定性分析了空间政策与乡村旅游地空间结构演化的关系：在区域综合空间政策的分区思想的统筹引领下，空间中性和空间干预的分项空间政策各司其职，保障区域综合空间政策的落实。以湖南省为案例，本文讨论自湖南省乡村旅游政策规范化以来，空间政策制定预期目标与五星级乡村旅游区呈现结果的差异性。湖南省乡村旅游空间政策经历了探索、拓展、提升三个阶段，区域综合空间政策由空间干预、空间中性单一属性交替转变为双重空间属性兼顾融合，同时，各项空间政策介入协同影响了五星级乡村旅游区的演化发展，空间结构呈现出点状密集结构、圈带协调结构、中心外围结构的转换过程。从湖南省的案例可以得出诉求、主线、保障、约束四个层面的乡村旅游地空间政策启示意见。文章在此基础上，进行乡村旅游地空间政策的优化路径选择，即区域综合空间政策需并行两种空间属性引领全域乡村旅游地的布局，各分项空间政策应发挥自身空间属性的优势，进行功能整合。

需要说明的是，湖南省乡村旅游地各阶段的实施成效具有连贯性，即使本文从时间序列上对其进行了划分，但五星级乡村旅游景区的空间分布演化不仅仅是某个五年内空间政策的成效。此外，本文以定性分析的方法为主评价空间政策的实施成效，对此概念的解析尚显浅表，未来期望收获更多理论关注，以填补以下不足：一是结合定量方法分析乡村旅游地空间结构、经济绩效等实施效果的分异程度；二是不同区域对于空间政策的响应强度仍需进一步探讨，明确影响因素。

注释

① 2007 年湖南省统计年鉴中旅游收入是创汇收入，与本文测纲不同，故起始年限选为 2007 年。此外，2021 年统计年鉴未公布（本年统计年鉴显示上一年度的数据），因此终止年限为 2019 年。

② 区位熵可以衡量产业在区域内的相对集中程度，且本文研究区与产业领域已确定，则区位熵公式为：

$$旅游区位熵=\frac{市州旅游总收入 / 市州GDP}{湖南省旅游总收入 / 湖南省GDP}。$$

参考文献

[1] ANAS A, ARNOTT R, SMALL K A. Urban spatial structure[J]. Journal of Economic Literature, 1998: 36.

[2] BARCA F. The case for regional development intervention: place-based versus place-neutral approaches[J]. Instituto Madrileño de Estudios Avanzados (IMDEA) Ciencias Sociales, 2011(1).

[3] HWANG J H, LEE S W. The effect of the rural tourism policy on non-farm income in South Korea[J]. Tourism Management, 2015, 46(feb.): 501-513.

[4] MARTIN R. The new economic geography and policy relevance[J]. Journal of Economic Geography, 2011, 11(2): 357-369.

[5] 卞菲. 中国省级政府政策执行的政策网络分析[D]. 长春: 吉林大学, 2013.

[6] 卞显红. 城市旅游空间结构形成机制分析[D]. 南京: 南京师范大学, 2007.

[7] 曹芳东, 黄震方, 吴江, 等. 国家级风景名胜区旅游效率测度与区位可达性分析[J]. 地理学报, 2012, 67(12): 1686-1697.

[8] 陈志军. 区域旅游空间结构演化模式分析——以江西省为例. 旅游学刊, 2008(11): 35-41.

[9] 邓良凯, 黄勇, 刘雪丽, 等. 旅游流视角下川西北高原旅游地空间结构特征及规划优化[J]. 旅游科学, 2019, 33(5): 31-44.

[10] 邓睦军, 龚勤林. 中国区域政策的空间属性与重构路径[J]. 中国软科学, 2018(4): 74-85.

[11] 丁华, 梁婷, 薛艳青, 等. 基于 ArcGIS 的陕西省乡村旅游空间分布与发展特色研究——以 231 个省级乡村旅游示范村为例[J]. 西北师范大学学报(自然科学版), 2020, 56(3): 110-117.

[12] 韩卢敏, 陆林. 基于政策空间选择的旅游地空间结构演化研究——以安徽省为例[J]. 安徽师范大学学报(自然科学版), 2020, 43(4): 371-378.

[13] 黄璨, 邓宏兵, 李小帆. 乡村旅游空间结构与影响因素研究——基于湖北省的实证分析[J]. 国土资源科技管理, 2017, 34(1): 116-125.

[14] 黄震方, 陆林, 苏勤, 等. 新型城镇化背景下的乡村旅游发展——理论反思与困境突破[J]. 地理研究, 2015, 34(8): 1409-1421.

[15] 焦胜, 郑志明, 徐峰, 等. 传统村落分布的"边缘化"特征——以湖南省为例[J]. 地理研究, 2016, 35(8): 1525-1534.

[16] 李淑娟, 高琳. 山东省乡村旅游景点空间结构及影响因素研究[J]. 中国生态农业学报, 2019, 27(10): 1492-1501.

[17] 林靖宇, 邓睦军, 李蔚. 中国区域协调发展的空间政策选择[J]. 经济问题探索, 2020(8): 11-21.

[18] 刘红梅, 杨素丹, 夏凯生, 等. 民族贫困山区乡村旅游资源空间结构分析与优化——以渝东南地区为例[J]. 中国农业资源与区划, 2018, 39(12): 276-283.

[19] 龙江智, 朱鹤. 国土空间规划新时代旅游规划的定位与转型[J]. 自然资源学报, 2020, 35(7): 1541-1555.

[20] 罗黎平. 协调发展视角下区域战略升级及空间干预策略——以湖南省长沙县为例[J]. 经济地理, 2017, 37(11): 46-51.

[21] 马静, 舒伯阳. 中国乡村旅游 30 年: 政策取向、反思及优化[J]. 现代经济探讨, 2020(4): 116-122.

[22] 孙盼. 湖南省乡村旅游景区空间结构特征及影响因素研究[D]. 长沙: 湖南师范大学, 2018.

[23] 王慧娴, 张辉. 旅游政策与省级旅游目的地空间演进互动机制研究[J]. 经济问题, 2015(6): 109-113.

[24] 王婷. 四川省乡村旅游资源空间结构优化研究[J]. 中国农业资源与区划, 2016, 37(7): 232-236.

[25] 王宜强, 朱明博. 山东省农业旅游空间结构发育特征、优化模式及其驱动机制[J]. 经济地理, 2019, 39(6): 232-240.

[26] 王梓懿, 张京祥, 李镝. 空间政策分区的国际经验及对主体功能区战略完善的启示[J]. 国际城市规划, 2020, 37(4): 103-110.

[27] 吴承照. 旅游发展红线与旅游规划标准[J]. 旅游学刊, 2014, 29(5): 5-7.

[28] 袁宇阳. 国内大循环背景下乡村振兴的实践转向与路径探索[J]. 当代经济管理, 2021, 43(7): 29-34. DOI: 10.13253/j.cnki.ddjjgl.2021.07.005.

[29] 曾申申. 基于空间布局优化视角的奉化乡村旅游转型与升级研究[J]. 安徽农业科学, 2015, 43(15): 185-188.

[30] 张杰, 麻学锋. 湖南省乡村旅游地空间分异及影响因素——以五星级乡村旅游区为例[J]. 自然资源学报, 2021, 36(4): 879-892.

[31] 周玉龙, 孙久文. 论区域发展政策的空间属性[J]. 中国软科学, 2016(2): 67-80.

[32] 朱晶晶, 陆林, 杨效忠, 等. 海岛型旅游地旅游空间结构演化机理分析——以浙江省舟山群岛为例[J]. 人文地理, 2007(1): 34-39.

[欢迎引用]

焦胜, 尹靖雯, 牛彦合, 等. 乡村旅游地空间政策的实施评价与优化路径探究[J]. 城市与区域规划研究, 2022, 14(2): 107-120.

JIAO S, YIN J W, NIU Y H, et al. Research on the implementation evaluation and optimization path of spatial policies for rural tourism destinations[J]. Journal of Urban and Regional Planning, 2022, 14(2): 107-120.

建成环境干预老年人心理健康的路径检验与比较

岳亚飞　杨东峰

Test and Comparison of Paths of Built Environment Intervention in Older Adults' Mental Health

YUE Yafei[1,2], YANG Dongfeng[1]
(1. School of Architecture and Fine Art, Dalian University of Technology, Dalian 116024, China; 2.Faculty of Medicine and Health Sciences, Ghent University, Gent 9000, Belgium)

Abstract How to create a better urban built environment to improve older adults' mental health that is usually neglected is an effective idea for building a healthy and Age-friendly city. However, the lack of internal intervention path identification limited the proposal of planning strategies. Based on the Social-Ecological Model and Amartya Sen's Capability Theory, we developed an intermediate variable system comprising capability, self-efficacy, and environmental perception. Using the Structural Equation Model and taking socio-economic attributes and social environ-mental factors as control variables, we examined the influence mechanism of the built environment on older adults' mental health from different paths and from the material dimensions of point, line, and area. Also, we excluded the interference of respondents who self-selected residences in the model. Through the analysis and testing of the model, it is possible to clarify the positive and negative effects of specific built environment elements on older adults' mental health and the influencing paths in that associations, and to compare the strength of different mediating effects. The research aims to provide an empirical analysis and theoretical basis for environmental intervention strategies to improve older adults' mental health, so as to promote the welfare and substantial fairness of a city.

Keywords older adults; mental health; built environment; the Structural Equation Model; capability

作者简介
岳亚飞，大连理工大学建筑与艺术学院，根特大学医学与健康科学学院。
杨东峰（通讯作者），大连理工大学建筑与艺术学院。

摘　要　如何构建具有良性激励作用的建成环境以提升老年人被忽视的心理健康问题，是积极营造健康城市和老年友好城市的有效思路，而缺少内在干预路径的判定会制约规划策略的提出。文章基于能力理论和社会生态模型等，构建了包含可行能力、自我效能、环境感知的中介变量体系；利用结构方程模型，以社会经济属性和社会环境要素作为控制变量，从点、线、面的物质层面探究建成环境从不同路径对老年人心理健康的影响机制，并排除了模型中样本自选择作用的干扰。通过模型的分析与检验，可以明晰特定建成环境要素对老年人心理的正负向作用及路径，比较出差异性的中介效应强度，为提升老年人心理健康水平的环境干预策略提供实证分析与理论基础，以促进城市的福祉建设和实质公平。

关键词　老年人；心理健康；建成环境；结构方程模型；可行能力

1　引言

为在高质量发展的背景下实现健康老龄化的目标，要求邻里建成环境能够有效提升老年人的独立与福祉。世界卫生组织（WHO）于 2007 年推出全球老年人友好城市建设指南，尝试营造适宜环境积极推行健康老龄化（WHO，2007）；我国提出《"健康中国 2030"规划纲要》，推进老年宜居环境建设（国务院，2016）。大量研究表明，晚年生活的幸福与居住的环境密切相关：建成环境是老年人经历和机遇的重要媒介，对个体的流动性、独立性和生活质量产生密切影响（Gilroy，2008）。探索邻里建成环境差异性对老年人心理健康的空间异质作用，是因地制宜地创建健康城市和老年友好城市的理论基础。

现有建成环境与老年心理的关系研究中发现主观心理相比于客观心理受更为广泛的环境要素影响，然而缺少环境对两者的综合作用及差异性探索，无法判别可能存在的叠加、消减或是交互作用。由于与年龄相关的身体机能下降、社交网络和社会支持减少以及脆弱性增加（Barnett et al.，2018）等综合原因，使得老年人心理健康的环境决定因素更为明显（Liu et al.，2017a；秦波等，2018）。已知的与客观心理疾病有联系的环境特征主要包括社会经济不平等（周素红等，2019）、城市社区的居住稳定性（苗丝雨等，2018）、住房条件、设施与绿地的使用（Sarkar et al.，2014）等；而对于主观心理幸福感的影响，除上述要素之外还有住房建筑结构特征（Liu et al.，2017b）、邻里质量（如邻里景观、锻炼和休闲设施的丰富度、清洁度和安全性）（Steptoe et al.，2015；Mullen et al.，2012）、服务设施的可达性（医院、超市和公园）、道路质量（Evans，2003）、社区步行性、邻里人口的社会经济构成等要素（孙斌栋、尹春，2018）。大多数探索环境对心理的制约抑或激励作用主要瞄准于抑郁症、主观幸福感或生活满意度中的单一要素。

对于环境与特定健康结果联系的内在原因，已有较多研究利用中介效应模型做出推理假设及验证。中介效应（Mediation Effect）模型可以分析自变量对因变量影响的过程和作用机制，而中介变量是指两变量之间的中介（温忠麟、叶宝娟，2014）。通过中介分析发现环境是通过增加暴露量产生的优劣势而造成机会或获取机会的差异进而影响健康。如住区中的噪声、危险性等增加会一定程度上抑制体力活动和社会交往，间接影响老年人心理健康；邻里绿化通过增强社会凝聚可以改善老年人抑郁状况（张延吉等，2020；Liu et al.，2019；秦波等，2018）。另外，中介变量还与自变量产生交互作用，如邻里特征可能会加剧个人水平因素（如社会经济地位、合并症数量、残疾等）进而对健康产生影响（Yen et al.，2009），个人保护因素（如社会支持、宗教应对等）可以缓冲邻里环境问题和有限物质资源对健康的压力。可以发现，中介变量的选取多是体力活动（活动频率、强度、意向等）或社会资源（社会交往、社会凝聚、社会关系等）（于一凡，2020），缺少体现空间公平性和社会心理性的媒介假设与验证，制约了局部区域研究的效用和实践价值。

由于文化背景、地域差异等，环境对心理作用效果不相一致，同时存在非线性作用等因素（Evans，2003），使得建成环境与老年心理之间的关系更为错综复杂（Barnett et al.，2018），面向多维度的老年心理健康要素，选取合适的中介变量是探究内在作用的关键。本文以阿马迪亚·森的能力理论、班杜拉的自我效能理论和社会生态模型作为支撑，构建包含可行能力、自我效能和环境感知的中介变量体系，涵盖空间公平和社会心理性内容；以大连市为实证案例，分析建成环境的特性如何通过中介路径作用老年人的主、客观心理。通过对内在路径的探索，以明确与场所相关的功能（function related place）、情感和社会福祉结构的潜在关系（Burton et al.，2011），为健康城市的建设和环境干预提供依据。

2 理论基础与研究框架

可行能力（capabilities）是诺贝尔经济学奖获得者阿马迪亚·森提出的，是指一个人拥有实现各种功能组合的潜力以及拥有在不同生活方式中做出选择的自由，反映的是人们选择的自由度的大小和选择机会的多少（刘科，2018；Sen，1999），能够测量潜在的或可行的福利水平。本文通过老年人在住区及周边步行可达区域内能够参与的身体锻炼、休闲社交、日常家务等活动描述其可行能力（曹阳等，2019）。相比于活动结果，老年人的可行活动能力更加客观描述了能够实现各类活动的资源分配情况，呈现的城市福祉环境布局会对个体自尊和幸福感产生作用（Abel and Frohlich，2012）。

自我效能（self-efficacy）是美国心理学家班杜拉提出的概念，是对能够实现自身健康行为、所渴望结果的可使用资源和自身整体能力的评估（Goldstein et al.，2020；Bandura，1997），与老年人的乐观心态和自信水平有关。本文中自我效能特征是选取与建成环境紧密相关的老年人日常步行和寻路效能要素予以表达（Mullen et al.，2012），强调了环境干预层面的健康促进，同时与社区心理学的通过环境预防以提升健康水平理念相一致。

社会生态模型（social-ecological models）将环境感知归纳为可达性、便捷性、舒适性、观赏性和安全性五个方面，阐明对个体的心理产生影响（Sallis et al.，2016）。已有相关研究证实了部分感知要素在建成环境与心理健康关系中具有中介作用，如邻里间的绿化程度通过影响噪声感知的强弱进而造成了老年人情绪和精神状态的差异（王兰等，2020；周素红等，2019）。结合社会生态模型，选取邻里环境中主要的感知体验——噪声、出行通畅性、治安、交通安全性和景观环境美观性等指标描述环境感知，通过与其他中介要素的比较明晰其发挥的效用强度。

基于上述理论与模型，提出与建成环境—老年心理密切相关的中介变量体系假设：可行能力、自我效能和环境感知。三者分别描述可选择环境资源的组合，环境资源使用的效度差异和使用限制，可影响心理维度的情绪体验、主观评估和心理功能等（图1）。进一步地，已有研究也发现三者中的部分特征可以通过影响身体健康进而对心理产生作用。如在环境感知方面，暴露于外部环境下的热感知可能会引起热应激和疲劳而干扰情绪；噪声感知会刺激生理唤醒过程，进一步影响心理健康（Sarkar et al.，2014）；在可行能力和自我效能层面体现的体力活动与出行状况，会对心血管、肌肉力量、葡萄糖代谢、体重等身体机能产生作用，从而影响个体幸福感（Steptoe et al.，2015；杨婕等，2019）。因此，在模型中将身体健康作为串行中介变量予以检验（吴明隆，2009）。

综上，以年龄、收入、学历等个体社会经济属性作为控制变量，兼顾社会凝聚、社会交往和社会认同的社会性资源要素；瞄准于心理层面，选取凯文·林奇提出的城市印象五要素中的节点（node）、道路（path）、区域（district）（Stevenson et al.，2016；Lynch，1960），构建建成环境详细指标体系；心理健康选取客观与主观结合的特征。通过实证分析物质层面的建成环境通过中介变量对老年人心理的干预，对假设进行验证（图2）。

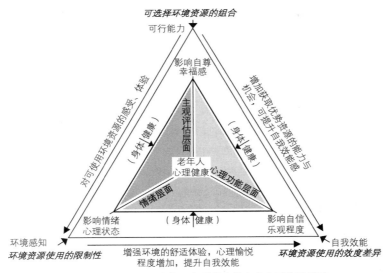

图 1　建成环境干预老年人心理健康的中介变量体系构建

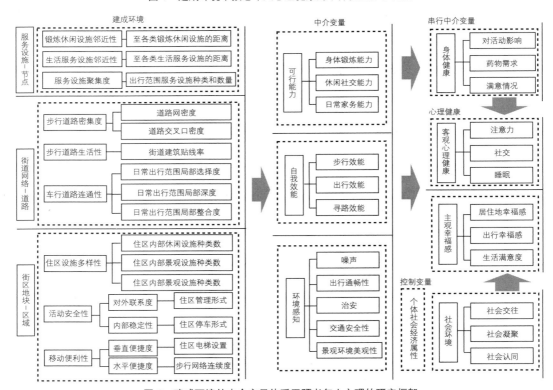

图 2　建成环境从中介变量体系干预老年人心理的研究框架

3 方法与数据

3.1 结构方程模型构建

结构方程模型（Structural Equation Model，SEM）是基于变量的协方差矩阵来分析变量之间关系的一种综合性统计方法，能够同时处理潜在变量（latent variable）及其外显指标，即观测变量（observable indicators）（张伟豪、叶时宜，2012）。模型分为两个部分：测量模型和结构模型。测量模型反映潜在变量与观测变量的构成关系；结构模型则反映潜在变量之间的相互关系（吴明隆，2009）。本文的模型包含多层次的建成环境变量、社会环境变量和社会经济属性变量。基于上文的理论基础及路径假设，结合指标体系与数据统计分析构建结构方程模型（图3），在 AMOS 软件中进行模型的计算。

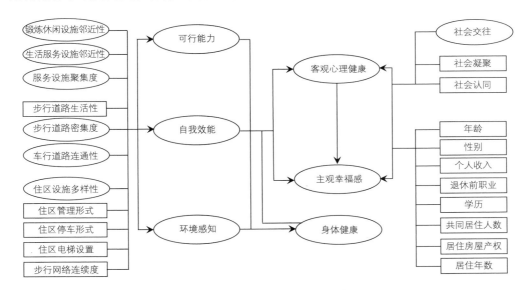

图 3 结构方程模型框架

注：图中椭圆形图框表征潜在变量，方形图框表征观测变量。

3.2 研究区域与数据

研究区域为大连市主城区，包含中山区、西岗区、沙河口区和甘井子区。大连市人口老龄化严重，2015 年，在全市常住人口中，60 岁及以上老年人口 143.75 万人，占 20.6%，65 岁及以上老年人口 92.05 万人，占 13.2%（大连市统计局，2017），远高于老龄化社会标准的 10% 和 7%，随之而来的是严峻的老年人群健康问题。因此选择大连市作为研究案例。2019 年 5～10 月在大连市选取 60 岁及以上的老年人进行结构性访谈。个体案例招募程序是基于两阶段的分层抽样设计。在第一阶段，从商品房、历史街区、单位社区、保障房、城中村、城郊区每一类中随机抽取2～7个住区，且老年人比重大于10%，共选取35个住区。在第二阶段，在选取的住区中，采用等距抽样的方法随机选取20～30个家庭中的老年人作为受访者。通过详细的访谈，调查参与者的个人、家庭基本信息和居住区环境评价以及身体和心理健康状况等。该程序共抽取了900名参与者，由于部分变量缺失，本文采用其中879个样本作为分析对象（图4）。

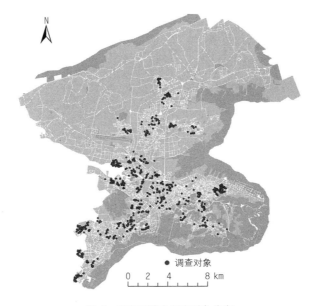

图4 研究区域内调查对象分布

从服务设施——节点、街道网络——道路、街区地块——区域方面，结合描述建成环境的5D理论中的密度、多样性、设计等特征，初步构建测量建成环境的指标体系框架。服务设施、道路的属性和空间分布是通过谷歌地图和开源地图（Open Street Map，OSM）等拾取并通过实地勘察矫正，住区内部设施的类别和数目等特征通过现场调研获取。老年人退休后日常活动范围主要集中于住区及周边（杨东峰、刘正莹，2015），且步行出行锻炼、购物大多在300米为半径的范围内（韩瑞娜等，2020；Barnett et al.，2018；黄建中、吴萌，2015；Burton et al.，2011），因此，部分指标设计时确定以300米为半径进行计算。在服务设施层面：邻近性的观测变量是计算与相应设施的最近道路网络距离，聚集度的观测变量是计算商业类设施（如超市和商场等）、休闲类设施（如公园广场等）、教育类设施（如中小学等）、医疗类设施（如诊所和医院等）和交通类设施（如公交站和地铁站）等总计16类设施的种类与数量；在道路网络层面：步行道路生活性是结合建筑矢量分布在GIS中计算街道建筑贴线率，描述临街界面连续性和开敞空间分布状况，车行道路连通性是在Depthmap中计算空间句法指标值；在街区地块层面：多维度的指标特征是在住区内部现场调研获取。

　　主客观心理健康类指标结合相关理论和已验证过的问卷进行设计。以心理功能中的睡眠、注意力和交流等反映客观心理健康水平（Liu et al., 2017a）；与场所有关的情绪性福祉（emotional place-related wellbeing）和生活满意度等反映主观幸福感（Burton et al., 2011）。各类潜在变量和相应的观测指标、测度方法在表 1 中列出。表 2 列出了作为控制变量的部分社会经济属性及单变量的环境特征指标。

表 1　研究模型中的潜在变量及测度方法

潜在变量	观测变量	测度方法	ACC	CR/AVE
生活服务设施邻近性	超市	调研对象距离最近超市的网络距离	0.610	0.832/0.563
	银行	调研对象距离最近银行的网络距离	0.583	
	餐饮店	调研对象距离最近餐饮店的网络距离	0.816	
	美发店	调研对象距离最近美发店的网络距离	0.934	
休闲锻炼设施邻近性	棋牌室	调研对象距离最近棋牌室的网络距离	0.617	0.774/0.537
	公园	调研对象距离最近公园的网络距离	0.744	
	体育馆	调研对象距离最近体育馆的网络距离	0.822	
服务设施聚集度	设施总数	300 米出行范围内服务设施总数量	0.843	—
	设施种类	300 米出行范围内服务设施种类数	0.931	
步行道路密集度	道路交叉口密度	300 米出行范围内的道路交叉口密度	0.950	—
	道路密度	300 米出行范围内的道路密度	0.938	
车行道路连通性	局部选择度	空间句法计算 300 米半径局部选择度	0.601	0.778/0.542
	局部深度	空间句法计算 300 米半径局部深度	0.801	
	局部整合度	空间句法计算 300 米半径局部整合度	0.790	
住区设施多样性	休闲设施	住区内休闲会所、休息长椅、棋牌类桌凳、长廊、儿童游乐设施的种类数	0.892	0.779/0.548
	景观设施	住区内喷泉、水景、假山、路灯、凉亭设施的种类数	0.718	
	体育设施	住区内篮球场、羽毛球场、广场、健身器材的种类数	0.576	
可行能力	身体锻炼能力	住区及周边能够参与徒步、器械运动、跳舞、保健运动、竞技运动类型活动的种类数	0.776	0.710/0.454
	休闲社交能力	住区及周边能够参与户外小坐聊天、牌类活动、周边游、艺术类型活动的种类数	0.660	
	日常家务能力	住区及周边能够参与接送小孩、买菜、商场购物、药店买药类型活动的种类数	0.568	

续表

潜在变量	观测变量	测度方法	ACC	CR/AVE
自我效能	步行效能	对自己步行 300 米距离的自信程度： 1（根本不自信）～5（极其自信）	0.732	0.874/0.700
	出行效能	独立到达公交站或地铁站的自信程度： 1（根本不自信）～5（极其自信）	0.948	
	寻路效能	独立到达大连市劳动公园的自信程度： 1（根本不自信）～5（极其自信）	0.816	
环境感知	噪声	住区及周边步行可达区域的噪声程度： 1（非常吵）～5（非常安静）	0.816	0.770/0.412
	出行通畅性	在住区及周边交通出行时的通畅程度： 1（非常拥堵）～5（非常通畅）	0.761	
	治安	住区及周边步行可达区域的治安良好程度： 1（非常差）～5（非常好）	0.457	
	交通安全性	住区及周边步行可达区域的车辆的停放、通行情况对日常 出行安全的影响程度：1（非常影响）～5（根本不影响）	0.512	
	景观环境美观性	住区及周边步行可达区域的景观环境美观、整洁程度： 1（非常差）～5（非常好）	0.587	
身体健康	对活动影响	当前身体状况对参与常规户外活动的影响： 1（非常影响）～5（根本不影响）	0.829	0.821/0.605
	药物需求	需要吃药来维持身体健康： 1（几乎天天）～5（很少或几乎不需要）	0.753	
	满意情况	对当前的身体状况满意程度： 1（非常不满意）～5（非常满意）	0.748	
社会交往	邻里数量	认识的邻居数量：1（很少）～5（很多）	0.773	—
	邻里帮助	和住区中的邻居互相帮助的次数：1（很少）～5（很多）	0.881	
客观心理 健康	注意力	过去 30 天里在集中注意力或记忆力方面遇到的困难： 1（很大困难）～5（几乎无困难）	0.793	0.718/0.464
	社交	过去 30 天里在与陌生人打交道方面的困难： 1（很大困难）～5（几乎无困难）	0.564	
	睡眠	过去 30 天里在睡眠方面的困难，如存在不易入睡、夜间 经常醒来或早上太早起床等： 1（很大困难）～5（几乎无困难）	0.668	

续表

潜在变量	观测变量	测度方法	ACC	CR/AVE
主观 幸福感	居住地幸福感	对自身住区作为居住地的满意程度： 1（非常不满意）～5（非常满意）	0.943	0.786/0.566
	出行幸福感	住区及周边环境对自身出行的吸引程度： 1（毫无吸引力）～5（非常有吸引力）	0.753	
	生活满意度	过去一年对自身生活的满意程度： 1（非常不满意）～5（非常满意）	0.491	

注："1～5"表示采用5点李克特量表进行测量，最近网络距离为通过实际道路的最短出行距离。

表2 研究模型中的观测变量及测度方法

观察变量	释义	均值	标准差
年龄	单位：岁	73.04	8.28
性别	哑变量：女=1，男=0	0.54	0.50
退休前职业	哑变量：脑力劳动类（科学研究、工程技术、经济工作、文化教育、文艺体育、医疗卫生、行政与事务、法律公安）=1，体力劳动类（生产工人、商业工作、服务工作、农林牧渔）和其他=0	0.37	0.54
学历	1=未接受过教育，2=小学（>0年且≤6年），3=中学（>6年且≤9年），4=高中/中专（>9年且≤12年），5=大专/大学（>12年）	3.05	1.15
共同居住人数	包括自己在内共同居住在一起的人数，且是维持一年以上	2.77	1.36
个人月收入	1=1 000元及以下，2=1 001～2 000元，3=2 001～3 000元，4=3 001～4 000元，5=4 000元以上	3.43	1.29
居住房屋产权	哑变量：居住房屋产权为自身所有=1，房屋产权为亲人所有、租用或为单位住房=0	0.65	0.48
居住年数	当前住区居住的年数	17.21	13.50
社会凝聚	住区举办一些以老年人为主的活动（如老年人书法大赛、茶话会、跳舞比赛之类）的频率：1（从没有）～5（经常）	2.41	0.99
社会认同	认同自身是住区的一员，没有觉得自己是外来者： 1（非常不认同）～5（非常认同）	3.48	1.01
步行道路生活性	老年人300米出行范围内街道建筑贴线率，描述临街界面连续性	0.38	0.10
住区电梯设置	哑变量：有电梯=1，无电梯=0	0.53	0.48
住区停车形式	1=仅地下停车，2=地上和地下停车，3=仅地上停车	2.23	0.76
住区管理形式	哑变量：封闭=1，开放=0	0.43	0.50
步行网络连续度	住区内部步行网络长度与交叉口的比值，描述到达各区域的便捷程度	3.64	3.37

注："1～5"表示采用5点李克特量表进行测量。

对所有潜在变量进行主成分分析（CFA），检验标准化因子载荷（ACC）、组成信度（CR）和收敛效度（AVE）。ACC 指此观测变量与所解释潜在变量的相关性。经检验，各潜在变量下的观测变量都满足显著性要求。由于模型中部分潜在变量对应的观测变量是尝试性检验，并不是利用已有验证问卷，所以 ACC 在 0.45～0.95 为可接受（张伟豪、叶时宜，2012），表 1 中的 ACC 都在此区间范围内。对于潜在变量需满足 CR 大于 0.7，AVE 大于 0.5 的要求，可行能力、感知变量、客观心理健康的 AVE 分别为 0.454、0.412、0.464，虽略低于 0.5，不过也属于在可接受的范围（吴明隆，2009）（表 1）。

4　结果分析

4.1　全样本模型检验

步行道路密集度和车行道路连通性在模型中对客观心理健康与主观幸福感产生的作用不显著，可能是在老年人日常出行范围的制约下，道路的密集性和连通性对其心理的干预有限，因此在模型中予以舍弃。通过相关性检验，外生变量相互之间的相关性系数在 0.3～0.7，无多重共线性的问题。利用普遍被认可的 Bootstrap 法检验含中介效应的结构方程模型变量间的内在关系。为了得到稳健的结果，模型经过 5 000 次的 Bootstrap 计算，得到标准化的回归系数表 3 和作用路径图 5。模型的配适度指标满足要求。通过回归系数和作用路径，有以下发现。

表 3　建成环境多路径干预老年人心理健康的标准化回归系数（全样本）

	可行能力	自我效能	环境感知	身体健康	客观心理健康	主观幸福感
生活服务设施邻近性			0.179**			
锻炼休闲设施邻近性	0.370***					
服务设施聚集度	0.131**		−0.106*			
步行道路生活性		−0.132**	−0.143**			
住区设施多样性	0.717***	0.216***	0.313***			
住区电梯设置			0.119**			
住区停车形式		−0.118**	−0.127**			
住区管理形式	−0.274***					
可行能力						0.132**
自我效能				0.752***	0.289***	
感知环境				0.079*	0.172***	0.221***
年龄						0.175***

续表

	可行能力	自我效能	环境感知	身体健康	客观心理健康	主观幸福感
共同居住人数						0.09*
居住年数						−0.083*
个人收入						0.119**
社会交往						0.129**
社会凝聚						0.088*
社会认同					0.081*	
身体健康					0.439***	0.217**
客观心理健康						0.276***

注：***表示 P<0.001，**为 P<0.01，*为 P<0.05，未达到 0.05 置信度的效果未列出；5 000 bootstrap 样本；N=879；Chi-square=2 044.081，df=720，χ²/df=2.839，AGFI=0.939，GFI=0.956，CFI=0.953，TLI=0.947，RMSEA=0.046。

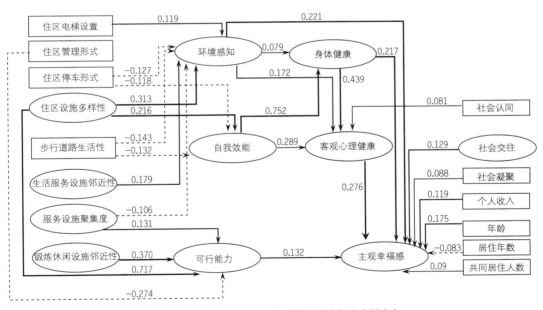

图 5　建成环境干预老年人心理健康的路径（全样本）

注：实线和虚线箭头形式分别表示显著正向和负向影响；箭头粗细反映显著水平，依次分别表示
在 0.001、0.01、0.05 的水平下显著；数值为标准化回归系数。

从自我效能路径看建成环境对客观心理健康的影响：住区设施多样性产生正向作用，而步行道路生活性和地上停车具有负向作用。住区内部景观、休闲等设施的多样化通过提升老年人步行效能，可以促进血液循环和身体代谢，由此改善客观心理机能（Steptoe et al.，2015）。步行道路生活性过高所表征的是沿街有密集的设施或建筑外立面远多于开敞空间，造成噪声的增加和绿化空间的减少，使得出行或寻路效能减低，不利于老年人心理功能。在延等人（Yen et al., 2009）的研究中也印证了临街开敞和绿化空间对老年人心理愉悦度有明显提升作用。地上停车相比于地下停车，一方面占用了步行道路，不利于居民出行；另一方面住区内部的车辆通行也对老年人产生安全隐患，降低了自身的出行和寻路效能，进而对心理产生消极影响。

从可行能力路径建成环境对主观幸福感的影响：锻炼休闲设施邻近性、服务设施聚集度和住区设施多样性产生显著正向作用，而封闭化的住区管理相比于开放式具有负向作用。由于老年人生理机能的限制使得日常活动范围集中于住区及周边，因而住区内部的休闲、景观、锻炼设施的多样化及外部服务设施的邻近，体现了老年人可获取资源的充分性，显著提升可行能力进而影响主观心理。另外，相比于日常服务设施，锻炼休闲设施对老年人心理影响作用更大。可能是由于中心城区的生活服务设施的服务半径能够满足老年人的日常基本需求，在此路径对其主观心理影响偏弱（Barnett et al., 2018）。而封闭化的住区管理造成内外环境的分割限制了老年个体可利用的户外活动资源，使得可行能力下降进而弱化幸福感。

从感知路径建成环境影响客观心理健康和主观幸福感：生活服务设施邻近性、住区设施多样性、电梯设施的设置产生正向作用，而服务设施聚集度、步行道路生活性和地上停车具有负向作用。生活服务设施的邻近和住区内部设施的多样，在增强生活便利性的同时，能够在住区内部营造老年人日常社会交往、休闲等空间，使得社会生产作用模型中的激励层级发挥作用（Liu et al., 2017b），满足老年居民的私密感、安全感和归属感等需求，对其心理产生显著的正向效益；电梯设施能够方便老年人活动，尤其对于腿脚不便的人群，且提高了出行的安全度；对于服务设施聚集度和步行道路生活性，适度范围内虽可通过可行能力路径益于心理，而过高聚集度带来的噪声及人流车流汇聚带来的安全隐患和私密性缺失则会对老年心理产生消极影响。在国内外的研究中，也有区域层面服务设施的集中对老年人活动和心理有负向作用的类似发现（Sarkar et al., 2014）。地上停车的住区大多人车混行，在降低老年居民安全感的同时也会造成住区景观的无秩序，混乱的景观感知体验不利于老年心理（Burton et al., 2011）。

稳健性检验的影响路径显示，按表 3 相应的邻里建成环境要素排列顺序对主观幸福感的总体影响效应依次是 0.052、0.040、0.016、0.064、0.234、0.032、0.074、0.032。其中住区设施多样性的作用效应最强，且是唯一的从三条中介路径皆会产生影响的建成环境要素。总的建成环境特征经由环境感知、自我效能、可行能力影响主观幸福感的总效应占比依次是 46.8%、23.5%、29.7%，可以看出环境感知的中介作用最强，与此相印证的是多种建成环境要素皆对感知有显著作用；进一步地，总的建成环境特征经由身体健康和客观心理健康影响主观幸福感的总效应占比分别为 55.7% 和 44.3%，可以看出身体健康相比于客观心理健康对主观幸福感的中介效应更为明显。

在社会环境层面，社会交往和社会凝聚显著促进主观幸福感；社会认同显著正向作用于客观心理健康。社会关系和心理健康之间的积极联系已经得到了很好的证明（Barnett et al., 2018）。在社区心理学理论中也强调了社会交往、凝聚力、认同和集体效能等尤其对于老年心理的积极正向作用（Perkins, 2009）。相比于客观心理健康，社会环境因素对主观幸福感的作用更为明显和多样化。

在控制变量层面：①随着年龄增大，主观幸福感增加。在斯特普托等人（Steptoe et al., 2015）的研究中也发现在某些地区年龄与主观幸福感正相关，而区域之间的结果差异性明显，这与地域的文化背景有一定关系。②个人收入水平的增加，主观幸福感的程度也相应提高。一定水平下的个人经济状况与心理的关系探讨具有较高的一致性。③共同居住人数的增加，正向作用于老年人心理。在崇尚集体主义的中国，目前多代人共同居住还是对老年人心理有积极影响（Liu et al., 2017b），即使这一现象的未来发展趋势还不明确。④随着居住年数的增加，主观幸福感反而减低。可能是随着时间的增加，住区环境品质下降所致。

4.2 规避居住自选择后的稳健性检验

由于存在居住自选择机制，可能会有受访者依据自身喜好选择居住环境，使得模型中环境对其心理健康影响出现误判（Clark et al., 2007）。因此，选取房屋非自身选择的群体作为样本建立模型，规避自选择机制。这部分受访者的住所包含旧有单位楼房、政府分房和房屋产权为亲人所有（大多为子女住所）的住房，并非由自身选择或购买以居住。检验模型的有效样本量为308，占总样本的35.04%，分析运算后得到模型路径图6。

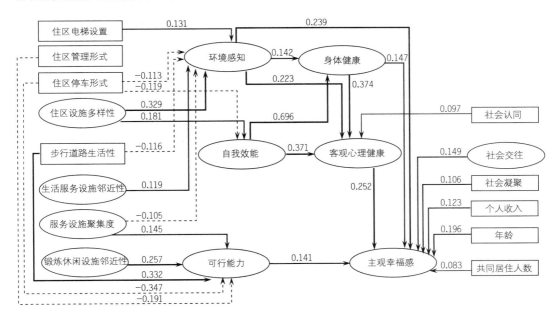

图6 建成环境干预老年人心理健康的路径（无居住自选择样本）

注：实线和虚线箭头形式分别表示显著正向和负向影响；箭头粗细反映显著水平，依次分别表示在 0.001、0.01、0.05 的水平下显著；数值为标准化回归系数；5 000 bootstrap 样本；N=308；Chi-square=2 121.125，df=720，χ²/df=2.946，AGFI=0.903，GFI=0.917，CFI=0.915，TLI=0.907，RMSEA=0.050。

排除居住自选择样本后的模型差异包括：①步行道路生活性对主观幸福感影响的中介路径从自我效能转为可行能力，说明沿街便利的服务设施在客观上能够为老年人活动提供可选择资源，增强能力基础和保障；②住区地上停车对可行能力的负向作用增强，通过更为显著影响老年人能够参与的活动进而作用其主观幸福感，这表明停车条件是现代城市家庭选择住房的重要考虑要素，住区内部的无序停车尤其是过多地上停车对老年人心理的负向影响凸显；③居住年数的作用不再显著，从数据的分析中可以发现无居住自选择样本的整体居住时间偏长，缺少年限差异可能弱化了统计分析结果。整体而言，全样本与排除居住自选择样本的检验结果差别不大，这可能是由于调查对象主体是本地老年人，居住时长在6年以上的占比超过85%，居住区位的自选择情况比较少。大多数是被动选择，目前所选住房的原因有离单位近、房价的可接受范围，或是单位分房、子女买房，这些客观原因使得将邻里环境条件作为主要考虑要素去选择住房的可能性比较小。

5 结论与讨论

5.1 结论

基于可行能力和自我效能等理论，通过结构方程模型的干预机制研究，挖掘邻里建成环境要素对老年心理健康的内在作用主要有以下结论：

（1）中介效应的对比：三个维度的中介路径都是显著存在的，而环境感知涉及的环境—心理作用路径更多样，中介效应高于可行能力和自我效能。

（2）对主客观心理效应的对比：环境感知和自我效能路径都会通过身体健康与客观心理健康作用于主观幸福感；而可行能力仅通过直接作用对主观幸福感产生影响；相比于客观心理，社会环境要素对主观幸福感的作用更为明显。

（3）在服务设施层面，对老年人心理作用的强度由大到小的指标特征依次是住区内部设施多样性、锻炼休闲设施邻近性、生活服务设施邻近性。可以看出老年人更依赖于住区内部设施，且锻炼休闲类设施对老年人心理有更为强烈的激励作用。

（4）在道路网络层面：在老年人日常出行范围的制约下，道路的密集性和连通性对其心理的干预有限；而道路沿街建筑密度过高会由于缺少开敞空间等对老年人心理有一定负向影响。

（5）在街区地块层面：电梯的设置对老年人心理有积极作用；封闭化和地面停车的住区管理形式对老年人心理有一定负向作用。

另外，值得注意的是同一建成环境要素会通过不同路径对老年人心理产生相反的作用，使得最终的影响并非是线性的。以增加服务设施聚集度为例，在一定程度下能够满足老年人日常生活需求，增强了可行能力进而提高心理状态，而过高的聚集程度带来的噪声、环境卫生状况、安全感缺失等不利因素，通过环境感知路径也对心理产生更为显著的消极影响。因此，明晰不同路径产生的正负向影响，可以避免整体作用不显著的混淆或是相关关系的误判，并有利于选取出合适的环境特征临界值，最大化发挥正向效应。

5.2 讨论

结合相关的理论模型和实证研究构建"建成环境—中介路径—情绪心理—规划应对"的概念框架，通过分析环境从不同路径对老年人多层次心理的作用差异，进而瞄准于规划策略的三个方面：公平性—主动性—宜居性（图7），以实现环境干预的具体性、明确性和有效性。具体地，建成环境干预老年人心理的主效应路径与之对应的规划侧重点不同：可行能力路径，要求强调居住公平性和生活福祉的实质表达，需要通过管理和政策的调控手段，对环境资源进行有效组合进而体现相对公平的资源分配；自我效能路径，强调社区心理学理论中通过主动性的手段保障老年人心理健康水平，需要在环境规划层面着重对老年人心理的积极干预和主动预防（谭少华等，2010）；环境感知路径，强调从老年人的切身体验出发，区别于普通人群的感受和需求，需要因地制宜、因人而异地营造适老化的宜居空间环境。通过深化对"建成环境—心理健康"复杂机制的理论认知，加强了在人本主义视角下对老年人的情感关怀，可以为面向心理健康需求的精准规划干预方法、公共空间优化策略和老年友好住区发展模式提供实践案例与研究基础。

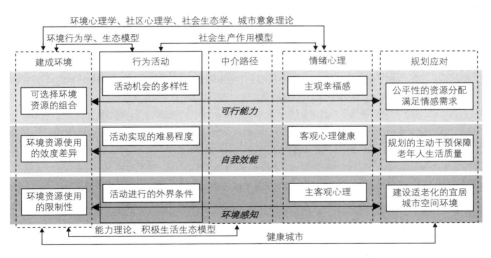

图 7 老年心理健康干预路径与侧重的规划应对

致谢

本文受国家自然科学基金项目（52078095、51638003）和国家留学基金委项目（202006060186）资助。

参考文献

[1] ABEL T, FROHLICH K L. Capitals and capabilities: linking structure and agency to reduce health inequalities[J]. Social Science & Medicine, 2012, 74(2): 236-244.

[2] BANDURA A. Self-efficacy and health behavior, in Cambridge Handbook of Psychology, Health and Medicine[M]. Cambridge: Cambridge University Press, 1997: 160-172.

[3] BARNETT A, ZHANG C J P, JOHNSTON J M, et al. Relationships between the neighborhood environment and depression in older adults: a systematic review and meta-analysis[J]. International Psychogeriatrics, 2018, 30(8): 1153-1176.

[4] BURTON E J, MITCHELL L, STRIDE C B. Good places for ageing in place: development of objective built environment measures for investigating links with older people's wellbeing[J]. BMC Public Health, 2011, 11(1): 839-848.

[5] CLARK C, MYRON R, STANSFIELD S, et al. A systematic review of the evidence on the effect of the built and physical environment on mental health[J]. Journal of Public Mental Health, 2007, 6(2): 14-27.

[6] EVANS G W. The built environment and mental health[J]. Journal of Urban Health: Bulletin of the New York Academy of Medicine, 2003, 80(4): 536-555.

[7] GILROY R. Places that support human flourishing: lessons from later life[J]. Planning Theory and Practice, 2008, 9(2): 145-163.

[8] GOLDSTEIN E, TOPITZES J, BROWN R L, et al. Mediational pathways of meditation and exercise on mental health and perceived stress: a randomized controlled trial[J]. Journal of Health Psychology, 2020, 25(12): 1816-1830.

[9] LIU Y, DIJST M, FABER J, et al. Healthy urban living: residential environment and health of older adults in Shanghai[J]. Health & Place, 2017a, 47: 80-89.

[10] LIU Y, DIJST M, GEERTMAN S. The subjective well-being of older adults in Shanghai: the role of residential environment and individual resources[J]. Urban Studies, 2017b, 54(7): 1692-1714.

[11] LIU Y, WANG R, XIAO Y, et al. Exploring the linkage between greenness exposure and depression among Chinese people: mediating roles of physical activity, stress and social cohesion and moderating role of urbanicity[J]. Health & Place, 2019, 58: 102168.

[12] LYNCHL K. The image of the city[M]. The MIT Press, 1960.

[13] MULLEN S P, MCAULEY E, SATARIANO W A, et al. Physical activity and functional limitations in older adults: the influence of self-efficacy and functional performance[J]. The Journals of Gerontology Series B: Psychological Sciences and Social Sciences, 2012, 67(3): 354-361.

[14] PERKINS D D. International community psychology: development and challenges[J]. American Journal of Community Psychology, 2009, 44(1-2): 76-79.

[15] SALLIS J F, CERIN E, CONWAY T L, et al. Physical activity in relation to urban environments in 14 cities worldwide: a cross-sectional study[J]. Lancet, 2016, 387(10034): 2207-2217.

[16] SARKAR C, WEBSTER C, GALLACHER J. Healthy cities: public health through urban planning[M]. Edward Elgar Publishing, 2014.

[17] SEN A K. Commodities and capabilities[M]. Oxford: Oxford University Press, 1999.

[18] STEPTOE A, DEATON A, STONE A A. Subjective wellbeing, health, and ageing[J]. The Lancet, 2015, 385(9968): 640-648.

[19] STEVENSON M, THOMPSON J, DESA T H, et al. Land use, transport, and population health: estimating the health benefits of compact cities[J]. Lancet, 2016, 388(10062): 2925-2935.

[20] WHO. A guide to building friendly cities for the elderly in world[R]. Geneva: WHO Press, 2007.

[21] YEN I H, MICHAEL Y L, PERDUE L. Neighborhood environment in studies of health of older adults[J]. American Journal of Preventive Medicine, 2009, 37(5): 455-463.

[22] 曹阳, 甄峰, 姜玉培. 基于活动视角的城市建成环境与居民健康关系研究框架[J]. 地理科学, 2019, 39(10): 1612-1620.

[23] 大连市统计局. 大连市人口老龄化现状分析及对策建议[EB/OL]. http://www.stats.dl.gov.cn/index.php?m=content&c=index&a=show&catid=48&id=11826, 2017.

[24] 国务院. "健康中国2030"规划纲要[M]. 北京: 人民体育出版社, 2016: 10.

[25] 韩瑞娜, 杨东峰, 魏越. 街道吸引力对老年人活动可行能力的影响研究[J]. 规划师, 2020, 36(19): 64-71.

[26] 黄建中, 吴萌. 特大城市老年人出行特征及相关因素分析——以上海市中心城为例[J]. 城市规划学刊, 2015(2): 93-101.

[27] 刘科. 能力及其可行性——阿玛蒂亚·森能力理论的伦理基础[J]. 社会科学, 2018(1): 118-126.

[28] 苗丝雨, 李志刚, 肖扬. 社会联系对保障房居民心理健康的机制影响研究[J]. 城市与区域规划研究, 2018, 10(4): 59-72.

[29] 秦波, 朱巍, 董宏伟. 社区环境和通勤方式对居民心理健康的影响——基于北京16个社区的问卷调研[J]. 城乡规划, 2018(3): 34-42.

[30] 孙斌栋, 尹春. 建成环境对居民健康的影响——来自拆迁安置房居民的证据[J]. 城市与区域规划研究, 2018, 10(4): 48-58.

[31] 谭少华, 郭剑锋, 江毅. 人居环境对健康的主动式干预: 城市规划学科新趋势[J]. 城市规划学刊, 2010(4): 66-70.

[32] 王兰, 孙文尧, 吴莹. 主观感知的城市环境对居民健康的影响研究——基于全国60个县市的大样本调查[J]. 人文地理, 2020, 35(2): 55-64.

[33] 温忠麟, 叶宝娟. 中介效应分析: 方法和模型发展[J]. 心理科学进展, 2014, 22(5): 731-745.

[34] 吴明隆. 结构方程模型: AMOS的操作与应用[M]. 重庆: 重庆大学出版社, 2009.

[35] 杨东峰, 刘正莹. 邻里建成环境对老年人身体活动的影响——日常购物行为的比较案例分析[J]. 规划师, 2015, 31(3): 101-105.

[36] 杨婕, 陶印华, 柴彦威. 邻里建成环境与社区整合对居民身心健康的影响——交通性体力活动的调节效应[J]. 城市发展研究, 2019, 26(9): 17-25.

[37] 于一凡. 建成环境对老年人健康的影响: 认识基础与方法探讨[J]. 国际城市规划, 2020. 35(1): 1-7.

[38] 张伟豪, 叶时宜. 与结构方程共舞——曙光初现[M]. 台北: 前程出版社, 2012: 51.

[39] 张延吉, 邓伟涛, 赵立珍, 等. 城市建成环境如何影响居民生理健康? ——中介机制与实证检验[J]. 地理研究, 2020, 39(4): 822-835.

[40] 周素红, 彭伊侬, 柳林, 等. 日常活动地建成环境对老年人主观幸福感的影响[J]. 地理研究, 2019, 38(7): 1625-1639.

[欢迎引用]

岳亚飞, 杨东峰. 建成环境干预老年人心理健康的路径检验与比较[J]. 城市与区域规划研究, 2022, 14(2): 121-138.

YUE Y F, YANG D F. Test and comparison of paths of built environment intervention in older adults' mental health [J]. Journal of Urban and Regional Planning, 2022, 14(2): 121-138.

英国规划体系指南①

英国社区和地方政府事务部
顾朝林　译　柳泽　校

Plain English Guide to the Planning System

Department for Communities and Local Gov-ernment of the UK
Translated by GU Chaolin[1], proofread by LIU Ze[2]
(1. School of Architecture, Tsinghua University, Beijing 100084, China; 2. Research Center of Spatial Planning, Ministry of Natural Resources of the People's Republic of China, Beijing 100812, China)

1　简介：规划体系的目的

（1）本指南解释了英格兰的规划体系是如何运作的。它旨在提供一个概貌，并不制定新的规划政策或指导。我们已尽最大努力，确保指南中截至 2015 年 1 月的信息正确无误。某些信息可能过于简单，或者随着时间的推移变得不准确，例如由于法律变更。请参阅"规划指南"网址。

（2）规划确保在正确的时间、正确的地点进行正确的开发，并使社区和经济受益。它在以下方面发挥着关键作用：识别需要在哪里实施什么开发、需要保护或改善哪些地区以及评估待实施的开发是否合理。

（3）本届政府的规划改革有：

● 确保规划能够促进可持续发展，提供社区所需的住房和就业机会；

● 简化规划体系；

● 确保通过当地民众的参与，在尽可能低的层级作出规划决策；

● 采取强有力的保护措施，以保护和改善我们宝贵的自然和历史环境。

2　规划体系中的关键决策者

2.1　地方规划当局

（4）规划体系旨在供地方政府和社区应用。英格兰的许多地方有三级地方政府（图 1）：

● 郡议会（county）；

译校者简介
顾朝林，清华大学建筑学院；
柳泽，自然资源部国土空间规划研究中心。

- 地区、自治市或市议会；
- 教区或镇议会。

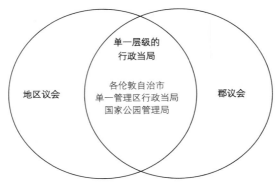

图 1　英格兰地方政府

（5）地方政府管理大部分规划体系：编制地方规划、受理规划申请、对未经许可的开发进行规划执法。

（6）除交通、矿产和废弃物规划为郡议会职能，地区议会负责大多数规划事务。在本国的某些地区，单一管理区行政当局同时负责地区级和郡级规划事务。在伦敦，市长也有权决定某些具有潜在战略重要性的规划申请。在国家公园中，规划职能由公园管理局承担。

（7）在存在教区和镇议会的地方，他们可以对影响本地区的规划申请发挥重要作用。中央政府希望看到，在尽可能低的层级上作出规划决策，并赋能教区和镇议会制定社区规划，一旦生效，这些规划将成为用于决定规划申请的重要政策之一，或者成为社区开发条令（neighbourhood development orders），可以直接授予开发许可。如果没有教区或镇议会，当地社区代表可以申请建立一个社区议事会，以制定社区规划或社区开发条令。

2.2　议员

（8）社区事务应由本地区民众主导，而民选议员在这一过程中发挥着关键的领导者角色。议员在地区、郡或单级政体议会中的作用将根据他们是否参加规划委员会（对规划申请作出决定）而有所不同。但是，在制定规划和决定影响其选区的规划申请时，所有议员都可以代表本地居民发表意见。

（9）2011 年《地方主义法》的变化明确，议员可在规划委员会对规划申请进行投票之前讨论该申请的有关事项，只要他们听取所有证词，不预设结论，以开放的心态对该申请作出判断。

（10）更多信息请参阅"规划中的诚信"网址。

2.3　行政官员

（11）地方规划当局任命规划行政官员协助规划体系的运作。大多数次要且没有争议的规划申请——约占大多数地方规划当局收到申请数量的 90%——将通过下放的规划权来决定，即由地方规划当局的官员处理。更大和更具争议性的开发项目通常由规划委员会决定，规划官员提出相关建议。

2.4　负责社区和地方政府事务的内阁大臣

（12）内阁大臣监督整个规划体系，并通过规划上诉系统、介入程序（call-in）和对国家重大基础设施项目的决定，在少数重要决策中发挥直接作用。

2.5　规划督察署

（13）英格兰与威尔士规划督察署是社区和地方政府事务部的一个执行机构。规划督察署代表内阁大臣决定大多数规划和执法上诉，并在本指南下文即将阐述的国家重要基础设施和规划制定等方面发挥作用。

3　国家规划政策

（14）2012 年 3 月，中央政府发布了《国家规划政策框架》。这为英格兰提供了一套平衡的国家规划政策，涵盖开发的经济、社会和环境方面。在准备地方规划和邻里规划时必须考虑这些政策，这是决定规划申请的"重要考虑因素"。然而，它并没有规定应该如何制定地方规划和邻里规划，或规定规划成果，而是提供了一个框架，用以制定满足当地需求的独特的地方规划、邻里规划和开发条令。

（15）除了使国家规划政策易于获取之外，《国家规划政策框架》还做了很多重要的事情：

- 明确地方和邻里规划是规划体系运作的核心，并强调法律要求必须根据这些规划决定规划许可申请，除非其他重要因素或重大考虑另有要求；

- 引入了"促进可持续发展的假设"，以确保地方规划当局确定并规划其所在地区需要的发展，并明确应允许那些促进可持续发展的规划申请；

- 明确了规划的目的是帮助实现可持续发展，而不是不惜代价的开发。为此，它包含强有力的保障措施，以保护和改善我们宝贵的自然与历史环境。

4　国家重大基础设施项目

（16）对于发电站和主要交通规划等国家重大基础设施项目，有单独的规划政策框架和立法。该过程旨在简化这些主要和复杂的规划决策过程，使其对社区和规划申请人都更加公平与快捷。

（17）一系列国家政策声明（National Policy Statements）就不同类型的具有国家意义的基础设施明确了国家政策。某些类型的基础设施开发有一定的门槛，超过该门槛将被作为具有国家意义的重大基础设施项目进行审查。

（18）规划督察署代表内阁大臣负责管理国家重大基础设施项目的规划申请。项目申请将由规划督察署审查，并向相关内阁大臣提出建议，由其最终决定是否批准或否决该申请。一项规划许可包括对若干相关事项（如环境许可）的同意。

（19）更多信息请参阅国家重大基础设施项目网址。

4.1　架空电力线

（20）132kV 以上架空线的建设申请，一般被认为是国家重大基础设施项目，并采用该程序处理。

（21）架空线路的其他申请根据经修订的 1989 年《电力法》的相关规定进行许可。在获得开发许可之前，应向当地相关规划部门提交申请以进行审查。如果地方规划当局反对某项提议，通常由独立的规划督察员进行公开调查，负责能源和气候变化的内阁大臣根据规划督察员的报告作出最终决定。作为决策过程的一部分，地方规划当局、当地民众、法定机构和其他相关方的意见将被纳入考虑。

5　战略规划

（22）直到最近，战略规划（跨越地方规划当局行政边界、满足比当地更大需求的规划）主要是通过区域战略来完成。这些规划涵盖多个地方规划当局区域，并对这些区域内的当地社区提出了某些要求，例如他们需要提供的新建房屋数量。

（23）当规划所影响到的人参与到规划过程中时，规划会更有效。为了将规划制定归还给当地社区，中央政府通过 2011 年《地方主义法》取消了这一区域性规划层级。

（24）在伦敦以外，区域战略不再构成法定发展规划的一部分（除了极少数仍然重要的余留政策）；除非这些余留政策适用，否则它们不再作为决定规划申请的依据。

（25）在伦敦，市长仍然负责为首都制定战略规划。伦敦的地方规划需要符合（"总体上符合"）《伦敦规划》（London Plan），该规划将继续指导伦敦自治市镇议会和市长对规划申请的决定。

5.1　合作义务

（26）许多规划事项跨越行政边界，重要的是要有一种机制来确保规划有效实施。因此，2011 年《地方主义法》引入了"合作义务"，以确保地方规划当局和其他公共机构就超出其自身行政边界的规划开展合作，以实现可持续发展。在将其地方规划提交审查时，地方规划当局必须证明遵守了合作义务。

6 地 方 规 划

（27）地方规划是关键文件，地方规划当局可以通过它为本地区的未来发展制定愿景和框架，并让社区参与其中。地方规划解决与住房、地方经济、社区设施和基础设施有关的需求与机会。它们应该保护环境，适应气候变化，并帮助确保高质量的无障碍设计。地方规划为社区、企业和投资者提供了一定程度的确定性，并为个人规划申请的决策提供了框架。

（28）制定地方规划应该是一项共同的努力——由地方规划当局领导，并与当地社区、开发商、土地所有者和其他相关方合作。

（29）地方规划将由独立的规划督察审查，其职责是评估规划的编制是否符合相关法律要求（包括合作义务）以及是否"合理"。国家规划政策框架明确提出了在审查地方规划时要考虑的四个"合理性"要素。本地规划必须：

- 积极准备；
- 科学合理；
- 有效可行；
- 符合国家政策。

（30）地方规划必须有强有力的证据基础支持。对于住房，这意味着规划在符合国家规划政策的情况下，满足客观评估的市场和社会住房需求。这包括确定可交付的五年供应量，且具体项目布局选址应每年更新。

（31）五年的土地供应在规划期后期应始终有 5% 的余量，以应对土地市场选择和竞争带来的影响。如果有住房持续交付不足的记录，则该余量应增加到 20%。

（32）地方规划当局满足本地区住房需求的责任应在国家规划政策框架中规定的相应政策框架下统筹。这意味着满足住房需求的要求必须与其他重要考虑因素相平衡，例如保护绿带、解决气候问题或应对洪水。

（33）制定地方规划的法律要求主要在经修订的 2004 年《规划和强制购买法》的第二部分以及 2012 年《城乡规划（地方规划）（英格兰）条例》修订的地方规划部分。更多信息请参阅"规划指南"网址。

7 邻 里 规 划

（34）邻里规划是社区的一项新权利，赋予他们直接的权力来制定社区的共同愿景，并影响当地的发展和增长。社区第一次可以制定具有真正法律效力的规划，并可以通过"社区开发条令"为他们期望的发展授予规划许可。

（35）自从 2011 年《地方主义法》引入邻里规划以来，其发展势头越来越好。英格兰越来越多的社区开展社区规划，第一批地区已经完成了编制，他们的规划现在已成为其地区发展规划的正式组成部分。邻里规划可以包含的内容具有很大的灵活性——例如，它们可以是只涉及设计或零售用途的一些政策规定，也可以是包含各种政策和引导住房或其他开发的场地使用的综合规划。

（36）所有邻里规划和条令都必须经过独立审查并由当地社区全体公民投票表决。只有符合地方战略和国家政策、遵从法律要求的邻里规划或条令，才可全体投票表决。

（37）当邻里规划通过审查，通过全体投票成功获得当地支持，然后由地方规划当局正式"制定"，它将成为当地规划当局用来决定规划申请的法定"发展规划"的一部分。邻里规划的社区主导特性以及社区可通过社区基础设施税（见下文）获得的额外资金，是社区行使这一权利的真正动力。

（38）邻里规划体系的主要立法可见于 2011 年《地方主义法》和 2012 年《社区规划（一般）条例》。2011 年《地方主义法》修订了现有的规划立法，以引入邻里规划。更多信息可访问"规划指引"相关页面。许多组织也提供了邻里规划指南。

8　开发贡献与社区收益

（39）大多数开发都会对道路、学校和开放空间等基础设施产生影响或从中受益。因此，开发应有助于减缓其对此类基础设施的影响。地方规划当局可以征收社区基础设施税（Community Infrastructure Levy）——新开发项目根据项目规模和类型支付的费用（尽管某些类别的开发项目可以豁免）。通过征税筹集的资金可用于支持该地区发展所需的各种基础设施。地方规划当局可以而且确实为不同区域、类型和规模的开发设定不同税率，包括低税率或零税率，以确保征税本身不会导致开发不可行。要收取税款，地方规划当局必须首先制定"征收计划"。征费的征收计划通常与地方规划一起制定并经独立审查。

（40）为确保社区共享开发的收益和成本，必须将 15% 的征税转移给开发项目所在的教区议会。为鼓励当地社区积极规划其地区，25% 的税款将转交给有邻里规划或邻里开发条令（包括社区建设令）的教区议会。如果没有教区议会，地方规划当局将保留这些资金，与社区共同协商使用。

（41）规划义务用于减轻拟开发项目的影响。它们通常根据 1990 年《城乡规划法》第 106 条设立。地方规划当局可能会要求开发商承担某项义务，例如，提供社会住房或为某项服务提供额外资金。任何规划义务都必须满足以下条件：

- 开发在规划方面是可接受的；
- 且直接关系到开发；
- 在开发规模和类型上是公平、合理的。

（42）中央政府致力于解决住房的紧迫需求，并采取了许多措施来鼓励开发商、投资者和议会建造新建住房。新房奖励（new homes bonus）是中央政府给地方规划当局的拨款，用于在其所在地区提供房屋，无论是通过建造新房、将现有建筑物改造成住宅用途还是让长期闲置的房屋重新投入使用。

通过新房奖励筹集的资金可由相关的地方规划当局灵活使用，以支持其所在地区的服务。更多信息可参考中央政府网站。

9 默许开发权

（43）某些类型的开发项目可能已经获得国家许可，无须在当地申请规划许可。然而，默许开发权通常受制于控制开发影响的条件和限制（conditions and limitations）。任何开发必须满足这些条件和限制，才是合法的。如果拟建项目不符合默许开发的条件和限制，则需要向当地规划部门申请规划许可。

（44）中央政府最近引入一些新的默许开发权，以增加住房供应，加快适当的开发活动。这包括在 2013 年 5 月为房主引入更大的自由来改善和扩展他们的房产，而无须申请完整的规划许可（取决于与邻居的适当沟通）。

（45）有关默许开发权的更多信息，请访问"规划指引"网址和"规划门户"网址。"规划门户"也拥有一个互动空间，房主们可用来了解无须申请规划许可的开发类型。

10 取得规划许可

（46）只有在特定情况下才需要申请规划许可。如果需要申请规划许可，当地规划当局通常负责首先对申请作出决定。

（47）地方规划当局收到规划申请后，将公布申请信息（使用现场公告、通知邻居和教区议会等方法），让人们有机会提出意见。具体要求将取决于申请的类型。

（48）正式征求意见一般为 21 天。在此期间，任何人都可以对规划申请提出意见，当地规划当局将提供有关如何提意见的详细信息。当地方规划当局对规划申请作出决定时，将考虑书面意见，只要它们与申请相关，且对规划很重要。

（49）许多问题应重点考虑，但一般应与土地的使用和开发有关。作为一般原则，规划体系为公共利益而运作，仅影响私人利益的事项通常不是规划决策中的重要考虑因素。但是，每一项规划申请都将根据其特点被审视。

（50）地方规划当局通常有长达 8 周的时间来对小型申请作出决定，其中包括大多数住户案件；对重大发展则长达 13 周，例如大型住房或商业用地项目。一般而言，一旦获得规划许可，必须在 3 年内开始开发。否则，申请人可能需要重新申请。

（51）国家规划政策框架强调地方规划当局应以积极的方式进行决策，以实现可持续发展。地方规划当局应与申请人合作，确保开发能够改善其所在地区的经济、社会和环境条件。

（52）规划体系是规划导向的，任何规划申请都必须根据发展规划（地方和邻里规划和相关地区的伦敦规划）确定，除非其他重要考虑另有要求。

（53）地方规划当局可考虑通过使用条件或规划义务，使原本不可接受的开发活动成为可接受的。

10.1　契约

（54）在某些情况下，土地或建筑物可能存在限制其未来使用的契约。除非经协定、土地法庭裁决解除或土地为单一所有权，否则不得忽视或取消该契约。这是一项独立于规划的法律制度。任何规划许可都不能消除此法律事项；在某些情况下，如果不消除契约，规划许可可能无法实施。

11　规划实施

（55）地方规划当局提供规划实施管理服务，这是规划过程的重要组成部分。通过识别和处理未经许可的开发，执法过程确保公平，阻止不可接受的开发并让社区对规划系统充满信心。2011 年《地方主义法》赋予地方规划当局新的权力，延长了他们调查故意隐瞒的未经许可开发案件的时间。

（56）虽然有效的规划实施是规划系统完整性的基础，但对违反规划管控的反应应该始终是适当的。如果未经必要的许可就进行了开发，应允许再次申请规划许可。这些权力不会容忍未经正确许可的开发，但它们能够使地方当局合理使用其规划实施管理权力。

12　规划上诉、收回和介入

12.1　规划上诉

（57）如果地方规划当局拒绝发放规划许可，或附条件批准，或未能在法定时限内处理申请，申请人有权通过规划督察署向内阁大臣提出规划上诉。

（58）内阁大臣任命一名独立规划督察员来研究每项上诉，他们将根据该地区的规划作出决定，除非有重要考虑支撑采取不同观点。督察员可能会与当地规划当局有不同的看法，并决定应授予规划许可或其他条件。这并不意味着他们无视地方规划当局或当地居民的意见，而是他们必须综合决策。

12.2　"收回"

（59）如果规划上诉事关部长级重大决策，内阁大臣将自行决定，规划上诉将从规划督察署"收回"（recovery）。在这些情况下，规划督察员将研究这些重大问题并向内阁大臣提交报告和建议。内阁大臣将根据督察员对规划申请的评估作出决定。

12.3　"介入"

（60）内阁大臣还有权接管特定的规划申请，而不是让当地规划当局决定，这就是所谓的"介入"。无论是否有请求，都可使用介入程序。内阁大臣非常谨慎地使用这些权力，通常涉及超出地方意义的规划议题。如果内阁大臣决定介入规划申请，则会任命一名规划督察员对该申请进行调查。然后，规划督察员将向内阁大臣报告其建议，内阁大臣将对规划申请作出决定，其方式与收回规划申诉大致相同。

注释

① *Plain English Guide to the Planning System*, 2015 年 1 月 5 日出版, ISBN:978-1-4098-4321-4, https://www.gov.uk/government/publications/plain-english-guide-to-the-planning-system/plain-english-guide-to-the-planning-system。

致谢

本文受国家重点研发计划项目（2019YFD1100705）资助。

[欢迎引用]

英国社区和地方政府事务部. 英国规划体系指南[J]. 顾朝林, 译. 柳泽, 校. 城市与区域规划研究, 2022, 14(2): 139-150.

DEPARTMENT FOR COMMUNITIES AND LOCAL GOVERNMENT OF THE UK. Plain English guide to the planning system[J]. Journal of Urban and Regional Planning, 2022, 14(2): 139-150.

附件 A：地方规划的各个阶段

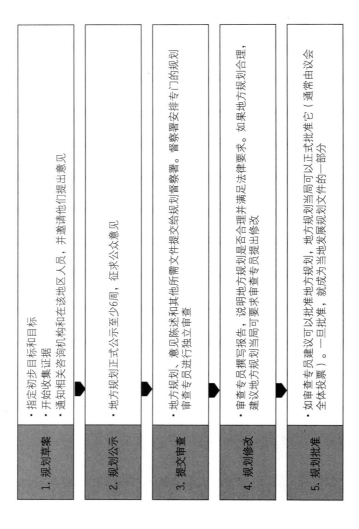

阶段	内容
1. 规划草案	• 指定初步目标和目标 • 开始收集相关证据 • 通知相关咨询机构和在该地区人员，并邀请他们提出意见
2. 规划公示	• 地方规划正式公示至少6周，征求公众意见
3. 提交审查	• 地方规划、意见陈述和其他所需文件提交给规划督察署。督察署安排专门的规划审查专员进行独立审查
4. 规划修改	• 审查专员撰写报告，说明地方规划是否合理并满足法律要求。如果地方规划合理，建议地方规划当局可要求审查专员提出修改
5. 规划批准	• 如审查专员建议可以批准地方规划，地方规划当局可以正式批准它（通常由议会全体投票）。一旦批准，就成为当地发展规划文件的一部分

附件 B：邻里规划或条令中的各个阶段

阶段	内容
1. 邻里规划或条令的识别和指定（如果需要，还包括邻里事会）	· 当地社区确定适当的邻里规划范围边界 · 向当地规划当局申请指定该区域（如果没有教区或镇议会，则申请指定该邻里议事会） · 地方规划部门对申请进行公示和征求意见，就是否指定该邻里区域（邻里议事会）作出决定
2. 规划草案与公示	· 当地社区制定愿景和目标，收集证据并起草规划或条令提案 · 就规划或条令提案进行公示和征求意见至少6周
3. 提交审查	· 邻里规划或条令提案和所需文件提交给地方规划当局 · 地方规划当局就规划或条令进行公示至少6周，并征求相关意见 · 地方规划当局安排对邻里规划或条令进行独立审查
4. 规划审查	· 独立审查员就邻里规划或条令草案是否符合基本要求和其他法律规定，向地方规划当局提出建议 · 地方规划当局考虑建议并决定邻里规划或条令是否应进行社区全体公民投票表决
5. 全体投票和邻里规划的批准	· 举行全体投票以确保社区决定邻里规划是否应成为该地区发展规划的一部分 · 如果多数投票者支持邻里规划或条令，当局必须使其生效（除非会违反欧盟或人权义务）

附件 C: 规划申请流程的各个阶段

1. 提交规划申请
- 请参阅 "规划指南" 网址中的 "规划申请" 专题

2. 公示以及征求社区和法定主体意见
- 不少于法定21天公示
- 具体公示时长视申请而定

3. 申请的确定
- 除非其他重大事项另有要求，否则按照地方发展规划决定规划申请
- 地方规划当局有8周的时间来决定小型申请，13周的时间来决定主要申请

4. 申请的决策
- 规划行政官员根据授权的决策权，决定较小的开发项目
- 更大和更有争议的开发申请由规划委员会决定

5. 规划申诉
- 如果地方规划当局拒绝给予规划许可，或附加不可接受的条件下给予规划许可，或者未在法定期限内处理申请，申请人有权通过规划督察署向内阁大臣提出规划申诉
- 内阁大臣也可 "收回" 规划申请

Editor's Comments

The Rhine is the best-managed river in the world and the most successful example of establishing a harmonious relationship between humans and rivers. The experience and lessons from the development of the Rhine River Basin and its major infrastructure construction are of great value to the sustainable development of the Yangtze River and other major rivers in China. Based on an investigation report on urbanization and locality along the Rhine River, this paper discusses in detail the natural and historical basis for the development and protection of the Rhine River Basin, the three types of operations in the development of agriculture-manufacturing-shipping industry, the development process of cities along the river and their status quo, and the environmental and ecological problems of the basin and its corresponding mega-governance project, in the hope that it would provide comparison and reference cases for our country's Yangtze River and other major watersheds in its "from large-scale development to large-scale protection" (Table 0).

编者按 莱茵河，是世界上管理得最好的河流，也是人与河流建立和谐关系最成功的典范。莱茵河流域的发展，重大基础设施建设的经验与教训，对我国长江等大江大河的可持续发展具有十分重要的参考价值。本文是一篇莱茵河沿线考察研究报告，就莱茵河流域开发与保护的自然和历史基础、农业—制造业—航运业经济发展的三种业态、沿河地带城市发展过程和现状水平、流域环境和生态问题及其治理巨型工程项目进行了比较详细的介绍，期望对我国长江等大流域"从大开发走向大保护"提供比较和借鉴案例（表0）。

表 0　莱茵河—长江主要数据比较

Table 0　Comparison on the main data of the Rhine River and the Yangtze River

	莱茵河 The Rhine River	长江 The Yangtze River
流域面积（平方千米） Basin area (km²)	185 260	1 800 000
流域人口（万人） Population in the basin (10 000 people)	5 800	40 000
水资源总量（亿立方米） Total water resources (100 million m³)	790	9 616
流域森林面积（平方千米） Forest area in the basin (km²)	6 000	54 900
流域森林面积（%） Percentage of forest area in the basin (%)	34.0	30.5
河流全长（千米） Total length (km)	1 390	6 300

续表

	莱茵河 The Rhine River		长江 The Yangtze River	
多年平均径流量（立方米/秒） Multi-year average runoff (m³/s)	2 300		29 300	
年均含沙量（千克/立方米） Average annual sediment concentration (kg/m³)	非常少 Little		0.486	
潮波（米） Tidal wave (m)	波涛汹涌 Rough		0.7～1.3	
通航里程（千米） Navigable mileage (km)	886		2 713	
500～3 000 吨级船舶通航里程（千米） Navigable mileage of ships of 500-3 000 tonnage (km)	186（巴塞尔起） 186 (From Basel)		水富—宜昌 Shuifu-Yichang	57 000
1 000～5 000 吨级船舶通航里程（千米） Navigable mileage of ships of 1 000-5 000 tonnage (km)			宜昌—武汉 Yichang-Wuhan	
3 000～5 000 吨级船舶通航里程（千米） Navigable mileage of ships of 3 000-5 000 tonnage (km)			武汉—长江口 Wuhan-Estuary of the Yangtze River	
7 000 吨级船舶通航里程（千米） Navigable mileage of ships of 7 000 tonnage (km)				
10 000 吨级船舶通航里程（千米） Navigable mileage of ships of 10 000 tonnage (km)	700（科隆以下） 700(Below Cologne)			
航道渠化率（%） Waterway canalization rate (%)	100.0		嘉陵江航道渠化 Waterway canalization of the Jialing River	
年货物运输（亿吨） Annual cargo volume (100 million tons)	3.1		7.2	

莱茵河流域考察研究报告[①]

顾朝林　顾　江　高　喆　汪　芳　邱元惠　阮慧婷

Research Report on the Rhine River Basin

GU Chaolin[1], GU Jiang[2], GAO Zhe[3], WANG Fang[4], QIU Yuanhui[5], RUAN Huiting[5]
(1. School of Architecture, Tsinghua University, Beijing 100084, China; 2. The Commercial Press Ltd., Beijing 100710, China; 3. College of Urban & Environmental Sciences, Central China Normal University, Wuhan 430079, China; 4. College of Architecture and Landscape Architecture / NSFC-DFG Sino-German Cooperation Group on Urbanization and Locality, Peking University, Beijing 100871, China; 5. School of Architecture and Landscape, University of Hannover, Hannover 30419, Germany)

Abstract This is a research report on the Rhine River Basin. Based on our 10-day investigation route started from Basel, Switzerland, on the upper Rhine to Nijmegen, the Netherlands. The field investigation was conducted on the urban and industrial development, the water resources utilization, the waterfront space utilization, and the mega-engineering projects of the Rhine not only help us develop a conceptual framework for the sustainable development of the Rhine River Basin but also provides learning opportunities for the Yangtze River Basin and other large basins in China transforming from development to protection in terms of water resources utilization and urban and industrial development. Based on the collected data and other related research,

作者简介
顾朝林，清华大学建筑学院；
顾江，商务印书馆有限公司；
高喆，华中师范大学城市与环境学院；
汪芳，北京大学建筑与景观设计学院 / NSFC-DFG 城镇化与地方性合作小组；
邱元惠、阮慧婷，德国汉诺威大学建筑与景观学院。

摘　要　文章为莱茵河流域考察研究报告。该次考察历时 10 天，考察路线始自莱茵河上游瑞士巴塞尔，止于荷兰奈梅亨，就莱茵河城市和产业发展、水资源利用、滨水空间利用和巨型工程项目进行实地考察，不仅建立了莱茵河流域可持续发展的概念框架，也从水资源利用和城市、产业发展为我国长江等大流域"从大开发走向大保护"提供了学习机会。报告是在实地考察的基础上进一步收集资料进行相关研究的成果，从时空演化视角系统地展示莱茵河流域发展。3 400 万年自然演化形成了莱茵河流域的自然景观和山水格局，3 000 年人类活动孕育了欧洲大陆文化，200 年工业化和水资源开发利用锻造了欧洲乃至世界经济重心。工业革命后，人类活动对莱茵河流域的自然、环境和生态系统造成了巨大的破坏，也成为当下气候变化议题需要关注的重点地区和重要案例。2010 年以来，莱茵河流域国际保护委员会以及欧盟采取的重大行动计划，尤其在减缓和适应全球气候变化的挑战方面进行了卓有成效的工作，值得关注。

关键词　莱茵河流域；气候变化；自然演化；人类活动；工业化；城市化

　　2019 年 8 月 10～19 日，作者在中德中心基金资助下进行了莱茵河沿线城市化与地方性主题考察（Sino-German joint laboratory on urbanization and locality research）。考察路线自莱茵河上游瑞士的巴塞尔（Basel）开始，止于荷兰的奈梅亨（Nijmegen）（图 1、图 2），沿途就莱茵河城市和

this report systematically elaborates the development of the Rhine River Basin from a spatial-temporal perspective. 34 million years of natural evolution have reshaped the natural landscape of the Rhine, 3,000 years of human activities have given birth to continental European culture, and 200 years of industrialization and water exploitation have created the economic center of Europe and the world. Since the Industrial Revolution, human activities have caused enormous damage to nature, the environment, and the ecosystems of the Rhine River Basin, making it a key area and an important case of current climate change. Since 2010, a series of action plans have been adopted by ICPR (International Commission for the Protection of the Rhine) and EU (European Union). These plans are helpful for mitigating and adapting to global climate change.

Keywords Rhine River Basin; climate change; natural evolution; human activities; industrialization; urbanization

产业发展、水资源利用、滨水空间利用和巨型工程项目进行实地考察，不仅建立了莱茵河流域可持续发展的概念框架，也从水资源利用和城市、产业发展为我国长江等大流域"从大开发走向大保护"提供了学习机会。现将本次考察报告如下。

1 3 400 万年的自然演化

莱茵河发源于瑞士东南部的阿尔卑斯山区，经过列支敦士登、奥地利、德国和法国，在荷兰鹿特丹附近注入北海，全长 1 390 千米，全流域面积 185 260 平方千米，流域人口 5 800 万，是西欧第一长河，欧洲大陆的工业化发源地，年货运量居世界之首。

1.1 莱茵河形成

莱茵河是阿尔卑斯造山运动(Alpine Orogeny)的产物。由于欧亚板块和非洲板块反向漂移，在中生代三叠纪（2.4 亿年前～2.2 亿年前）形成了古地中海（范围包括现欧洲南部和地中海地区）。在 3 400 万年前～533 万年前(渐新世和中新世)，阿尔卑斯造山运动形成地中海附近独特的地质特征，上莱茵河地堑形成最早的莱茵河，两个地质断层的裂缝下滑形成宽阔的平底峡谷，成为莱茵河的源头地区。

1.2 莱茵河水系

随着地面的逐渐抬升，莱茵河河床连年下切，不断袭夺流域的溪流，持续增加支流，形成了主流和支流相当发育的大河流系统，其中主要支流分布在中游地区，包括阿勒（Aare）河、摩泽尔（Moselle）河、美因（Main）河、鲁尔（Ruhr）河和利珀（Lippe）河等，也包括荷兰境内的一系列支流比杰兰兹(Bij Lands)运河、潘讷登（Pannerdens）运河、艾瑟尔（IJssel）河、下莱茵（Nederrijn）河、莱克

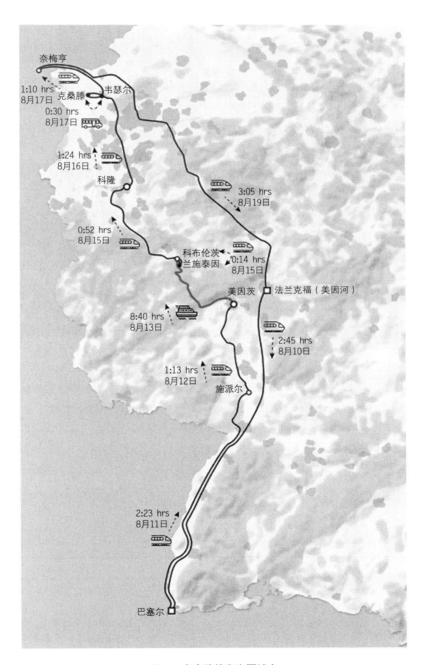

图 1　考察路线和主要城市

资料来源：本图取自阮慧婷、邱元惠为考察组准备的"考察路线和基本情况简介"。

图 2　莱茵河沿线城市化与地方性主题考察组成员

（Lek）河、瓦尔（Waal）河、博文—梅尔韦德（Boven Merwede）河、下梅尔韦德（Beneden Merwede）河、"新水道"（Nieuwe Waterweg）和艾瑟尔湖等。

1.3　莱茵河流域

可将莱茵河干流分为三段：①上游：自河流源头到瑞士巴塞尔，河谷狭窄，坡度较大；②中游：自瑞士巴塞尔到德国波恩，以季节融雪为主要水源补给；③下游：自德国波恩到荷兰低地地区河口，水流平缓。莱茵河流域特征如表 1 所示。

表 1　莱茵河流域概况

区域	地形地貌	河流港口与城市
河源地区	莱茵河在阿尔卑斯山脉前沿地区和黑森林地区之间，流势逐急，水道过去被湍滩所阻碍，现已修起几座河堰（水坝）。在库尔下方，形成瑞士和列支敦士登公国界河，然后注入博登湖（Lake Constance），因水势和缓而形成三角洲	莱茵河起源于瑞士阿尔卑斯高山，有两条源流，即前莱茵河（Vorderrhein）与后莱茵河（Hinterrhein）

续表

区域	地形地貌	河流港口与城市
上游地区	出湖后，莱茵河穿过瑞士森林覆盖的阿尔卑斯山，流经博登湖下湖（Untersee）形成一条狭长的狭窄河道，经过瑞士巴塞尔市后，向北急转直下，在瑞士—德国交界地形成宽达110米的莱茵河瀑布。瀑布以下，莱茵河谷底宽阔平坦，两岸分别有孚日山脉（Lemassifdes Voseges）和黑森林（Schwarzald）、哈尔特山脉（Haardt Mountains）和奥登林（Oden Forest）山对峙	主要支流伊勒（Lller）河在斯特拉斯堡注入莱茵河。黑森林一些短小支流，如德赖萨姆（Dreisam）河、金齐希（Kinzig）河等。内卡（Neckar）河在曼海姆（Mannheim）注入莱茵河。美因河在美因茨对面与莱茵河会合
中游地区	从宾根到波恩远至科布伦茨（Koblenz），莱茵河在洪斯吕克山脉（Hunsruck Mountains）和陶努斯山脉（Taunus Mountains）之间流过，形成曲折深邃的峡谷，长约90英里（145千米）。往下，西有艾费尔高原（Eifel Upland），东有韦斯特林山（Westerwald）丘陵。在安德纳赫（Andernach），玄武岩的塞文高地（Seven Hills）突起于河的西边	在科布伦茨，摩泽尔河、兰（Lahn）河与莱茵河会合。沿岸景色十分壮观，两岸山坡上布满葡萄园；有30多座美丽的城堡、堡垒和历史遗迹。波昂以下，河谷进入广阔平原，科隆旧城位于莱茵河的左岸。右岸杜塞尔多夫（Dusseldorf）是北莱茵—西伐利亚煤田的首要商业中心。位于鲁尔河口杜伊斯堡（Duisburg），鲁尔河运来的煤和焦煤以及进口的铁矿石和石油皆在此装卸
下游地区	莱茵河流出峡谷进入下游，在德国边境城镇埃默里希（Emmerich）流入荷兰莱茵河三角洲。1986年，开启莱茵河三角洲工程计划，切断关闭所有莱茵河主要岔流，将河水引往北海	荷兰莱茵河三角洲形成许多宽的岔流，如莱克河、瓦尔河等、梅尔韦德河等。1872年以来，为改善北海到鹿特丹航运而修建的"新水道"运河，成为联系莱茵河与海洋的主要航道，并在运河沿岸建成了当时世界最大港口欧罗波特（Europoort）

1.4 生物多样性

在莱茵河流域，生物多样性明显。生活在河边的哺乳动物有海狸、鹿和野猪，鸟类有鹤、白鹮和啄木鸟。历史上，莱茵河里有大量大西洋鲑鱼，沿岸是大片的森林，在低海拔地区，生长着橡树和山毛榉树，在高海拔地区，则是大片的冷杉。树林为区域开发提供了宝贵的木材和燃料资源。

2 3 000年人类活动：殖民与农耕文化发展

世界大河流域都是人类文明的发源地和人类文化的策源地，莱茵河流域也不例外。莱茵河水、黑森林、河口港为流域开发提供了条件，源源不断的水源为沿岸农业提供灌溉，孕育成大河农耕文化，农业的发达为农副产品加工和制造累积原料，并与资本发展成工业文化。工农业的兴旺发达进一步对河流水资源利用提出更高的需求，派生出精于水资源开发和利用管理的河流文化，推动了莱茵河大河流域经济的茁壮成长。

2.1　地方开发的热点地区

自然力和人类活动共同塑造了莱茵河流域。但值得注意的是，如前所述，3 400 万年的自然力塑造河流水系，而最近 3 000 多年尤其工业革命后 200 年人类活动却彻底改变了莱茵河流域的面貌。

2.1.1　土著人与外来移民

考古研究成果表明，人类在莱茵河流域已经生活了数千年。根据历史记载，大约公元前 700 年，凯尔特人开始定居莱茵河流域。他们最早使用铁制工具，在意大利中部形成了一个强大的国家，与远方的希腊人和伊特鲁里亚人商业贸易。到公元前 500 年左右，凯尔特人发育了 La Tené（斯洛伐克语：网球）文化，制作具有复杂几何图案的艺术设计作品。到公元前 100 年左右，日耳曼部落（Germanic tribes）的哥特人（Goths）和汪达尔人（Vandals）从斯堪的纳维亚半岛与德国北部的定居点南迁到莱茵河地区，他们中的大部分在莱茵河下游定居，也有一部分越过莱茵河定居到今天的法国境内。

2.1.2　河流控制权的争夺

由于外来移民的迁入，莱茵河流域爆发了经久不衰的人类对大河流域的控制权争夺。当凯尔特人（后来是罗马人）从上游顺流而下，日耳曼哥特人和汪达尔人从莱茵河下游逆流而上的过程中不期而遇，种族冲突随即开始。大约公元前 102 年，日耳曼军队入侵现今法国和意大利境内的罗马人定居点。公元前 58～前 50 年，罗马将军恺撒率领的军队控制了莱茵河西岸，在莱茵河沿岸设罗马定居点和贸易站帮助控制帝国的边疆。公元 410 年，日耳曼部落的西哥特人入侵罗马疆域并部分摧毁了罗马定居点和贸易站。公元 476 年，罗马帝国沦陷，从此日耳曼人控制了莱茵河沿岸的土地，相继建立法兰克、伦巴德、奥多亚克、勃艮第、汪达尔·阿兰、东哥特、西哥特、盎格鲁—撒克逊等王国。

尽管如此，这些王国之间也战争不断，盎格鲁—撒克逊和法兰克王国被保存下来并形成今天的英国与法国。在中世纪（476～1453 年），莱茵河沿岸发展成为有利于城市发展、长途贸易和积累巨额财富的大河型流域经济。人们在狭窄的莱茵河中游河段建造城堡，用绳索或其他障碍阻挡河运通航，以收取"买路钱"。

作为莱茵河谷的北大门，科布伦茨更是历代统治者必争之地。这个位于莱茵河和摩泽尔河的交汇处的城市，军事要塞古老又美丽，城市被丘陵、葡萄山和森林环绕，教堂、宫殿、曾经的贵族庭院和华丽的市民住宅都展示了 2 000 多年悠久的城市历史。

德意志角（Deutsches Eck）（图 3）就位于摩泽尔河和莱茵河的交汇处，是中莱茵河地区的商业（特别是葡萄酒）中心、石油港和旅游地。科布伦茨经济早期即以商业著称，家具、服装、化学、仪器制造等部门发达。第二次世界大战时曾遭破坏，战后历史建筑恢复后，仍是德国最美丽和最古老的西部城市。

图 3　科布伦茨德意志角

史特臣岩城堡（Stolzenfels Castle）曾是一座关税城堡（图 4），1250 年前后建造，但在普法尔茨继承权战争中被摧毁。在 19 世纪，弗里德里希·威尔海姆四世对此进行了重建。沿着曲折的道路而上，史特臣岩城堡耸立于山腰，俯瞰莱茵河，姿态优雅，室内装饰精美，与莱茵河的浪漫气质融为一体，是德国浪漫主义建筑和室内装饰作品的杰出代表之一。

2.1.3　流域经济与国际贸易

公元 16 世纪以后，最初是意大利佛罗伦萨，随后是荷兰佛兰德斯（Flanders）的工场手工业兴起，商业贸易催生了资本主义经济发展。到 17 世纪中后期，各种手工行业由个别经营渐渐演变为行业协会。荷兰人甚至出版了欧洲第一份报纸。由于海上贸易发展的需要，通过莱茵—谢尔特—默兹河口将波罗的海和北海与地中海相连，佛兰德斯（原西班牙属地，今荷兰和比利时）出现了专职海员，具有海上航行的经历、经验和信息，因此成为海图和地图制作中心。

英国工业革命时，机器纺织业和蒸汽机动力很快消耗了英国的木材及煤炭资源。西班牙与英国具有悠久的海上贸易传统，从 1740 年起，莱茵河下游地区的木材经过阿姆斯特丹向英国输出，佛兰德斯因此也成为世界造船中心和航运中心。新兴资产阶级将种植者、制造商和消费市场紧紧地联结起来，比利时安特卫普和荷兰阿姆斯特丹等港口城市迅速繁荣起来。

图 4　科布伦茨史特臣岩城堡

　　18 世纪之前，从莱茵河下游到黑森林再到佛朗哥尼亚是大片的原始黑森林。1789～1791 年，大片森林被砍伐，沿着莱茵河漂浮到荷兰并在那里被加工成木材，作为替代煤炭的燃料经过荷兰港口向工业化地区出口，被运输到世界各地，而黑森林地区是德国木材和木材加工业的中心。这一时期森林被大量砍伐，这同时也为种植蔬菜和葡萄拓展了空间（图 5、图 6）。

图 5　莱茵河上的木筏

资料来源：图片取自荷兰奈梅亨国家历史博物馆。

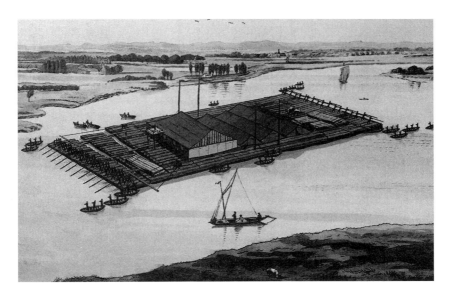

图 6　漂向莱茵河下游港口的大木筏

资料来源：图片取自荷兰奈梅亨国家历史博物馆。

　　莱茵河下游地区受与荷兰港口贸易的影响，不仅向荷兰提供木材，而且更频繁地向荷兰提供商品和中间产品甚至成品，尤其这些成品通过阿姆斯特丹和鹿特丹的大港口出口到世界市场，进而使阿姆斯特丹发展成为通往全球市场的门户城市。德国莱茵河流域通过荷兰沿海港口也逐渐融入大西洋经济国际贸易商圈。当时大型木筏往往价值高达 30 万塔勒②，只能由资金充足的批发商进行采购和管理，这促进了当时大资本家的形成。

　　与此同时，德国西部地区通过向荷兰出口商品和制成品，经过荷兰港口向全球市场出口，以及从荷兰港口进口新殖民地商品如烟草、咖啡、茶甚至香料和染料，这种工业贸易直接推动了 1740～1806 年的经济增长和 1815 年后该地区的工业化，成为 19 世纪工业化之前的"第一个现代经济体"。

2.1.4　阿尔萨斯—洛林之争

　　随着莱茵河流域经济的发展，莱茵河作为西欧最重要的军事边界的作用日益突出，地方大国法国和德国在莱茵河的控制权争夺方面大打出手，莱茵河西岸的阿尔萨斯—洛林（Alsace-Lorraine）地区成为焦点。

　　最初，大约 1790 年，法国控制了阿尔萨斯—洛林区。1831 年，按照《美因茨公约》，莱茵河成为国际河流，该条约规定来自任何国家的人都可以在河上自由航行。然而，在普法战争（1870～1871）中，普鲁士王国赢得了阿尔萨斯—洛林的控制权。

　　1871 年以后，莱茵河沿岸出现了许多工业区。除了鲁尔和萨尔地区的主要采矿区外，法兰克福附近的莱茵—美因区、曼海姆附近的莱茵—内卡区也都成为重要的工业区，尤其莱茵—内卡区的电气和机械工程、化学工业发展迅速。德国有了莱茵河下游这些强大的工业基础，经济实力更加强大，为重新瓜分世界和争夺全球霸权而发动了第一次世界大战（1914～1918），最终德国战败。根据《凡尔赛条约》，德国割让 10% 的土地和 12.5% 的人口以及所有的海外殖民地（包括德属东非、德属西南非、喀麦隆、多哥以及德属新几内亚），16% 的煤产地及半数的钢铁工业，其中阿尔萨斯—洛林割让给法国，重新恢复普法战争前的疆界。"一战"以后，德国和法国为控制欧洲备战。法国在莱茵河上游建造防御工事，在与德国接壤地区建造了非常庞大的堡垒、地下隧道和采矿区网络，称为马其诺防线（Maginot Line）。面向马其诺防线，德国也建造了齐格弗里德防线（Siegfried Line）等一系列防御工事。1940 年，德国发动第二次世界大战并成功吞并法国的阿尔萨斯—洛林地区。1945 年，德国再次战败，阿尔萨斯—洛林地区的控制权再次回归法国。

2.1.5　中心城市斯特拉斯堡

斯特拉斯堡，法国东北部城市，市区位于莱茵河西岸，东侧与德国巴登—符腾堡州隔河相望。

历史上，斯特拉斯堡处于多个民族活动范围的重合地带。从最初的凯尔特，再到高卢、日耳曼以及后来的法兰克、查理曼，这些民族都在斯特拉斯堡留下了足迹。斯特拉斯堡在传统上是一个典型的航运与贸易之城。在中世纪的汉萨同盟时代，斯特拉斯堡和美因茨、法兰克福一同作为莱茵河流域的主要港口而兴起。在 18～19 世纪先后开挖了莱茵—马恩运河和莱茵—罗讷运河，19 世纪中期开始逐渐成为法德长期争夺的焦点。在产业发展上，作为开发较早的地区，斯特拉斯堡的农业已经非常现代化，从事农业生产的人口比例很低，大部分都实现了机械化操作和自动化生产。

1871 年战争结束后，根据《法兰克福条约》的规定，该市并入新成立的德意志帝国，成为阿尔萨斯—洛林的一部分。德国统治时期，斯特拉斯堡得到了重建，机械、电器、医药、食品等现代工业得到发展。在第一次世界大战中，德国被击败，根据《凡尔赛条约》，斯特拉斯堡被重新划入法国。斯特拉斯堡方便的水路可直接到达巴黎和里昂，是法国与中欧地区进行贸易（主要是粮食贸易）的枢纽，酿酒业（包括葡萄酒和啤酒）和食品业（如香肠和鹅肝酱）也因此发展起来。第二次世界大战期间法国沦陷以后，斯特拉斯堡再次被并入德国，1944 年大片地区受到英美轰炸被摧毁。1945 年，法国军队再次开进斯特拉斯堡，这座城市又重新成为法国领土。

第二次世界大战后，斯特拉斯堡利用从马赛经里昂、斯特拉斯堡至德国卡尔斯鲁厄的输油管道，发展了炼油、合成橡胶等工业部门，成为法国东部的新兴工业中心。今天，斯特拉斯堡是法国唯一大量消费啤酒的城市，同时也盛产法国葡萄酒（如雷司令葡萄酒）。2016 年 1 月 1 日起，阿尔萨斯、香槟—阿登和洛林三个大区合并成为法国"大东部大区"，斯特拉斯堡成为新的大区首府。

2.2　农耕业与农耕文化

莱茵河水为沿岸的葡萄园、农场和果园提供灌溉，因而莱茵河沿岸平原区农业发达，该地区首要农作物是葡萄，因此孕育了世界最灿烂的葡萄庄园—葡萄酒文化。

2.2.1 葡萄种植与葡萄酒业

莱茵河流域土地肥沃，灌溉便利，是生产玉米、小麦、甜菜等农作物的基地，同时也是盛产葡萄和葡萄酒的地方。德国葡萄酒尽管生产规模较小，酒产量仅为法国的 1/10，但因德国的葡萄产地纬度相对较高，处于最佳纬度的边缘，葡萄采摘延迟采收，其中大部分用来发酵生产原酒，小部分压成葡萄汁贮存起来，在原酒酿成装瓶时加入贮存的葡萄汁，这样葡萄汁所含的芬芳的果肉香味在一开瓶时便能弥漫开来，所酿葡萄酒有许多独特的魅力，其中雷司令白葡萄酒是用产于莱茵河流域的欧洲最佳酒用葡萄品种黑皮诺酿造而成，久负盛名。德国葡萄酒以白葡萄酒为主，约占总产量的 80%，其余 20% 为红酒、桃红酒和起泡酒等。

2.2.2 庄园经济的商品贸易区

德国西南部莱茵河、莫塞河、美因河以及它们的支流蜿蜒流淌，其中莱茵河流域和莫塞河流域是最主要的葡萄酒生产基地，德国大部分的美酒佳酿皆出于此。文艺复兴以后，莱茵河封建制的庄园式自然经济也出现了一批商业城市，如科隆、特里尔、斯特拉斯堡、汉堡等，慢慢形成了莱茵河流域商品贸易区。

3 200 年人类活动：工业化与产业发展

工业革命以来，莱茵河流域人民利用原始黑森林资源和得天独厚的河口港向英国输送木材与煤炭能源，利用国际贸易进口棉花发展棉纺织业，逐步成为世界工业化和经济全球化最重要的策源地之一。

3.1 制造业与工业文化

17 世纪，荷兰在生产力和技术方面领先西方所有国家，即使在 18 世纪，它仍然是一个发达国家。但荷兰由于燃料严重短缺，工业制造无法与德国和英国的制造商竞争，差不多在 1700 年后几乎完全消亡。莱茵河下游地区与英国相比更具优势，不仅有煤炭而且有大片的森林木材支持工业发展。莱茵河下游鲁尔和萨尔地区的资源条件，在 18 世纪末就发展了传统木材和现代煤炭经济作为燃料主导的制造产业。不难发现，莱茵河下游不仅劳动力成本低，而且燃料的价格低廉，木材既是工业燃料又是原料，成为工业化的最初驱动力。

3.1.1 简单加工制造业萌芽

1740 年以后，莱茵河下游和莱茵—美因区之间的区域，经济快速发展，增长速度全球瞩目。在这里，钢铁厂和玻璃厂的数量大幅增加，煤炭开采和亚麻制品的生产也有所增加。咖啡研磨机、烟斗等新的行业应运而生。

1780 年后，荷兰港口开始进口棉花。1783 年杜塞尔多夫附近拉廷根的约翰弗里德里希·布鲁格曼机械纺纱厂成为欧洲大陆上第一家棉花工厂。棉纺织成为莱茵河下游地区新兴的产业，棉纱和纺织品也成为重要的出口商品（表 2）。

表 2　德国从阿姆斯特丹港出口的货物结构（1789～1791）

货物名称	占总量比重（%）
原料	9.0
钾肥	1.3
铜	2.2
铅	1.8
氧化铅	2.5
药品	1.3
半成品，工业投入	46.3
玻璃	4.1
抹布（用于造纸）	3.3
半成品（包括钉子+线材）	20.9
木材、木制品	8.3
纱	9.6
纺织	23.7
麻布	17.9
棉制品	4.6
长袜、帽子	1.3
其他成品	12.3
枪炮	1.0
其他铁制品	7.7
零售商品	3.5
其他	8.6

资料来源：Pfister（2015）；包乐史、王振忠（2019：274）；Ralf Banken, The capitalist gate to the world: Trade relations between western Germany and the Netherlands, 1740-1806。

3.1.2　服务贸易发展

自 18 世纪 70 年代以来，莱茵河下游的德国迪德里奇公司已经从生产小锤子的小铁匠铺发展成为雷姆谢德（Remscheid）贸易公司，在美国纽约和查尔斯顿均设有分公司。这家公司拥有自己的商船出口自己的货物，也经营在欧洲市场紧俏的棉花、糖和其他产品且获利颇丰，成为大西洋经济的主要进口商和跨国贸易公司。到 1806 年前迪德里奇公司规模已经相当庞大，而由于拿破仑战争期间，尤其到 1818 年许多其他公司船只和货物损失惨重或破产，迪德里奇公司反而获得了巨大发展。

在莱茵河口及下游地区，在 19 世纪 10 年代，工业（第二产业）增加值占 GDP 的比重为 29%，而服务业（第三产业）增加值占 GDP 的比重是 46%（远高于荷兰的 33%）。从就业结构看，工业雇员占就业人口的比重为 26%，服务业从业人员占劳动人口的比重为 31%。也就是说，当时的服务业地位已经远高于制造业。

到 1820 年，可以说"荷兰主导的商业资本主义时代"已经结束，开启了"英国主导的现代经济增长时代"。在工业领域，荷兰在 18 世纪和 19 世纪初被英国与法国挤出，导致荷兰工业的生产和出口下降，资本流向海外。荷兰拥有大量海外财产以及从其殖民地掠夺的收入，这两项成为荷兰国民收入的重要组成部分，海外投资回报巨大。这一时期，资本收入占荷兰国民生产总值的很大一部分，其国民收入大于国内生产总值。荷兰的鹿特丹也从渔村发展成为国际港口、贸易和运输中心。

3.1.3 制造业异军突起

在 18 世纪，德国出口的商品从初级产品向制成品转变。在 19 世纪头十年，出口的产品种类已经相当繁多，不仅包括葡萄酒、矿泉水、磨石、咖啡研磨机、锁、熨斗、溜冰鞋和船舶用品，还包括刀子和剪刀，甚至弯刀也经由阿姆斯特丹出口到海外的种植园。这种情况在 19 世纪后半叶发生了变化，伯格大公国经过莱茵河出口商品可以佐证，如表 3 所示，除了矿产品、羽毛和半成品（丝带、丝绸、纱线、钢铁、原钢和带钢、纸和面粉）外，还有衣服、刀片、毯子、烟草等制成品。甚至由来自德国其他地区的矿石、生铁和木材发展钢铁工业。柏吉斯生产五金制品，形成了五金制造生产链和供应链。自 19 世纪中叶以来，鲁尔地区的煤炭开采以及莱茵河沿岸的商品贸易在莱茵河谷建立起快速增长的工业集群——采矿、钢铁、化工和城市集群。

表 3　伯格大公国经过莱茵河出口的商品（1830）

商品	数量（吨）	比占（%）
丝带、丝绸、纱线	1 500 000	66.96
钢铁	300 000	13.39
原钢和带钢	200 000	8.93
衣服	150 000	6.69
刀片	50 000	2.23
毯子	50 000	2.23
羽毛	50 000	2.23
烟草	25 000	1.11
纸	20 000	0.89
面粉	10 000	0.45
合计	2 240 000	100.00

资料来源：Schuler（1917）；包乐史、王振忠（2019：282）。

3.1.4 鲁尔工业区形成

19 世纪，位于莱茵河下游的普鲁士（古普鲁士语：Prūsa；德语：Preußen；英语：Prussia）的商品出口量远远超过德国中部和东部省份，这里，莱茵河与主要支流鲁尔河在杜伊斯堡相联结，勃兰登堡—普鲁士和奥地利同为德意志神圣罗马帝国境内最强大的两个邦国，均发展成为当时欧洲列强。19 世纪中期，普鲁士王国取得普丹战争、普奥战争和普法战争的胜利，统一了除奥地利帝国外的德意志并于 1871 年建立德意志帝国。煤炭成为莱茵盆地工业化的基础，煤矿、燃煤工业和煤基化学推动了巨大的资本积累与技术创新。这一时期在莱茵河沿岸出现的巨大的工业综合体，也催生了莱茵河跨境运输的独特运输模式，运输了大量散装材料，如煤炭、铁矿石、谷物和坑木，巩固了荷兰鹿特丹港作为主要海港的地位。这个时期，德国与荷兰边境的鲁尔工业区成为主要的煤炭开采和工业中心，莱茵河流域最大的工业密集区，后来发展到德国的大部分机械和其他金属产品都在该地区生产。今天的德国鲁尔—莱茵河地区已经成为世界上最重要的工业区之一。

3.1.5 莱茵河重化工化

20 世纪初，德国成为欧洲的工业强国。廉价的资源运输进一步促进了莱茵河经济重工业化。从 19 世纪中叶到 20 世纪 60 年代，莱茵河沿岸的城市成为世界化学工业的中心，世界上 1/5 的化学产品在沿莱茵河两岸生产的。瑞士巴塞尔等工业中心成为世界化肥、农药和药品的生产中心。美因茨也成为德国化学工业的重要中心。国际大型化工公司拜耳（Bayer）、赫斯特、巴斯夫和 CIBA/GEIGY 也都分布在这里，这些也导致了莱茵河日益严重的环境污染问题。1945～1973 年，西欧主要能源从煤炭转向石油，欧洲工业中心莱茵河沿岸的工业和城市集群中能源转型尤为明显（图 7），这才阻止了莱茵河的完全生态崩溃。

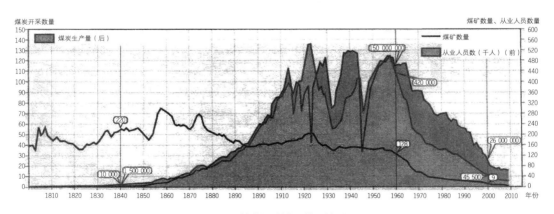

图 7 莱茵河流域采煤业转型

资料来源：复旦大学中华文明国际研究中心（2019）。

3.2 战后以水兴业的时代

莱茵河全年水量充沛，河床坡降小，河水流速比较缓慢，春夏阿尔卑斯山融雪形成一年的汛期，水温随气温变化，流域大部分地区无冰期，非常适合河流通航。很久以前，莱茵河沿岸的贸易并不像今天这样活跃。早期的水手驾驶小木船，在洪水、急流和巨石等障碍物之间穿行，当时的莱茵河实际上是一条危险航行之河，中游沿河的五十多座古堡甚至成为阻断河上运输的关卡要塞。即使到了蒸汽轮船时代，也经常发生水手河中丧生的事件，尤其在德国的宾根，大型岩石和水下珊瑚礁或锯齿状岩石的山脊曾经阻挡了船只的通过。从 1817 年开始，人们开始开挖渠道整治河流，努力使莱茵河航运更安全，更容易驾驭船只，这不仅缩短了莱茵河上的航行里程，而且建立了河岸防洪系统。1830～1832年，宾根河段的许多障碍被炸毁，后来更多的岩石被移除。这些改进使商人能够以低成本沿河运输大量货物，巴塞尔、斯特拉斯堡、路德维希、科隆和杜伊斯堡等发展成为莱茵河沿岸重要的港口城市。在莱茵河下游，河床淤泥的堆积曾阻塞航道。早年为了防止这种情况，工程师必须定期不断疏浚或挖掘河床上的淤泥以确保船舶通航。今天的莱茵河主河道自瑞士巴塞尔起，通航里程达 886 千米，7 000吨海轮可由此直达北海。正因为集饮水、灌溉、航运、防洪等诸多功能于一体，莱茵河成就了大运量、大耗水产业的发展。作为化工原料的炼焦燃料和副产品通过莱茵河运输，莱茵河本身也是流域淡水和排水的必要资源。莱茵河还是工业制成品运往海外的中继线，从 19 世纪初开始，沿鹿特丹到巴塞尔就全程通航，部分地区发展成为最高度工业化的地区，德国的现代化工业区鲁尔就在它的支流鲁尔河和利珀河之间。特别是 1970 年以后，河运由于低运输成本和消费者集中再次成为主要的运输方式，渠化航道和大型化、标准化和专业化深吃水运输船赋予了莱茵河在新的经济发展及产业转型中无与伦比的优势。

3.2.1 港口贸易发展

莱茵河航运，不仅改变了几个世纪商品交流从地中海到瑞士再到德国的流向，而且直接从阿姆斯特丹运输货物到德国，莱茵河沿河和莱茵河三角洲的荷兰地区沿海港口迅速发展。在 1800 年以前，富商如法兰克福的贝特曼、斯塔德尔和布伦塔诺等，通过殖民地和海外贸易积累了巨大的财富，其中大部分是从阿姆斯特丹港口贸易中赚取。这些意大利商人在法兰克福成功后，从小贩一跃成为最富有的批发商，经阿姆斯特丹和其他北海港口提供批发贸易，并与大西洋世界经济联系在一起。一些商行在阿姆斯特丹设立了分公司，以独立于外国商人开办的公司，并（直接）从这一部分商品链中获取利润。18 世纪 40 年代，布伦塔诺家族及布伦塔诺公司移居到阿姆斯特丹，甚至将 40 000 盎司黄金价值的大部分资本转移到阿姆斯特丹分公司，直接从包括荷兰东印度公司和西印度公司等当地进口商购买殖民地货物，以获取更高利润。1753～1780 年，从殖民地进口的商品，特别是咖啡、烟草、香料和可可等，仅阿姆斯特丹港口的进口量就增加了五倍；德国内地经由荷兰从美国和埃及购买原棉以及化工产品油或盐，生产出的成品再从荷兰出口，同期出口量也从 14% 增加到 70%。

1780～1784 年，第四次英荷战争爆发，莱茵河下游的大部分贸易，在哈布斯堡家族统治下，流经艾费尔与荷兰南部的中立地区，奥斯坦德（Ostend）暂时被用作莱茵河腹地的另一个出口港。自 1792 年以后，由于法国占领荷兰，西德商人从阿姆斯特丹和其他荷兰港口的海外贸易中分离出来，并向汉堡集聚，汉堡进入快速增长时期。

随着交通和贸易的扩张，莱茵河下游的商业部门在 18 世纪也出现了大幅增长和变化，批发商、代理商、银行家的数量有了大幅增加，生产性服务业得到快速发展。这样，莱茵河下游地区的经济和先进的荷兰之间产生了功能强大的联系，并且德国的造纸印刷、丝绸印花，特别是哈莱姆漂白工艺，通过荷兰的德国移民扩散到荷兰，再经过移民链或通常由荷兰的年轻学徒从荷兰扩散到美国，构筑其他重要商品新贸易网。

由于国际贸易的需要，荷兰人加大了对基础设施的投资，特别是对莱茵河下游几个河流港口的扩建，其中包括科隆、杜塞尔多夫和鲁尔波特。尽管鲁尔地区是当时世界上最大的煤田，但莱茵河流域并不特别富含其他自然资源。来自巴西、澳大利亚、沙特阿拉伯和美国等国家的石油与天然气等石油产品，以及铁矿石和铜等金属矿，通过内河港口进口到该地区。

3.2.2　开挖运河发展航运业

构建大江大河之间的运河，使河流水系成网形成了廉价的水运航道网，增加了莱茵河作为贸易路线的价值。在莱茵河流域，1810 年就开始建造的莱茵—罗讷河运河与罗纳河的支流索恩（Saône）河及伊勒河连接起来，并于 1834 年开通。罗讷河（Rhône River）上接瑞士，向南流入地中海。1853 年建成莱茵—马恩运河（Rhine-Marne Canal），在斯特拉斯堡接入莱茵河。美因—多瑙运河（Main-Danube Canal）虽然仅长 106 英里（170 千米），但却打通了北海和黑海相约 2 200 英里（3 500 千米）的联系，船只从北海进入莱茵河，再进入美因河，然后通过美因—多瑙运河进入多瑙河，沿多瑙河向下行驶可以到达黑海。在鲁尔河与利珀河之间，通过 4 条人工开凿的运河和 74 个河港与莱茵河联成一体。19 世纪末开挖的梅尔韦德运河将莱茵河与荷兰的重要港口阿姆斯特丹连接起来。莱茵河两岸的许多支流过一系列运河将莱茵河与多瑙河、罗讷河等水系连接，构成四通八达的水运网。

在 1850～2010 年的一个半世纪里，莱茵河成为欧洲最重要的内陆水道，在这条河上行驶的每千米吨位居世界首位。今天，莱茵河已经成为世界上最繁忙的河流之一，货运量居世界大江大河前列，商业交通量在全球的所有河流中首屈一指。

3.2.3　石油进口与炼油业

德国曾是欧洲经济中心，也是"二战"前最重要的大陆性煤炭来源国。"二战"以后，美国石油公司扩大了对中东石油储备的控制，并寻找石油消费市场以销售公司丰富的新石油供应，欧洲重建为美国公司提供了一个非常重要的机会，也让西德经济摆脱国内煤炭依赖转而进口石油。"马歇尔计划"为德国增加石油进口提供了资金，并为炼油厂、分销和零售设施的扩建提供了投资。

1947 年，欧洲面临严重的能源短缺问题。20 世纪 50 年代初，煤炭生产成本增加，并且石油的实际价格持续下降，进一步促进了能源从煤炭向石油的过渡。为了解决能源短缺问题，西德的盟军占领当局优先考虑能源结构从煤炭到石油的转型过渡，这也成为盟军在德国和欧洲重建计划的一部分。在荷兰鹿特丹成为重要的航运中心以后，工程师开始开辟从莱茵河三角洲到北海的海上航道，20 世纪 50 年代梅尔韦德运河进行了加宽。莱茵河干流全长 1 390 千米，自瑞士巴塞尔起，莱茵河的通航里程达 886 千米，其中大约 700 千米可以行驶万吨海轮。

20 世纪 50 年代到 60 年初，从煤炭到石油的快速过渡从根本上改变了莱茵河流域的运输结构。不断增长的内陆市场使新的以市场为导向的炼油厂可行，20 世纪 60 年代在莱茵河沿岸建造了大量的新炼油厂。尽管莱茵河流域产业集群在转型过程中变化不大，但石油产能、加工和储存设施产业链拉长，油轮的规模快速扩大，需要在海港建造更大、更深的码头。

2008 年，鹿特丹是世界上第四大最繁忙的港口。集装箱运输已成为莱茵河地区工业产品和全球贸易商品的一种重要运输方式，巨量货物通过河网，沿着鹿特丹和安特卫普的水路到达数百万客户手中。

3.2.4 观光与度假旅游业

1960～2015 年，莱茵—鲁尔地区重工业生产基地大幅减少，几乎所有的煤矿矿井都被关闭，采煤工人也从最初的 42 万人下降到几千人。从德国的美因茨到科布伦茨河道蜿蜒曲折，自古以来，这里暗礁林立、旋涡四起，给无数的船夫带来了灾难。而今天河水清澈见底，两岸古堡、宫殿遗址点缀在青山绿水之中（图 8），极目远望，碧绿的葡萄园层层叠叠伸向远方，白色的游艇和彩色的游轮将世界各地

图 8　莱茵河两岸古堡、宫殿遗址

的游客会聚到这条欧洲大河流域风光美景之境，观光度假休闲旅游业已经发展成为莱茵河中游地区的主导产业。2002 年，联合国教科文组织世界遗产委员会根据文化遗产遴选标准 C（Ⅱ）（Ⅳ）（Ⅴ），将中莱茵河河谷列入《世界遗产目录》。

20 世纪 50 年代梅尔韦德运河进行了加宽。目前，这条运河尽管运量有所下降，但是作为休闲旅游的重要航道的作用越来越明显。

4 200 年人类活动：城市化与城市体系

莱茵河以水兴业，以产促城，许多莱茵河支流也作为贸易路线，这些支流与莱茵河交汇的地方成为人口最多的城市，大量人口涌向城市市区，流域内 1/3 的人口进入沿河人口和城镇密集区域。

4.1 沿岸城市

莱茵河干流沿岸分布了欧洲最重要的政治、经济、历史文化城市，如瑞士巴塞尔，德国施派尔、美因茨、法兰克福、科隆、韦瑟尔和克桑滕（Xanten），荷兰奈梅亨等。

4.1.1 巴塞尔

巴塞尔，莱茵河上游最重要的城市，地处瑞士东北边境莱茵河畔，是仅次于苏黎世和日内瓦的瑞士第三大城市（图 9），人口约 16 万，面积 23.91 平方千米（表 4），其中工业区用地 10.2%、住宅用地 40.7%、大众运输与公共设施 24%、水电供应设施 2.7%、公园用地 8.9%、农业用地 4%、林地 3.7%、河流与湖泊 6.1%。巴塞尔是连接法国、德国和瑞士的最重要交通枢纽，三个国家的高速公路在此交汇。巴塞尔内有三个火车站分别属于法、德、瑞三国，一个跨越瑞法两国国界的国际机场（Basel-Mulhouse airport）和一个莱茵河工业内河港口。早年的巴塞尔从传统的纺织业和印染场起步，带动了化学工业的发展，如今已成为瑞士的化学工业中心。瑞士的三大化工集团都集中在巴塞尔（图 10），药业公司诺华制药（Novartis）和罗氏集团（Roche）为首的瑞士最大的药品公司以及瑞士联合银行、瑞士航空公司的总部都设在这里。1460 年巴塞尔大学的成立极大促进了出版与印刷业的发展，一年一度的瑞士工业博览会名扬世界。巴塞尔还有各类金融银行（如国际结算银行、UBS）汇聚在此。它还是博物馆之城，不仅有欧洲最早的美术馆，全市近 40 个各类博物馆也使它成为世界上博物馆密集度最高的城市。巴塞尔更是个国际化都市，经常举办国际会展，每年 4 月的国际钟表珠宝展、6 月的巴塞尔艺术展尤为著名。巴塞尔的成功首先来自以科学为基础的工业世界创造力，其次来自化学医药工业。它是瑞士最具经济活力的地区，也是世界最具生产力和创新力的城市之一。如今，巴塞尔正在成为具有国际影响力的生物技术基地、瑞士最重要的生命科学基地。

图 9　产城融合的巴塞尔

表 4　巴塞尔城市用地结构

用地类型	占比（%）	用地类型	占比（%）
工业区用地	10.2	公园用地	8.9
住宅用地	40.7	农业用地	4.0
大众运输与公共设施	24.0	林地	3.7
水电供应设施	2.7	河流与湖泊	6.1

4.1.2　施派尔（Speyer）

　　施派尔，莱茵河从它旁边流过。施派尔大教堂是目前世界上存留最大的罗马式教堂建筑（图11），在 1981 年入选联合国教科文组织的世界文化遗产。施派尔是莱茵河沿岸典型的转型发展城市（图12）。在工业化时代，城市产业主要是钢铁、建筑材料和中小制造企业。进入 2000 年以来，城市陆续关闭了钢铁和建筑材料工厂，产业用地转变为居住用地。城市政府购买了这些土地产权，正在编制相关的产业园区规划。

图 10　巴塞尔化工和生物医药产业区

图 11　施派尔大教堂

图 12　施派尔鸟瞰图

4.1.3　美因茨（**Mainz**）

　　莱茵河流经德国东部的黑森林和法国西部的孚日山脉之间宽阔平坦的山谷，两条主要支流与莱茵河相接，它们是内卡河和美因河。美因茨城市就位于美因河与莱茵河的汇合地。这里曾经是凯尔特人和罗马人定居地，现在仍然可以看到罗马废墟或建筑遗迹。美因茨已经从军事基地变为贸易场所，而后发展成为现代化城市（图 13）、德国莱茵兰—普法尔茨州的首府和最大城市，和与它隔岸而对的黑森州首府威斯巴登一起组成双子城。

4.1.4　法兰克福

　　法兰克福位于德国西部的黑森州境内、美因河下游右岸，临近美因河与莱茵河的交汇点，坐落在陶努斯山南面的大平原上，是德国第五大城市及黑森州最大城市。法兰克福人均国内生产总值高达73 700 欧元，居全德城市首位；人均工资收入 10 824 欧元，居第二位；国内生产总值中服务业占 83%，生产性行业占 17%；在德国人口最多的 50 个大城市的经济活力排名中位居首位，在生活水准排名中居慕尼黑和斯图加特之后，列第三位。

图 13　美因茨从军事基地转型为现代化城市

　　法兰克福拥有德国最大的航空枢纽、铁路枢纽。法兰克福国际机场已成为全球最重要的国际机场和航空运输枢纽之一，也是仅次于伦敦希思罗国际机场和巴黎夏尔·戴高乐国际机场的欧洲第三大机场。

　　德国最大的 100 家工业企业中有 20 家总部设在法兰克福。首先，化学工业是法兰克福最大的工业部门，赫希斯特（Hoechst AG）曾是德国三大化学工业公司之一，1999 年被安万特（Aventis）和拜尔等公司分解收购。著名的特种化工企业德固萨公司也设在法兰克福。其次是机械、汽车和医药等。此外，法兰克福还是德国高科技产业城市，法兰克福大学是德国排名前列的国际顶尖高校，是德国最著名的研究奖莱布尼茨奖（Leibniz-Award）获得者最多的大学，生物和转基因等高新技术已发展成为该市新的重点产业。

　　法兰克福是德国乃至欧洲金融服务业中心，这里拥有 332 家银行（其中 194 家是外国银行）、770 家保险公司以及无以计数的广告公司。德意志联邦银行坐落在法兰克福市中心，法兰克福股票交易所也是继纽约和伦敦之后全球第三大交易所，经营着德国 85% 的股票交易，因此，法兰克福有"美因河畔的曼哈顿"之称。

　　法兰克福也是著名的国际会展中心城市。每年有 50 多个重要展览在这里举行，是欧洲大陆最繁忙的展览场所，每年要举办约 15 次大型国际博览会。例如，每年春夏两季举行的国际消费品博览会；两年一度的国际"卫生、取暖、空调"专业博览会；此外，还有国际服装纺织品专业博览会、汽车展览会、图书展览会、烹饪技术展览会、全球最大的消费品展等。参加博览会的人数平均每年超过 100 万。

法兰克福也是一座文化名城。这里是世界文豪歌德的故乡，歌德的故居就在市中心。法兰克福有 17 个博物馆和许多名胜古迹，古罗马人遗迹、棕榈树公园、黑宁格尔塔、尤斯蒂努斯教堂、古歌剧院等。

4.1.5 科隆

科隆是德国的第四大城市，人口 100.7 万，是一座莱茵河畔的历史文化名城和重工业城市（图 14）。公元前 38 年，这里曾建有古罗马要塞。老城始建于罗马时代，当时称为"克劳蒂亚·阿格里皮娜的殖民地"（Colonia Claudia Ara Agrippinensium），名字源自罗马皇后小阿格里皮娜诞生在莱茵河畔。公元 50 年，当时的居民点被提升为城市，成为罗马帝国下日耳曼尼亚省的省会。进入中世纪后，科隆因位居欧洲东西和南北交通要冲，经济发达，中心城市的地位比较稳定。墨洛温（Merovingian）王朝末期，科隆已经成为德国最重要的城市之一。到加洛林（Carolingian）王朝时期，科隆的主教和大主教也成为神圣罗马帝国最重要的人物之一。在萨克森（Saxon）王朝统治时期，科隆对神圣罗马帝国与拜占庭帝国之间的和解起了重要作用，有一段时间奥托二世的皇后提奥法努在科隆曾出任帝国执政。此后科隆在一系列很有作为的大主教的领导下成为神圣罗马帝国的思想中心。从 12 世纪开始，科隆与耶路撒冷、君士坦丁堡和罗马一起并称为"圣城"。1288 年，科隆大主教与市民贵族之间的斗争以市民获胜告终，科隆不再是大主教的领地，大主教被迫迁往波恩，只有在举办神事时才有权入市，这样科隆也就成为汉萨（Hanse）同盟的成员城市。1475 年，科隆正式成为自由城市。1583~1588 年陷入科隆战争，尽管道依茨、波恩和诺伊思被毁，但战争中的科隆并没有遭到破坏，科隆市民通过制造和出卖武器还大赚了一笔。1794 年，法国大革命后法国军队进驻科隆，"圣城科隆"的历史便结束了。整个莱茵河左岸地区被完全并入法国，拿破仑还于 1804 年访问了科隆。1815 年，科隆被并入普鲁士，通过当地银行家的努力，科隆成为普鲁士继柏林后最重要的城市。1839 年，铁路修到科隆，与河运连成一气。随着鲁尔煤田的开发和铁路的延伸，科隆成为重要的莱茵河河港，巨大水陆交通枢纽使科隆得到迅速发展，一跃而成近代的工商业都市。1876 年，发明家奥托在科隆造出世界上第一台四冲程内燃机，轰动了各国工业界，科隆进入铁与蒸汽机时代。1917~1933 年，阿登纳担任科隆市长期间推动建起了内外环绿化带和博鉴会场设施，城市面貌大为改观。第二次世界大战前，科隆军工、冶金、机械、化学、制药、炼油、纺织、食品等产业非常发达，成为德国重要褐煤产地和全国金融中心之一。第二次世界大战中，科隆受到英国和美国地毯式轰炸，市内 90% 的建筑被毁，市民也从 80 万降到 40 万。战后，科隆在废墟上重建，又成为一个兴旺发达的现代化大城市。2009 年，科隆人口达到了 100.7 万人，建成区面积 405 平方千米。

图 14　莱茵河畔的科隆

4.1.6　克桑滕

克桑滕，位于莱茵河下游左岸的德国与荷兰边境，人口 21 572 人。德国大部分城市直到中世纪才开始发展，而克桑滕早在公元 100 年就发展成为具有高度文化城市的罗马城（图 15）。著名的圣维克多大教堂（St. Viktor）是始建于 1263 年的哥特式建筑，克桑滕还有众多古罗马遗址，拥有精确的城市规划系统和先进的地下自来水与废水排水管道网。圣维克多大教堂是莱茵河到科隆入海口沿岸最大的天主教教堂。古罗马文明博物馆和罗马遗迹考古遗址公园位于城镇北侧，花费 2 250 万欧元巨资建成。

4.1.7　奈梅亨

奈梅亨，荷兰最古老的城市（图 16），位于荷兰和德国的交界处，处在马斯河和瓦尔河地区的东部，通过马斯—瓦尔运河与比利时和法国内陆相通，瓦尔河是连接荷兰西部工业集中区和德国鲁尔区的重要通道。奈梅亨是高速公路网、各大铁路的交汇点，交通十分便利，是英国、鹿特丹和德国内地之间最重要的集装箱集散转运站。奈梅亨的经济发展和科学技术在荷兰占有举足轻重的地位。奈梅亨工业门类齐全，技术力量雄厚，其中荷兰飞利浦公司更是闻名全球，著名消费电子品牌 Packard Bell 也出自奈梅亨。奈梅亨还是繁华的商业中心。著名的奈梅亨大学始建于 1923 年，现有学生 12 000 名，教职员工 7 500 人，计算机中心不仅是欧洲最现代化的计算机中心之一，而且也是世界电脑网络的重要组成部分。奈梅亨市市区人口 15 万，市区面积 50 平方千米。

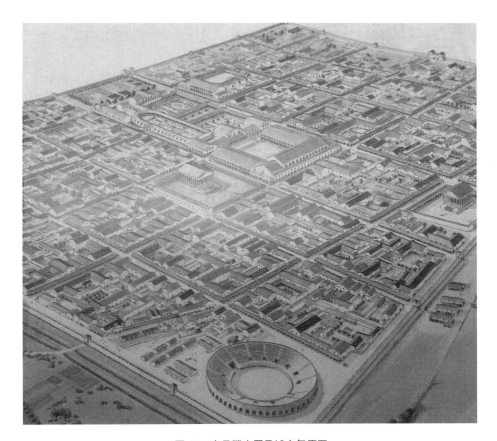

图 15 克桑滕古罗马城市复原图

资料来源：图片来自克桑滕市博物馆，作者摄影照片。

4.2 低地城市

4.2.1 河口城镇体系

排水和清淤技术的发展，为荷兰低地莱茵河—斯海尔德河河口的周边地区的城市化转变创造了条件（图 17）。这个河口地区对城市化进程来说，既是极其困难的，也是极具吸引力的：困难是因为这片地区的多沼泽环境和洪水所带来的威胁；而有吸引力则是因为邻近富饶的渔场、适于种植的肥沃土壤，以及对于港口发展贸易和商业有利的条件。考虑到河口提供了与海洋开放性连接以及抵御暴风雨和高潮位直接影响的相对安全的最有利区位，围绕河口的城市体系逐步发展。在 14 世纪，多德雷赫特（Dordrecht）和安特卫普是莱茵河—斯海尔德河河口富裕且强大的城市；到 16 世纪，安特卫普超越其他港口城市，成为欧洲最重要的港口城市。16 世纪后期，荷兰各省与西班牙哈普斯堡王朝之间发生

图 16　莱茵河畔的奈梅亨

图 17　莱茵河低地城市建设

资料来源：图片来自荷兰奈梅亨国家历史博物馆，作者摄影照片。

战争。西班牙军队占领安特卫普导致了安特卫普的经济衰败，但也为独立的北部各省的贸易和商业增长创造了条件。莱茵河—斯海尔德河河口北部地区和须德海岸边定居点的规模、经济活动和人口数量增长迅猛，它们是莱茵河—斯海尔德河河口及其周围的米德尔堡、弗利辛根、菲勒、鹿特丹、古德瑞德，以及须德海（Zuider Zee）周边的阿姆斯特丹、霍伦、恩格浩森、哈灵根和其他城市。到 17 世纪，这个河口以及沿沙丘的城市体系，通过航行拖船的运河网彼此相互联系（图 18）。

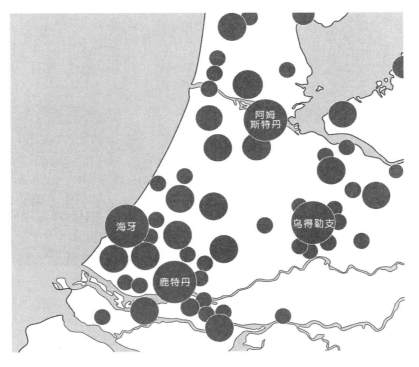

图 18　莱茵河河口城镇体系

4.2.2　作为水利工程的城市

　　荷兰滨水城市的空间构成是水利工程与城市设计的一个巧妙结合，其特点是港和城市基础设施之间以及地形的自然条件和港口基础设施之间强大的交织。由于自然人造物如海湾、河流等的存在，港口基础设施的建设成为可能。大部分城市都位于河流到河口的口岸地区：河口是海港的有利条件。河流被用来作为通往腹地的运输基础设施以及清洁海港的吐纳系统。河流中的大坝保护腹地，加上堤防系统能抵御洪水；大坝的水闸使人们能够控制河流的水位，并使之成为吐纳系统。许多城市仅因为它们的名字即可得知它们带有"大坝"（dam）系统，如阿姆斯特丹（Amsterdam）、鹿特丹（Rotterdam）、斯希丹（Schiedam）等。港口的开发、建造和维护，水资源管理以及城市基础设施包含在同一项政策中。城市的港口基础设施是景观排水系统中可转变和可操纵的一部分，如阿姆斯特丹、鹿特丹、多德雷赫特、弗利辛恩、霍伦、哈灵根等城市中的港口和运河系统就同时充当着港口基础设施、排水系统以及城市肌理的主要构成（图 19）。水利工程的要素——运河、码头、堤防、水坝、水闸——同样也是城市结构的主要框架。码头和堤防是最重要的城市街道，大坝是主要的广场和滨水城市的核心。城市、港口和水资源管理、基础设施完全交织在一起。

图 19　作为水利工程的城市

资料来源：图片来自荷兰奈梅亨国家历史博物馆，作者摄影照片。

　　在欧洲最大河流莱茵河的三角洲地区生活，也让荷兰人成为世界上最伟大的水力工程师之一，创造了独特的莱茵河河流文化。尤其在 20 世纪，荷兰通过开垦、排水、疏浚、筑坝和筑堤征服自然，建设了许多地貌和城市地区，成为具有良好组织的且受控制的福利国家的成功案例。

5　人类活动负效应：环境与灾害问题

　　人类利用莱茵河孕育了工业和城市文明，也给莱茵河带来严重的环境污染和自然灾害问题。

5.1　环境污染问题

　　19 世纪下半叶，莱茵河集聚了化工、钢铁、机械等产业，沿岸地区城市开发利用，曾经造成严重的环境污染问题。

5.1.1　河水污染

第二次世界大战后，随着工业复苏和城市重建，莱茵河流域逐渐发展成为欧洲最主要的经济命脉，莱茵河的水质更加恶化。在德国，大批能源、化工、冶炼企业同时向莱茵河索取工业生产用水，同时又将大量废水再排进河里。莱茵河作为繁忙的水上交通路线，还承受了水上交通带来的污染。同时，工业的发展需要劳动力，将许多劳动人口吸收到莱茵河附近的城市中来。众多的城市人口直接导致生活污水的增加，大量的工业垃圾和生活污水同时向莱茵河倾倒使得莱茵河甚至一度得名"欧洲的下水道"（the sewer of Europe）。比瑟站在 1900～1930 年和 1930～1960 年的检测结果表明，氯负荷连续翻倍，1930 年达 120 千克/秒，1960 年为 250 千克/秒。到 20 世纪 60 年代末期，由于污染莱茵河的水几乎没有一点氧气，莱茵河生态系统已经处于崩溃的边缘。

5.1.2　毒素污染

进入 20 世纪 70 年代，莱茵河进入重化工时期，由于环境保护力度远低于经济发展速度，莱茵河污染不但没有缓解反而日益加重。莱茵河仅德国河段内就有大约 300 家工厂，上千种污染物如重金属（铜、镉、汞）、酸性物质、染料、漂液，以及一些含有毒性物质的去污剂、杀虫剂等直接排入河中。监测数据表明，1973～1975 年，每年大约 47 吨汞、400 吨砷、130 吨镉、1600 吨铅、1500 吨铜、1 200 吨锌、2 600 吨铬、1 200 万吨氯化物随河水流入下游荷兰境内。

5.1.3　环境灾难

1986 年瑞士化学工业中心巴塞尔和德国巴登市相继发生了一连串环境污染的灾难。首先，11 月 1 日深夜，位于瑞士巴塞尔市的桑多兹化学公司的一个化学品仓库发生火灾，装有约 1 250 吨剧毒农药的钢罐爆炸，硫、磷、汞等有毒物质[③]随着百余吨灭火剂排入下水道，进入莱茵河。水与化学品形成高浓度的有毒液体在积水区聚集，溢出流进 100 英尺以外的莱茵河中，剧毒物质构成 70 千米长的微红色"飘带"，从瑞士的巴塞尔沿法国与西德的边界，向下游荷兰漂去，最后注入北海。漂完全程，估计需要 10 天时间。同年 11 月 21 日，德国巴登市一家化学公司的冷却系统也出了故障，导致 2 吨农药流入莱茵河，使河水含毒量超标准 200 倍。

5.2　生态问题

沿岸人口增长和高水平的城市化，也导致人类利益与河流利益和保护之间的关系紧张，引发生态问题。

5.2.1　生物种群急剧减少

由于莱茵河水域污染，垃圾堆放场周围的土壤和地下水受到污染，莱茵河周边生态环境也遭到毁灭性的破坏，生物种群急剧减少。在污染最严重的时期，如 1971 年秋季低水时期，城市附近的河水实测溶解氧（DO）降至 1 毫克/升。由于缺氧，所有水生生物均从被污染的德荷边界附近河段绝迹，莱茵河水完全失去了生态功能。

5.2.2　河流生态系统崩溃

1986 年瑞士巴塞尔和德国巴登两次环境污染灾难导致莱茵河流生态系统崩溃。瑞士巴塞尔环境污染灾难，数以千万吨计的农业化学物质和灭火用水混合起来流进了莱茵河，杀灭了所有生物，河底完全没有生物,变成死河。下游 1 英里处，大多数动植物死亡；1～40 英里处，动植物遭到严重破坏；40～100 英里处全部鳗鱼和大多数其他鱼类死亡；100～310 英里处，井水一直不能饮用；310 英里处含汞量比平常高 3 倍；沿河 40 座水工程被迫停止从河中取水。沿河堤岸，有多处已被紫色的淤渣覆盖。德国巴登环境污染灾难，沿莱茵河 820 英里的许多饮用水点被迫终止使用，水中浮游生物大量死亡，剥夺了昆虫幼虫和水生无脊椎动物的食物来源；小虾大量死亡，进而小鱼、大鱼也遭遇饥饿威胁；甚至在莱茵河越冬的野鸭、鸥鸟和鸿鹅等也失去了栖息场所。这两次环境污染灾难后打捞的死鳗鱼和狗鱼达数百吨，蜗牛、水蚤、贝类和蟹类也难逃死亡命运。从此，大西洋鲑鱼等数十种鱼类在莱茵河彻底消失，许多植物物种也已经灭绝，甚至依靠河流获取食物和水的鸟类及哺乳动物也遭受灭顶之灾。

5.3　自然灾害问题

由于莱茵河流域整治和筑堤等，在莱茵河两岸超过 85% 的洪泛区已经与莱茵河切断了联系。与此同时，城市化的地表被日益硬化，土壤也更加密实，不利于排水和蓄水，并且随着人口增加和城镇化，易发洪水的冲积河谷地区也被利用起来，再加上全球气候变化和海平面上升，这些变化导致洪水明显增强、洪峰上涨，莱茵河洪水威胁不断增加。此外，流域内土地开发利用、水利和航运基础设施建设的发展，人们进行河流航道改造也加剧了洪水的危害，通过矫直河流和修建运河，洪水最高水位、时段洪峰流量一涨再涨，沿河堤防和其他防洪工程并不能提供百分之百的安全保证，沿洪泛区受堤防保护的居民区和工业区的危险性加大，潜在的洪灾损失普遍增大。莱茵河流域的洪水问题变得十分突出，先后于 1988 年、1993 年和 1995 年发生了流域性大洪水。尤其在 1993 年和 1995 年的洪水中，沿莱茵河许多城市被洪水淹没。1993 年的洪水还造成荷兰沿河大堤溃决，摧毁了莱茵河流域的许多村庄和城镇，约 25 万人被迫迁移，经济损失达数十亿欧元。

6　人类活动正效应：迈向美好未来

6.1　环境污染治理

6.1.1　保护莱茵河国际委员会（International Commission for the Protection of Rhine，ICPR）

针对莱茵河日益严重的环境污染问题，1950 年 7 月，瑞士、法国、卢森堡、德国与荷兰五国联合成立了保护莱茵河国际委员会，并于 1963 年 4 月 29 日在瑞士首都伯尔尼（Bern）签订了《莱茵河保护公约》，确定开始采取实质性的防治措施以解决河水污染问题。

保护莱茵河国际委员会首先对污染情况进行调查并提出建议，起草《莱茵河保护公约》，避免莱茵河遭受更严重污染。沿河国家为加强环境保护，积极投资，仅西德就投资 210 亿美元。这使得莱茵河的生态状况得到明显好转，河中鱼类由 1970 年的 4 种增加到 14 种，动物由 1970 年的 25 种增加到 100 种左右。

尽管流域内各国通过保护莱茵河国际委员会进行合作，但并没有明确的控制河水污染以外的事务，因此在污水治理初始阶段没有取得比较明显的效果。

6.1.2 《莱茵河行动计划》

1986 年瑞士和德国的两次莱茵河重大环境灾难彻底唤醒了民众、企业及政府，莱茵河流域内各国开始转向对莱茵河进行综合治理，连续召开多次部长级会议讨论水质污染治理问题，最终于 1987 年制定《莱茵河行动计划》(The Rhine Action Programme)。

《莱茵河行动计划》要求莱茵河流域国家投入大量的人力和财力对污染进行综合整治，并提出到 1995 年各种污染物达到削减 50%的目标。各国积极兴建污水处理厂，采用新技术和工艺流程进行工业生产，减少水体污染，并采取强有力的措施降低意外事故造成的污染风险，成功地减少了城市生活污水和工业废水的排放量。

瑞士巴塞尔的制药和化工行业除了投入资金处理废水之外，还清理关停高污染的生产部门，转而在研发与管理领域加大投入，如开发对环境危害较低的产品、采用环保型生产工艺和清洁生产技术、使用无害环境的原材料、材料回收再利用等。

1987～2000 年，保护莱茵河国际委员会协调沿莱茵河各国实施《莱茵河行动计划》。通过各国政府、组织和个人的不断努力，经过数十年的流域综合治理，逐渐清理了受污染的水域，莱茵河水质得到了改善，莱茵河开始重现生机（图 20）。

6.2 为了洁净水资源

6.2.1 水权分配

莱茵河是国际河流，发源于瑞士，流经德国、列支敦士登、奥地利、法国，进入荷兰后注入北海。为了保护水资源、利用水资源，保护莱茵河国际委员会对沿莱茵河的国家、企业和居民进行水资源量（水权）分配（表 5）。

6.2.2 生态净化水源

莱茵河源头在瑞士。瑞士实施了严格的水体环境保护法，不仅莱茵河源头，包括整个瑞士的数十条河流、上千个湖泊的水体都实施了保护措施。

瑞士在污水废水排入自然水域之前，利用污水生态净化工程对下水道污水、废水进行处理（图 21）。莱茵河上游最大的制药公司罗氏集团 1982 年工业废水处理率达到 100%；最大的化工城市巴塞尔严格按照"检测—处理—再检测"的标准，排出的污水废水都经过100%处理。今天的巴塞尔，由于保护了水源带来了更高的生活质量，既是全球化工和制药跨国公司之城，也是欧洲旅游和疗养之地。

图 20　重现生机的莱茵河（巴塞尔）

表 5　莱茵河流域国家水权分配

国家名称	流域面积 （平方千米）	流域人口数量 （万人）	国家人口水权量 （百万立方）	径流量 （百万立方）	国家水权量 （百万立方）	国家水权总量 （百万立方）
奥地利	1 365	34.52	0.59	0.00	0.00	0.58
比利时	13 918	295.70	5.03	4.91	1.57	6.59
法国	23 052	389.40	6.62	9.57	3.06	9.67
德国	98 140	3 630.00	—	34.02	10.86	10.86
意大利	54	0.00	0.00	0.00	0.00	0.00
列支敦士登	176	3.79	0.06	5.18	1.65	1.72
卢森堡	2 503	45.07	0.77	0.81	0.26	1.02
荷兰	9 882	494.60	8.41	1.77	0.56	8.97
瑞士	24 407	576.00	9.79	25.82	8.24	18.03

图 21　雪山水的自然净化

巴塞尔市的生态净化水来自巴塞尔市中心的两处森林（图 22）。首先，抽取莱茵河水，经过简单的沉淀、过滤等物理处理，再引入森林区，利用森林下面数十米深的土壤，以自然生态层层净化河水（图 22）。经过大约 10 天这样的自然净化，再抽取地下水，经过过滤和杀菌，送到可直接饮用的专用饮水管网（图 23、图 24）。

6.2.3　修复生态系统

在水质逐渐恢复的基础上，保护莱茵河国际委员会进一步提出了改善莱茵河生态系统的目标：既要保证莱茵河能够作为安全的饮用水源地，也进一步提高流域生态质量，从生态系统的角度推动莱茵河流域可持续发展，从河流、沿岸以及所有与河流有关的区域，进行全流域生态系统保护。

1998 年，保护莱茵河国际委员会成员国德国、法国、卢森堡、荷兰、瑞士以及欧盟在鹿特丹签署了新的《莱茵河保护公约》，希望加强相互之间的配合与协作以治理和改善莱茵河生态系统，结合莱茵河的水流、滨岸等特点采取共同全面整治的方法，使整个莱茵河的生态系统实施全面治理及修复，莱茵河生态恢复到可持续发展水平。新公约确立了莱茵河生态系统目标：①改善水质和保护地下水，在饮用水生产与供应、污水排放与处理、工业企业安全领域，确保和维持目前的高水平；②维持莱茵河的畅流，维护莱茵河的水运航线；③恢复野生动植物栖息地；④减少洪水风险。

图 22　巴塞尔生态净化水来自巴塞尔市中心的两处森林

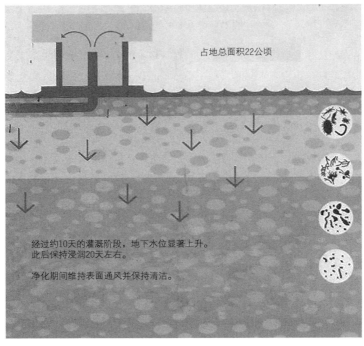

图 23　巴塞尔生态净化水原理

图 24　巴塞尔生态净化水工程设施

　　2001 年，莱茵河流域国家部长级会议在法国斯特拉斯堡通过了《莱茵河 2020 计划》，又称《莱茵河可持续发展计划》，确定了 2020 年水资源综合管理目标，除了航运外，莱茵河还应具有饮用水供应、污水排放、电力生产、渔业养殖和其他功能，旨在改善莱茵河流域生态系统，改善防洪系统，改善地表水水质，保护地下水资源。《莱茵河可持续发展计划》最重要的目标是：恢复和发挥莱茵河干流生态系统的主导作用，恢复主要支流作为洄游鱼类栖息地的功能；保存、保护、改善和扩大沿莱茵河地区重要生态区功能，为植物和动物物种提供生存环境。《莱茵河可持续发展计划》还与《栖息地法令》和《鸟类法令》的要求相结合，提出恢复莱茵河从博登湖至下游北海以及一些有鱼类洄游的支流的生态修复目标。《莱茵河可持续发展计划》还对进一步改善水质设定目标，包括水、悬浮物质、泥沙和有机质体中的物质指标，要求莱茵河水不对植物、动物和微生物的生物群落产生负面影响，植物、动物和微生物中危险物质的含量进一步降低，鱼类、贝类和甲壳类动物可以不加任何限制地适于人类消费，对疏浚物质的处置不对环境带来负面影响，一些地方适于游泳，以及进一步防止对北海的污染。随后，保护莱茵河国际委员会还制订了《生境斑块联通计划》（Habitat Patch Connectivity）、《莱茵河洄游鱼类总体规划》（Masterplan Migratory Fish Rhine）、《土壤沉积物管理计划》（Sediment Management Plan）、《微型污染物战略》（Strategy for Micropollutants）等系列行动计划。

　　通过这些行动计划，可以认为，莱茵河环境保护已经从当初迫在眉睫的环境污染治理转向更高质量生态环境和生态系统服务功能的创建。随着莱茵河水质的提升，动植物显著恢复，很多对环境敏感的已经消失或者显著减少的物种开始回归，鱼类、无脊椎动物、水生植物、硅藻以及浮游动物等生物种类数逐渐增加。根据 2012/2013 年环境监测，莱茵河已经恢复到 44 种水生植物、306 种底栖硅藻、

500 多种大型底栖动物、64 种鱼类物种。作为水质生态恢复重要指标物种，鲑鱼在一度绝迹后，也开始慢慢返回到莱茵河，2008 年已有 5 000 条以上的鲑鱼被监测到返回莱茵河产卵（图 25）。

图 25　帮助鲑鱼和其他鱼类自然迁徙的鱼梯水坝

6.3　全流域治理

自 20 世纪末开始，荷兰面临气候变化挑战，一方面需要应对洪水创造更多新的滨水工程，另一方面需要对这些工程的安全和风险进行管理。

6.3.1　洪水行动计划

1998 年，保护莱茵河国际委员会在鹿特丹召开了第十二届部长级会议，通过了特别制定的《洪水行动计划》（Action Plan on Floods）。

《洪水行动计划》的目标是：加强对人和财产的保护，减少洪水威胁；加强河滩区生态功能，提高洪水防护意识，增强洪水预警能力，以减少极端洪水的危害，改善莱茵河及其冲积区的生态状况。明确具体的目标：到 2005 年，绘制整个洪泛区和易遭受洪涝灾害地区的风险图，通过国际合作改善洪水预警系统，洪水预报期延长 100%，将洪水破坏风险降低 10%，将已调节河段以下区域的最高洪水水位降低 30 厘米；到 2020 年，将洪水破坏风险降低 25%，将已调节河段以下区域的最高洪水水位降低 70 厘米。根据《洪水行动计划》，一批莱茵河巨型水利工程陆续展开。

6.3.2 新河口港系统

由于莱茵河—斯海尔德河—三角洲河口的航运线不再适用于现代轮船的吃水深度，通过引导、矫直、疏浚和堤防建设，利用大坝与堤防关闭河口，便于提供更深航道，更有利地防范圩田被洪水淹没。通过引进巨型大坝系统，开挖建设阿姆斯特丹、鹿特丹和海洋之间新的海上"北海运河"，建设阿姆斯特丹—莱茵运河，通过这两条深水运河直接将阿姆斯特丹和鹿特丹两个港口与海相连，创造出新河口港系统。这种新的河口港系统与大海呈开放式联系，通过莱茵河与德国腹地直接连接，鹿特丹一跃成为欧洲以及 20 世纪全球最大的港口之一。

6.3.3 生态堤坝工程

荷兰最近对长 325 千米的第一道抗海潮泽兰（Zeeland）堤坝耗资 7.8 亿欧元进行加固，采用了 4 万年一遇防洪标准。他们先挖开原有堤坝，在土壤上覆盖一层合成纤维制成的土工薄膜防渗材料，再铺上颗粒状的过滤石，最后一块块叠上带有生态物质、可以生长出植物的混凝土砖。这一技术彻底改变了以往阶梯状堤坝的传统模式。

6.3.4 "为河流让路"工程

在气候变化背景下，流经荷兰的多条河流如莱茵河、莱克河、马斯河等因上游来水增多，洪灾威胁加大，荷兰政府因此启动了"为河流让路"工程计划。被很多人称为"母亲河"的马斯河，由联邦、地方政府、研究院以及企业共同参与组建"马斯河界联盟"，到 2050 年计划至少投入 200 亿欧元进行河流改造计划。其中，奈梅亨市已经完成相关的工程。

奈梅亨市地处瓦尔河转弯处，水位越来越高，该河流航道繁忙，因此无法随意扩展水道，唯一的办法就是在城市里另辟一条"副河"。主河与副河间形成"岛屿"，两条河间由现代化桥梁连接，河岸和岛屿建设成为城市中心地带的生态公园。该项目耗资 4 亿欧元，主要由联邦政府投资，地方政府负责配套工程，工程已经竣工（图 26）。

7 结语

从遥远的过去到繁华的现在，莱茵河流域已经至少成为欧洲真正的经济重心地区。1989 年，法国地理学家罗杰·布鲁提出欧洲从伦敦延伸到米兰的"香蕉形"城市工业走廊，将莱茵河经济走廊命名为"蓝色香蕉"的重要组成部分。然而，最重要的经济事实是河流本身，根据费尔南·德布拉德尔的说法，河流本身是一种不变的、几乎不可改变的自然条件，但它塑造了莱茵人的生活、习惯、心理和日常生活。今天的莱茵河成了世界上管理得最好的一条河，是人与河流建立和谐关系最成功的一条河。3 400 万年的自然演化形成了莱茵河流域，3 000 年人类活动塑造了流域文化，工业革命以来的 200 年

a. 工程前

b. 工程后

图 26　奈梅亨"为河流让路"巨大工程项目

资料来源：图片来自荷兰奈梅亨工程简介，作者翻拍照片。

的工业化、城市化等人类活动跌宕起伏，人与环境关系发展的经验和教训对我国长江等大江大河的可持续发展无疑具有十分重要的价值。

致谢

　　本报告作为国家发展和改革委员会国民经济综合司委托研究课题"面向高质量发展的基础设施空间布局研究"阶段性研究成果，同时得到国家自然科学基金重大项目（41590844）、国家重点研发计划项目（2018YFD1100105）、国家自然科学基金项目（41601166）、中央高校基本科研业务费专项资金项目（CCNU18XJ049、CCNU16A05056）、中德科学中心（中国国家自然科学基金委 NSFC、德国科学基金会 DFG 联合设立）中德合作研究小组项目（GZ1457）的资助。

注释

① 2019 年 8 月 10～19 日在中德中心基金资助下进行了莱茵河沿线城市化与地方性主题考察。本次考察由中方北京大学汪芳教授，德方汉诺威大学 Martin Prominski 带队，参加考察的队员有王长松，赵雪雁，杨小柳，徐婉玲，顾朝林，Rüdiger Prasse，Andreas Quednau，Jan-Eric Fröhlich，Lennart Beckebanze，Benedikt Stoll，Qiu Yuanhui，Ruan Huiting，高晨舸，王舜奕，刘钊，李皓纯，李嘉宁，田超越，吴莹。本报告由顾朝林执笔完成。

② 1661 年，瑞典斯德哥尔摩银行发行了塔勒纸币。很长一段时间内，1 塔勒大约可以购买 8 千克猪肉。

③ 桑多兹公司事后承认，共有 1 246 吨各种化学品被扑火用水冲入莱茵河，其中包括 824 吨杀虫剂、71 吨除草剂、39 吨除菌剂、4 吨溶剂和 12 吨有机汞等。

参考文献

[1] KISS A. The protection of the Rhine against pollution[J]. Natural Resources Journal, 1985, 25(3): 613-637.

[2] LELEK A. The Rhine River and some of its tributaries under human impact in the last two centuries[J]. Canadian Special Publication of Fisheries and Aquatic Sciences, 1989, 106: 469-487.

[3] Miller G G. The Rhine: Europe's river highway[M]. New York: Crabtree Publishing Company, 2009.

[4] PFISTER U. The Quantitative development of Germany's international trade during the 18th and early 19th centuries[J]. Revue de l'OFCE, 2015(4): 175-221.

[5] PLUM N, SCHULTE-W L, WER-L EIDIG A. From a sewer into a living river: the Rhine between Sandoz and Salmon[J]. Hydrobiologia, 2014, 729(1): 95-106.

[6] SCHULER R. Verkehrsverhaltnisse und handel in den herzogtumern Julich und Berg zur Zeit des Herzogs Karl Theoder, Kurfursten von der Pfalz Diss[J]. Dusseldorf, 1917: 67.

[7] VAN DIJK G M, MAR TEIJN E C L, SCHULTE-WUL WER-LEIDIG A. Ecological rehabilitation of the River Rhine: plans, progress and perspectives[J]. Regulated Rivers Research & Management, 1995, 11(3-4): 377-388.

[8] 包乐史, 王振忠. 长江与莱茵河历史文化比较研讨会论文集[C]. 上海: 中西书局, 2019.

[9] 复旦大学中华文明国际研究中心. River Societies: Old problems, new solutions: a comparative reflection about

the Rhine and the Yangzi rivers[C]//包乐史, 王振忠. 长江与莱茵河——长江与莱茵河历史文化比较研讨会文集. 上海: 中西书局, 2019.

[10] 高吉喜. 划定生态保护红线, 推进长江经济带大保护[J]. 环境保护, 2016, 44(15): 21-24.

[11] 黄真理. 莱茵河环境保护的跨国协调和管理[J]. 科技导报, 2000(5): 54-57.

[12] 姜彤. 莱茵河流域水环境管理的经验对长江中下游综合治理的启示[J]. 水资源保护, 2002(3): 45-50.

[13] 王思凯, 张婷婷, 高宇, 等. 莱茵河流域综合管理和生态修复模式及其启示[J]. 长江流域资源与环境, 2018, 27(1): 215-224.

[14] 王同生. 莱茵河的水资源保护和流域治理[J]. 水资源保护, 2002(4): 60-62.

[15] 习近平. 在深入推动长江经济带发展座谈会上的讲话[J]. 求是, 2019(17). http://www.qstheory.cn/dukan/qs/2019-08/31/c_1124940551.htm.

[16] 杨桂山, 于秀波. 国外流域综合管理的实践经验[J]. 中国水利, 2005(10): 59-61.

[17] 周刚炎. 莱茵河流域管理的经验和启示[J]. 水利水电快报, 2007(5): 28-31.

[欢迎引用]

顾朝林, 顾江, 高喆, 等. 莱茵河流域考察研究报告[J]. 城市与区域规划研究, 2022, 14(2): 151-192.

GU C L, GU J, GAO Z, et al. Research report on the Rhine River Basin[J]. Journal of Urban and Regional Planning, 2022, 14(2): 151-192.

规划改革背景下英国地方规划审查的特征与启示

柳 泽 杨 茜 汪笑安

Local Planning Review in the UK Under the Background of Planning Reform: Characteristics and Implications

LIU Ze, YANG Qian, WANG Xiaoan
(Research Center of Spatial Planning, Ministry of Natural Resources of the People's Republic of China, Beijing 100812, China)

Abstract Compilation, examination, and approval of the overall town and county planning is the focus of current spatial planning in China, and UK's local planning review in recent years has certain reference significance for us since it conforms to the trend of "localization" in planning reform. This paper first analyzes the main procedures of the compilation, examination, and approval of local planning in the UK under the background of planning reform. Then this paper summarizes the main practices in the review process with the Planning Inspectorate as the particular review agency, with rationality and legitimacy as the key review content, and with hearing as the main working pattern, extracting such key features as reviewing to help planning transmission, the significance of "localized" reform, ensuring public participation and information transparency. Finally, this paper puts forward three suggestions for the current review of overall town and county planning in China: to clarify rights and duties during a review and establish a mechanism of third-party technical review; to adopt overall planning of compilation, examination, approval, and implementation, and promote dynamic maintenance of planning; to ensure public participation, and achieve the goal of right relief through planning review.

摘 要 市县国土空间总体规划的编制与审查审批是当前我国国土空间规划工作的重点，英国近年来的地方规划审查实践响应了"地方化"规划改革趋势，具有一定借鉴意义。文章分析了规划改革背景下英国地方规划编制和审查批准的主要程序，归纳了以规划督察署为专门审查机构、以合理性和合法性为主要审查内容、以听证会为主要形式的审查过程等主要做法，提炼出以审查助力规划传导、"地方化"改革影响显著、保障公众参与和信息公开、强调规划动态完善等重要特征。最后，针对当前我国市县国土空间总体规划审查提出三点建议：一是细化审查权责，建立第三方技术审查机制；二是统筹规划编制、审查审批与实施，推进规划动态维护；三是保障公众参与，发挥规划审查的权利救济功能。

关键词 地方规划；规划审查；规划改革；规划督察署；英国

作者简介
柳泽、杨茜、汪笑安，自然资源部国土空间规划研究中心。

　　规划审查是规划从制定到实施过程的重要环节，是规划行政监督的重要体现，反映出规划的层级体系、内容焦点以及相关主体的权责关系等特征。国土空间规划改革背景下，我国正处于推动各级国土空间规划编制和审查审批、深入推进"多规合一"的关键时期，科学高效完成量多面广的市县国土空间规划的审查是其中关键环节。

　　英国近年来的地方规划审查实践响应了该国规划改革及其发展趋势，尤其是规划督察署（the Planning Inspectorate，PINS）在审查工作中发挥着重要作用，备

Keywords　local planning; planning review; planning reform; the Planning Inspectorate; UK

受国内外学术界关注和审视[1]。本文结合英国地方规划编制和审查的实际案例，研究其相关经验，以期为我国当前实践提供借鉴。

1　英国地方规划编制与审查的主要背景

1.1　规划改革进程中的规划审查

1947 年颁布的《城乡规划法》（Town and Country Planning Act 1947）实行土地开发权国有化和规划许可制度，确立规划法定地位，奠定了英国现代城市规划体系的制度基础。此后英国规划体系历经 1968 年、1985 年、2004 年、2010 年多次重大改革，反映出其社会经济、法律制度、政治和政党、行政管理等因素的时代要求（徐瑾、顾朝林，2015）。

作为实行地方分权的单一制国家，中央政府对地方规划编制成果开展审查，是英国规划行政监督的重要方式，也是历次规划改革的重要议题，目的包括促进规划成果科学合理、加强规划层级约束、提升规划编制审批效率等。1947 年《城乡规划法》完善了 1932 年《城乡规划法》的不足，郡议会编制和修改的发展规划（Development Plan）均需取得中央政府主管部长同意，部长还需就针对地方规划许可决定的规划申诉作出裁决，一般由其下属雇员向部长提出建议。1965 年，由工党政府组建的规划顾问小组（Planning Advisory Group）发布研究报告《发展规划的未来》（The Future of Development Plan），指出了规划内容单一、规划审批时间过长等问题。1968 年《城乡规划法》确立了结构规划（Structure Plan）、地方规划（Local Plan）二级规划体系，结构规划由郡级政府或区级政府联合编制，地方规划由区级政府编制且应符合结构规划，均需主管部长批准。1988 年《规划政策指引》（Planning Policy Guidance Notes，PPGs）的颁布，标志着国家层面规划政策的开端。

2004 年《规划与强制购买法》（Planning and Compulsory Act 2004），以地方发展框架（Local Development Framework）取代了原结构规划和地方规划，将区域层次的区域空间战略（Regional Spatial Strategy，RSS）法定化，形成纵向传导的国家规划政策文件、区域空间战略、地方发展框架的三级空间规划体系，并首次明确了经授权后规划督察员对地方规划的独立审查职责和审查要求。此后，2011 年《地方主义法》（Localism Act 2011）和《国家规划政策框架》（National Planning Policy Framework，NPPF）先后出台，进一步强化了规划改革的"地方化"趋势，规划审查迎来新的发展阶段。

1.2　当前规划体系与地方规划的主要构成

1.2.1　两层级的空间规划体系

英国当前主要为两层级的空间规划体系，即国家层级的《国家规划政策框架》、国家重大基础设施项目规划（Nationally Significant Infrustructure Projects，NSIP）以及地方层级的地方规划（Local Plan）[②]。

《国家规划政策框架》是涵盖住房、经济、城镇发展、交通、矿产等十余个领域的规划政策体系，于 2012 年 3 月发布并持续更新，是地方政府制定规划、作出规划许可的重要依据，由中央政府的地方振兴、住房和社区部（Department for Levelling Up, Housing and Communities，DLUHC）负责[③]。国家重大基础设施项目规划由 2008 年《规划法》（Planning Act 2008）引入，明确了发电站、重要交通规划等国家重大基础设施的范围及其规划申请和决策程序。根据《城乡规划（地方规划）（英格兰）条例》第 5 条、第 6 条（HMSO，2012），地方规划（Local Plan）就是若干项具体的地方发展文件（Local Development Documents，LDDs），而地方发展文件是指明确某地全域或局部区域土地开发利用安排、具体场地开发措施、开发管理和场地开发政策等内容的文件，由地方规划部门或相关机构制定[④]。此外，邻里规划（Neighbourhood Plan）由 2011 年《地方主义法》引入，以赋权地方社区自主决定其土地利用方式和开发项目。邻里规划由教区或镇议会、邻里议事会（Neighbourhood Forum）或其他社区组织组织编制，经地方规划部门审查、社区居民全体投票后，成为法定发展规划的一部分。

1.2.2　地方规划的主要构成

地方发展文件是地方规划的基本组成要素，又可分为发展规划文件和补充规划文件（Supplementary Planning Document，SPD）两类，以及相应的规划程序文件，如公众参与说明（Statement of Community Involvement，SCI）、地方规划编制计划（Local Development Scheme，LDS）、可持续发展评估（Sustainability Appraisal，SA）、年度监测报告（Annual Monitoring Report，AMR）（图 1）。

其中，地方规划编制计划用以明确哪些地方发展文件将作为发展规划文件，以及这些发展规划文件的编制方式、空间范围、时间安排等。根据《规划与强制购买法》第 15 条，地方规划部门必须制定、定期更新和及时公开地方规划编制计划。此外，地方规划编制中还需开展相关研究和分析工作，作为规划的重要支持依据（Evidence Base），包括就业与人口预测、住房市场与用地、交通与基础设施、公共空间与场所营造、绿色基础设施、洪水灾害、废弃物管理等领域。

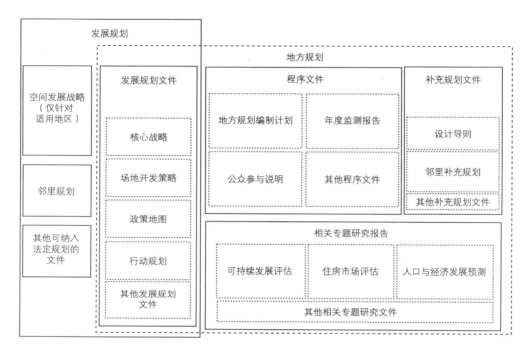

图1   地方规划的主要构成

根据《规划与强制购买法》第38条，某地的法定发展规划主要包括空间发展战略（仅针对适用地区）、发展规划文件（Development Planning Document，DPD）、邻里发展规划等，是当地规划部门用以决定规划申请的直接依据（HMSO，2004）。

1.3   地方规划编制审批的主要程序

地方规划的制定或通过完善原有的地方发展框架，或编制新的地方发展文件来实现，其名称、内容、范围和形式由地方规划部门自行决定。换言之，法律只是规定了哪些地方发展文件可作为法定的地方发展规划及其相应的内容、程序要求等。地方规划部门一般先制定核心战略（Core Strategy）、场地开发策略（Sites and Policies）、政策地图（Policies Map）等地方发展文件，再根据规划编制计划逐步完善。其中，发展规划文件及相应程序文件作为法定的发展规划，需提交审查；补充规划文件，包括规划设计导则（Design Code）、开发概要（Development Framework）等，作为发展规划的补充，则无须审查。

根据英国相关规划法律要求和实践，其地方规划编制审批程序可归纳为五个阶段：规划草案（Initial Evidence Gathering and Consultation）、规划公示（Publication）、提交审查（Submission）、规划审查与修改（Found Sound）和规划批准（Adoption）（表1）。其中，提交审查、规划审查与修改均为审查工作范畴。

表1　地方规划编制审批基本流程

主要阶段	主要工作内容
规划草案	地方规划部门初步提出规划目标和任务，开展相关的专题评估和论证，征询社会公众意见，邀请相关人员、机构公开陈述意见，制订规划草案
规划公示	地方规划部门对规划草案进行不少于6周的公示，需根据公示期间各方面反馈意见对规划进行修改完善，才能进入下一阶段
提交审查	地方规划部门将规划成果、公众意见以及其他材料，提交至规划督察署。根据内阁大臣授权，规划督察署指派规划督察员对规划进行独立审查
规划审查与修改	基于系列听证会、讨论会等公开审查程序，规划督察员将出具审查报告，阐明规划是否满足审查要求。根据地方规划部门要求，规划督察员将在审查报告中提出修改完善建议（Main Modifications），以使规划科学合理
规划批准	地方规划部门根据规划督察员修改意见完成修改后，通常通过地方议会全体投票表决批准该规划。一经批准，该规划将成为本区域发展规划的一部分

资料来源：作者参考以下文献整理：Department for Communities and Local Government. Plain English Guide to the Planning System[R]. 2015.

　　2017年更新的盖茨黑德市规划编制计划，为其地方发展文件的编审设置了9个关键节点：规划方案报告（Scoping Report）、规划方案可持续发展评估（Consult on Scope of Sustainability Appraisal）、规划征求意见稿（Consultation Draft）、规划正式征求意见及公示（Submission Draft/Invite Formal Representations/Publish）、提交审查（Submission）、预审会议（Pre-examination Meeting）、规划审查（Examination）、规划督察员出具报告（Inspector's Report）、批准（Adoption）（Council，2017）。

2　英国地方规划审查的主要做法

2.1　以规划督察署为专门审查机构

　　规划督察署成立于1992年，是英国地方振兴、住房和社区部所属的准司法、半独立执行机构（Executive Agencies），类似于我国事业单位。规划督察署由内阁大臣和威尔士议会授权，主要开展地方规划审查、土地开发相关规划许可申诉以及国家重大基础设施项目规划（NSIPs）申请许可等工作（于立，2007）。2016～2020年，规划督察署平均每年收到53个提交审查的地方规划、2.2万项规划申诉、11项国家重大基础设施项目规划申请。2020年，规划督察署共有748名全时工作人员（Full Time

Equivalent Employed，FTE），其中全职规划督察员 352 人；同年，其支出近 6 400 万英镑，其中 5 200 万来自地方振兴、住房和社区部拨款，1 200 万为其地方规划审查、国家重大基础设施规划项目申请处理以及其他服务收费（The Planning Inspectorate，2021）。

地方规划部门完成地方发展文件和相应程序文件编制后，将其提交至地方振兴、住房和社区内阁大臣候审，后者则委托规划督察署独立开展审查工作。根据大臣授权，规划督察署将指派规划督察员负责审查，也会根据需要指定多名规划督察员或外部专家协同开展工作。地方规划部门提请规划审查时，须指定一名项目助理（Programme Officer）协助规划督察员开展工作。根据《城乡规划法》第 303A 条、《城乡规划（独立规划审查）（日定额）（英格兰）条例》，地方规划部门应向规划督察署支付规划审查费用。

2.2　以合理性与合法性为主要审查内容

根据《规划与强制购买法》第 20 条，规划督察员主要就规划是否合理可行（soundness）、是否履行协作义务（duty to co-operate）、是否符合法律要求（legal compliance）等进行审查，《国家规划政策框架》则进一步阐明了判断是否合理可行的四个方面（表 2）。

表 2　英国地方规划的主要审查内容

审查内容		具体要求
是否履行协作义务		规划是否履行法律义务，即与周边地区就战略性问题（strategic matter）进行协调，包括跨区域的可持续发展、土地利用与开发、战略性基础设施建设等
是否合理可行	积极准备	规划提出的策略应满足经客观评估（objectively assessed needs，OAN）确认的区域基本需求，并且与其他机构就相邻地区的可持续发展达成一致意见
	科学合理	规划应基于充分的事实和评估基础，通过多个方案比较，提出合理的策略
	有效可行	规划应是可实施的，并基于共同协商就跨行政界的战略问题提出解决方案，如达成共同申明（Statement of Common Ground）
	规划传导	规划应符合《国家规划政策框架》或其他政策文件中的可持续发展要求
是否符合法律要求		规划的形式、内容及其编制审查过程等符合相关法律的要求

资料来源：作者根据以下文献整理：Ministry of Housing, Communities and Local Government. National Planning Policy Framework[R]. 2021.

2.3　以听证会为主要形式的审查过程

地方规划审查程序主要包括三个步骤：提交审查与组织听证（Submission to Opening of Hearing Sessions）、形成主要修改完善意见及审查报告（Main Modification and Reporting）、发布审查报告（Quality Assurance, Fact Check and Delivery of Final Report）（The Planning Inspectorate，2022a）。一项包括核心

战略、内容相对完整的地方规划，其审查时长约一年；如只是对原规划中的少量内容进行更新完善，则所需时间较短。统计 2008 年 11 月至 2020 年 12 月间提交规划督察署审查的各地方规划，包含核心空间战略的平均审查时长约 466 天，未包含的约 350 天（The Planning Inspectorate，2022b）。

2.3.1 提交审查与组织听证

经公示与征求公众意见后，地方规划部门才能将规划提交审查，且不能对已提交的内容提出修改。地方规划部门必须在专门网站上公开所有提交审查的规划材料，并及时公开和更新审查工作相关信息与进度。为统筹安排审查时间，地方规划部门应提前 3 个月告知规划督察署规划公示时间；规划正式提交审查后，规划督察署根据内阁大臣的授权，在 3～5 周内指派专责审查员并明确审查时长。

除规划成果本身外，地方规划部门还要提交相应附属程序文件和支撑材料，包括可持续发展评估、生物多样性评估、社会公平影响评估、规划政策图示、规划实施监测报告、公众意见等，以及可充分说明规划方案的支撑材料。同时，还需说明规划审查潜在重点内容、预计参加听证会人员数量、听证会时长需求等。

在组织召开听证会前，规划督察员要对规划进行初步审查，核实规划编制的法律程序要求是否满足、所需各项材料是否均已提供，并提出听证会的核心问题。如初步审查中发现涉及规划合理性、程序合法性、区域协作义务等方面的缺陷，经内阁大臣同意，规划督察署将会同地方规划部门寻求解决办法，避免后续的无用工作。规划督察员也可根据需要，开展实地调查或组织召开技术讨论会。

每项规划审查需要召开 2～3 次听证会，每次听证约 3 天，各听证会间隔 1～2 周。规划督察员基于规划公示阶段意见反馈情况，决定参与听证会人员，通常每场不超过 25 人。参与听证会并发言的为地方规划部门人员、公示阶段中反馈意见人员或其代理人，如律师、咨询公司等；参会人员须提前熟悉审查网站上公开的各类资料，准备听证会证词或规划督察员要求的书面材料。规划督察员可根据需要邀请相关人员参加听证并发言，但无权传唤。任何人都可以观摩听证会全过程，但只有规划督察员指定的参会人员才有权发言。听证会结束后，规划督察员可要求地方规划部门进一步补充材料，或根据需要组织新的听证程序（The Planning Inspectorate，2022a）。

2.3.2 形成主要修改完善意见及审查报告

修改意见可由地方规划部门、社会公众或规划督察员提出。经汇总分析后，主要修改意见及受其影响的规划政策地图需进行至少 6 周的公示和征求意见。经规划督察员确认的修改完善意见，才能纳入审查报告并作为地方规划部门进一步修改规划的依据。

审查报告由规划督察员制定，聚焦于规划合理性和程序合法性，并不回应公众所有意见，一般包括审查工作总结、规划编制及审查情况介绍、区域合作义务评估、规划合理性评估、程序合法性评估、审查结论及修改完善意见、规划修改计划等内容。审查结论包括通过、有条件通过或不予通过审查三类，规划督察员在作出不予通过审查决定之前，通常会建议地方规划部门撤回审查申请。如为有条件通过，地方规划部门须按审查报告的意见修改该规划，才能由地方议会批准实施；地方政府如不再采用并批准该规划方案，也可不修改。

2.3.3　发布审查报告

审查报告经规划督察署内部检查，提前 2 天报送地方振兴、住房和社区部审核通过，才能发给地方规划部门。收到该报告后，地方规划部门须在 2 周内完成修改意见的复核并返回规划督察署；规划督察员据此修改完善审查报告后，再次发给地方规划部门，由后者将其上网公开，并标志着该规划的审查程序全部完成。

3　英国地方规划审查的重要特征

3.1　以审查助力规划传导

可持续发展是贯穿英国规划体系的一条"金线"，规划体系主要通过逐层级细化的方式，实现该政策目标在《国家规划政策框架》、国家重大基础设施规划、地方规划、邻里规划等各级规划的纵向传导；同时，通过设立地方规划部门相互协作的法律义务，以保障相邻地区规划的衔接协调（田颖、耿慧志，2019）。这些内容都是审查的重点，规划审查成为规划纵向、横向传导的重要制度保障。根据《规划与强制购买法》第 24 条，虽然规划督察署及规划督察员的审查工作有着较高的独立性，但内阁大臣可通过"介入"（call-in）保留干涉权，驳回规划督察员的审查意见或另行作出相关决定，地方规划部门、社会公众也可就审查程序和结果等向法院提起诉讼。

在众多纵向传导要求中，住房建设目标是英国中央政府和地方规划部门矛盾最突出的规划内容，也是开发商、社会公众关注的焦点（杨东峰，2016）。地方规划部门为迎合地区选民需求，通常不愿意设置较高的住房建设目标并作相应用地安排，以免影响本地区的自然环境和居住品质，而这往往与中央政府振兴英国地区经济、提升东南部区域住房可支付水平等目标相冲突。住房建设目标也成为规划督察署规划督察员的审查重点，因此招来众多质疑和诉讼，但专业能力得到权威机构认可。2016 年，英国最高法院（The Supreme Court）在一项判决中指出：法院应该尊重规划督察员的专业意见，支持其对相关政策的解读，规划督察员一定程度上类似专业裁决人（Expert Tribunals）（The Supreme Court，2017）。

3.2　"地方化"改革背景下规划审查的困境

英国规划体系的一大特征就是地方规划部门有着较大的规划自由裁量权，其基础是完善的规划审查、规划申诉、行政诉讼等制度保障，规划督察署则是这一制度体系中的重要环节。

近年来英国规划改革持续朝向"地方化"发展，规划分权趋势明显，地方自主性进一步增强（Waterhout et al.，2013）。在此背景下，作为相对独立第三方的规划督察署，其审查工作环境和角色急剧变化，面临较大的法律诉讼风险、政治挑战以及来自社会公众的审视和质疑（Boddy and Hickman，

2018）。一是审查工作的政策和体制环境发生变化，政策不确定性增强。2010 年以来，以保守党主导的联合政府以推行地方主义、缩减政府职能范围和减少公共开支等为目的，在规划改革中废除了地区发展机构（RDAs）和区域空间战略规划（RSS），将《国家规划政策框架》简化至原则性指导，更取消了自上而下确定的地方住房建设目标。由于缺乏明确的规划政策指引、区域协调要求和住房建设目标，审查工作的不确定性显著上升，审查人员的专业判断面临社会公众更加严格的审视。二是审查人员工作角色发生变化，工作独立性大为降低。由于区域空间战略规划取消、相关规划政策模糊，规划督察署及规划督察员成为联系中央政府、地方政府和社会公众的中间层次，并不得不对相关规划政策、发展目标进行解释和论证，影响了其原有的公正、独立的准司法裁决（quasi-judicial）地位。

3.3　保障公众参与和信息公开

英国规划审查中的公众参与有两个方面值得关注：一是规划督察署及规划督察员对公众参与说明文件的审查；二是在规划审查工作过程中的公众参与。

根据《规划和强制购买法》第 18 条，地方规划部门需制定详细的公众参与说明，阐明本地居民、开发商、相关专业机构、周边地区政府部门等公众和团体，参与地方相关规划制定和评估、规划许可决策、开发管理等规划事务的内容、程序、方式以及相关政策保障和救济措施。地方规划部门提请规划审查时，需一并提交本地区的公众参与说明，或提前将公众参与说明提请审查。规划督察员将根据《国家规划政策框架》和相关政策对公众参与说明进行审查，经审查通过后，地方规划部门需正式批准该公众参与说明，并结合地方规划实施监测、规划编制计划实施进展等进行动态更新完善。据统计，在《盖茨黑德与纽卡斯尔核心战略和城市核心区规划（2010～2030）》（Core Strategy and Urban Core Plan for Gateshead and Newcastle upon Tyne 2010-2030，CSUCP）编制期间，两市地方规划部门举办了超过 150 场次意见征求活动，向辖区内的每一个家庭寄送了纸质宣传页或相关信件，共收到约 59 000 条意见，其中提交审查阶段约 33 000 条[5]。

整体来看，相对独立的规划督察署及规划督察员经授权，对地方规划进行第三方审查以及审查过程中对听证会等方式的重视，均反映出英国地方规划审查工作中广泛、有效的公众参与。而编制和审查过程中的相关专题研究、公众意见、审查报告、规划成果等相关信息，都会通过信息化、可视化手段全面、及时公开。2021 年 6 月，地方振兴、住房和社区部启动了一项先导项目（Pathfinder Programme），推进在线地图、交互地图等数字技术在规划过程中的应用，促进公众参与及信息公开，提升规划工作效率。

3.4　规划的动态完善与审查

历经 2004 年、2010 年的两次改革后，英国地方规划编制与审查灵活性不断增强。地方规划可包括多个地方发展文件，可由某地区或多地区规划部门单独或联合组织编制，并可根据实际分步分项编制、逐次分项审查，经中央政府审查通过和地方政府批准后作为法定的发展规划。如《盖茨黑德与纽卡斯尔核心战略和城市核心区规划（2010～2030）》就是由盖茨黑德和纽卡斯尔市联合编制，规划范围包括两市全域以及作为重点的城市核心区域，于 2013 年 7 月年形成报审初稿，2014 年 2 月共同报审并于 2015 年 2 月完成审查，随即分别由两市公告批准；该规划主要确定了两市的空间愿景和战略，提出全域就业与经济、住房和社区、道路交通、环境品质、矿产开发等空间利用方面的规划管控政策框架，将中心城区划分为若干规划片区并提出相应规划措施。根据盖茨黑德市规划编制计划，《盖茨黑德与纽卡斯尔核心战略和城市核心区规划（2010～2030）》只是作为其地方规划的第一、二部分。2021年 2 月，该市公告批准了经规划督察署审查通过的发展规划文件——《为增长预留空间》（Making Spaces for Growing Places，MSGP），作为其地方规划的第三部分；该规划根据《盖茨黑德与纽卡斯尔核心战略和城市核心区规划（2010～2030）》，进一步细化了全域各类土地用途及管控要求，用以支撑规划许可的申请和审批。目前，该市正在为其雄心勃勃的 MetroGreen 片区开发编制行动规划（MetroGreen Area Action Plan，MetroGreen AAP），作为该市地方规划的第四部分。

此外，根据《城乡规划（地方规划）（英格兰）条例》和《国家规划政策框架》，地方规划部门须对经批准的地方规划进行年度监测，每五年对已批准为地方规划的发展规划文件开展至少一次评估，并判断是否需要修改或启动新一轮规划编制，也可以通过编制地区的行动规划，以避免已批规划的反复修改（顾翠红、魏清泉，2006；周姝天等，2018）。修改规划需再次履行完整的编制审批程序，包括由规划督察员开展的规划审查。

4　对我国市县国土空间规划审查的借鉴

2019 年，《中共中央 国务院关于建立国土空间规划体系并监督实施的若干意见》指出我国原各级各类空间规划存在审批流程复杂、周期过长等问题，要求在国土空间规划体系中落实"谁审批、谁监管""管什么就批什么""精简审批内容""缩减审批时间"等要求。《自然资源部办公厅关于加强国土空间规划监督管理的通知》（自然资办发〔2020〕27 号）进一步提出相关工作思路，包括建立健全国土空间规划"编""审"分离机制、推动开展第三方独立技术审查等。与我国类似，英国对地方规划的审查也是对地方规划行政监督的重要途径，可有效提升规划编制科学性、合理性，强化规划层级约束，完善规划实施监督。本文结合对英国规划改革背景以及英国规划审查中"谁来审""审什么""怎么审"等关键问题的分析借鉴，提出如下建议。

4.1　明确审查权责，建立第三方技术审查机制

对地方规划的审查审批在我国原土地利用规划、城乡规划等体系中已有成熟实践，但也存在"审批流程复杂""审批周期过长"等突出问题。其中，我国以规划行政主管部门、其他相关部门及其所属

事业单位为审查主体，进而导致的程序复杂、职能混淆、权责不清，是产生前述问题的一个重要原因。作为相对独立的规划审查机构，规划督察署来源于英国 1988 年设立执行机构的改革，其核心是强调政府公共管理中决策与执行相分离，被视为英国"最重要的行政改革措施之一"，标志着英国"公共服务改革的一个转折点"（周志忍，2004）。虽然英国历次规划改革都强调主管部长或国务大臣审查、修改和撤销地方规划的权力，但持续缩减规划审批时间并直至授权规划督察员开展规范化的审查工作，尤为值得当前借鉴。

一是明确区分规划行政审查和技术审查。规划行政审查侧重于对规划编制主体、编制程序、成果要件等方面的要求，其依据主要为相关法律法规和管理政策；规划技术审查侧重于规划编制成果的科学合理性，更强调以相关技术标准、科学分析为依据，对审查人员有一定的专业技术要求。规划审查兼具技术性、政策性等特征，明确区分规划行政审查和技术审查，推进政府职能转变，有助于解决原空间性规划管理体系中存在的规划审查不充分、不规范等问题（高克跃，2007）。

二是建立第三方技术审查机制。依托相对独立的第三方机构，发挥其独立性、专业性，建立地方国土空间规划常态化审查机制，减少不同行政部门审查工作的交叉重叠，提升审查绩效，明晰审查权责。相关行政主管部门和第三方技术机构之间的授权与委托关系，则可以根据实际情况，通过完善规划委员会审查职能、增强现有事业单位独立性和技术能力、市场化采购服务等不同方式实现。未来可结合实际完善行政管理体制，逐步从第三方技术审查向第三方审查过渡。

4.2 统筹规划编制、审查审批与实施，推进规划动态维护

规划审查审批是衔接规划编制与实施的关键环节，审查审批的程序与具体要求影响着编制和报批成果的内容、深度及形式，各级政府的审查审批内容聚焦于当前空间利用热点难点，也必然是规划编制的重点；同时，审查审批水平也影响着规划实施监督的科学性和可操作性。统筹规划编制、审查与实施监督有助于建立规划动态维护机制，前提则是以独立的第三方审查机制提升审查审批效率和水平，进而支撑规划动态编制和实施。

首先，基于事权划分精简国土空间规划审查审批内容。一是中央或上级部门在聚焦底线基础上，多以程序要求、政策指引、标准规范引导地方规划编制；二是要放权地方，为地方自主决定其国土空间开发保护利用留下弹性。英国规划督察署在"地方化"改革下的困境，就是值得深思的借鉴，可从中观察规划体系中平衡中央地方关系、把握各层级空间规划编制审批内容、维护规划审查独立性等。其次，可参考英国地方规划审查实践，结合实际采取"联合编制、共同报审""分步编制、分步审查"等方式，以编制、审查审批的灵活性获得规划实施的弹性。最后，应基于国土空间规划体检评估工作机制，研究完善规划监测评估及其审查机制，支撑国土空间规划的动态维护。

4.3　保障公众参与，发挥规划审查的权利救济功能

国土空间规划作为行政规划的主要类型，被称为立法、执法、司法之外的第四种权能或者附属行政立法，并兼具"立法"与"执法"的特征，但在主体权限、内容、程序与权利救济等方面存在法律规制不足（郭倩，2010）。我国目前司法实践中，针对规划实施有关的行政行为的可诉性并不存在分歧，也形成了较为成熟的司法审查标准；但针对规划编制、审批等抽象行政行为是否属于行政诉讼范畴，学界仍然存在争议，实践中法院多不予受理（耿宝建等，2021）。在此背景下，规划审查中的公众参与成为规划编制审批阶段中极其重要的公民权利救济途径，应充分发挥规划审查的统筹协调作用，完善公民权利救济途径，提升空间治理水平。

与英国相比，我国《城乡规划法》《土地管理法》等相关法律法规针对规划编审阶段的公众参与，规定较为原则，具体程序缺失，实践效果有待进一步改善，社会公众也难以就规划编制审查等抽象行政行为向法院提起行政诉讼。应充分借鉴英国地方规划审查中专业机构独立审查、公众参与说明报告、审查听证会、规划成果信息化公开等经验，以规划审查作为空间治理的"协同平台"，保障各类利益群体积极参与，全面听取和充分协调社会公众的多元诉求，完善我国规划编制审查中公民权利救济途径，推动规划编制审查向多元互动的空间治理发展。

致谢

本文受国家重点研发计划项目（2019YFD1100705）资助。

感谢清华大学建筑学院顾朝林教授、杨滔副教授，东南大学建筑学院徐瑾副教授，以及两位匿名审稿人提出的宝贵意见。

注释

① 英国英格兰、苏格兰、威尔士和北爱尔兰各地行政管理与规划体系不尽相同，本文研究的英国城市规划体系及地方规划审查特指英格兰体系。

② 大伦敦地区还保留有区域层级的空间规划，即《伦敦规划》(The London Plan)，最新的文件为《伦敦规划 2021》（The London Plan 2021: The Spatial Development Strategy for London）。

③ 该部原名住房、社区和地方政府部（Ministry of Housing, Communities & Local Government，MHCLG），2021 年 9 月，约翰逊政府将其更名为地方振兴、住房和社区部（Department for Levelling Up, Housing and Communities，DLUHC）。

④ 英格兰主要有三级地方政府：郡议会，地区、市或自治市议会，教区或镇议会。根据《规划与强制购买法》第 37 条和《城乡规划法》第 1 条，地方规划部门主要包括郡议会、地区议会、自治市议会、国家公园管理局等。据规划督察署统计，截至 2022 年 4 月，英国各类型地方规划部门共有 362 个。参考：Planning Inspectorate. Planning Inspectorate Quarterly and Annual Volume Statistics[R]. 2022.4.

⑤ 2013 年，两市人口合计约 48.6 万，其中盖茨黑德约 20 万、纽卡斯尔约 28.6 万。来源: Gateshead Council, Newcastle City Council. Review Report of Core Strategy and Urban Core Plan for Gateshead and Newcastle upon Tyne 2010-2030. 2020.

参考文献

[1] BODDY M, HICKMAN H. "Between a rock and a hard place": planning reform, localism and the role of the planning inspectorate in England[J]. Planning Theory & Practice, 2018, 19(2): 198-217.

[2] COUNCIL G. Local development scheme[R]. 2017.

[3] HMSO. Planning and compulsory purchase act 2004[Z/OL]. [2022-4-10]. https://www.legislation.gov.uk/ukpga/2004/5/pdfs/ukpga_20040005_en.Pdf.

[4] HMSO. The town and country planning (local planning) (England) regulations 2012[Z/OL]. [2022-5-10]. https://www.legislation.gov.uk/uksi/2012/767/pdfs/uksi_20120767_en.pdf.

[5] THE PLANNING INSPECTORATE. Local plan: monitoring progress[R]. 2022b.

[6] THE PLANNING INSPECTORATE. Procedure guide for local plan examinations(7th Edition)[R]. 2022a.

[7] THE PLANNING INSPECTORATE. The planning inspectorate annual report and accounts 2020/21[R]. 2021.

[8] THE SUPREME COURT. Judgement given in the case of Suffolk Coastal District Council v Hopkins Homes Ltd and another Richborough estates partnership LLP and another v Cheshire East Borough Council, 2017[Z/OL]. [2022-4-20]. https://www.supremecourt.uk/cases/docs/uksc-2016-0076-judgment.pdf.

[9] WATERHOUT B, OTHENGRAFEN F, SYKES O. Neo-liberalization processes and spatial planning in France, Germany, and the Netherlands: an exploration[J]. Planning Practice and Research, 2013, 28(1): 141-159.

[10] 高克跃. 城市规划审查制度创新探索[C]//和谐城市规划——2007中国城市规划年会论文集. 哈尔滨: 黑龙江科学技术出版社, 2007: 1777-1779.

[11] 耿宝建, 田心则, 胡荣. 涉城乡规划行政案件裁判规则构建初探——以控制性详细规划案件为切入点[J]. 法律适用, 2021(11): 89-100.

[12] 顾翠红, 魏清泉. 英国"地方发展框架"的监测机制及其借鉴意义[J]. 国外城市规划, 2006(3): 15-20.

[13] 郭倩. 论行政规划中公民财产权的保障——以英国《2008规划法案》为借鉴[J]. 上海财经大学学报, 2010, 12(1): 27-34.

[14] 田颖, 耿慧志. 英国空间规划体系各层级衔接问题探讨——以大伦敦地区规划实践为例[J]. 国际城市规划, 2019, 34(2): 86-93.

[15] 徐瑾, 顾朝林. 英格兰城市规划体系改革新动态[J]. 国际城市规划, 2015, 30(3): 78-83.

[16] 杨东峰. 重构可持续的空间规划体系——2010年以来英国规划创新与争议[J]. 城市规划, 2016(8): 91-99.

[17] 于立. 规划督察: 英国制度的借鉴[J]. 国际城市规划, 2007(2): 72-77.

[18] 周姝天, 翟国方, 施益军. 英国空间规划的指标监测框架与启示[J]. 国际城市规划, 2018, 33(5): 126-131.

[19] 周志忍. 英国执行机构改革及其对我们的启示[J]. 中国行政管理, 2004(7): 79-84.

[欢迎引用]

柳泽, 杨茜, 汪笑安. 规划改革背景下英国地方规划审查的特征与启示[J]. 城市与区域规划研究, 2022, 14(2): 193-205.

LIU Z, YANG Q, WANG X A. Local planning review in the UK under the background of planning reform: characteristics and implications[J]. Journal of Urban and Regional Planning, 2022, 14(2): 193-205.

新千年以来纽约城市水岸综合管理及其实施借鉴研究

杨华刚　刘馨蕖　赵　璇　廖再毅

Research on the City Waterfront Comprehensive Management and Implementation Reference of New York Since the New Millennium

YANG Huagang[1], LIU Xinqu[2], ZHAO Xuan[3], LIAO Zaiyi[4]
(1. School of Architecture and Civil Engineering, Xiamen University, Fujian 361005, China; 2. School of Architecture, Yantai University, Yantai 264000, China; 3. School of Architecture and Urban Planning, Chongqing University, Chongqing 400030, China; 4. Faculty of Engineering and Architectural Science, Ryerson University, Toronto M5B2K3, Canada)

Abstract Since the new millennium, the rapid growth of global population, sustainable economic development, climate change and negative consequences, social challenges, and unknown risks have become the direct difficulties that a city has to face squarely for development. Through a detailed interpretation of two important texts on the comprehensive management of and planning for city waterfront in New York: the Vision 2020: New York City Comprehensive Waterfront Plan issued in 2011 and the Coastal Adaptation: A Framework for Governance and Funding to Address Climate *Change* promulgated in 2017, this paper analyzes and summarizes the background, objectives, procedures, and behaviors of city waterfront comprehensive management. Based on current China's dilemma in city waterfront comprehensive management and the reform background of territorial and spatial planning, the paper puts forward corresponding implementation references and

作者简介
杨华刚，厦门大学建筑与土木工程学院；
刘馨蕖（通讯作者），烟台大学建筑学院；
赵璇，重庆大学建筑城规学院；
廖再毅，加拿大瑞尔森大学建筑工程学院。

摘　要 新千年以来，全球人口剧增、经济可持续发展、气候变化威胁、社会挑战与未知风险等成为当前城市发展的直面难题。文章通过对《愿景2020：纽约市综合滨水计划》（2011）和《沿海适应：应对气候变化的治理和资金框架》（2017）两份重要的纽约滨海水岸综合管理及其规划文本的详细解读，对其城市水岸综合管理背景、实施目标、实施程序、实施行为等方面进行分析和总结。结合我国当下城市滨海水岸综合管理困境和国土空间规划改革背景，提出对应的实施借鉴和参考建议：规划目标注重从综合性向空间类型化和专项行动转变，规划体系上注重统一规划口径下的陆海统筹和区域协调，规划实施上注重项目库引导下的水岸空间行动规划和社区协作整合。

关键词 纽约；空间规划；城市水岸；滨海空间；综合管理

1　引言

水岸空间的改造和复兴是现阶段全球城市可持续发展共同面临的问题，也是滨水区域空间复兴的难题。随着经济时代的转型，城市水岸空间更新再生赋予其职能转换和生机复苏的新契机，屹然成为当代城市发展的全球性趋势，并逐步形成了陆地生态环境与水域生态环境保护的齐驱并重格局（文超祥、刘健枭，2019）。继十六大提出生态文明建设主旋律后，十九大报告中也明确提出"加快生态文明体制，建设美丽中国……改革坚持陆海统筹，加快建设海洋强国"的发展目标，而水域生态环境保护也成为城市规划建设及其时代发展的聚焦议题，尤其是对于我国上海、

suggestions: planning objectives should be shifted from comprehensive ones to being targeted to spatial types and specific actions; the planning system should focus on land-sea coordination and regional coordination based on the unified planning standard; the planning implementation should attach importance to waterfront space action planning and community collaboration and integration guided by the project library.

Keywords New York; spatial planning; city waterfront; coastal space; comprehensive management

广州、香港和厦门等滨海近水型城市，水岸保护及其开发利用无疑成为当前城市可持续发展及国土空间规划体系的重中之重。

在当前的世界城市水岸保护与开发中，纽约作为全球城市和世界顶尖大都市，其城市可持续发展理念与规划范式历来都是各国城市规划学习和参考的典型样本。本文通过对纽约新千年以来的五次沿海城市水岸保护规划文本梳理，尤其着重通过对 2011 年《愿景 2020：纽约市综合滨水计划》（Vision 2020: New York City Comprehensive Waterfront Plan，以下简称《愿景 2020》）和 2017 年《沿海适应：应对气候变化的治理和资金框架》（Coastal Adaptation: A Framework for Governance and Funding to Address Climate Change，以下简称《沿海适应》）两项专项规划细致解读，剖析其城市水岸保护开发目标、策略举措及其话语逻辑，结合我国当下国土空间规划体系建设和城市水岸空间修复任务，围绕应对全球气候变化的城市水岸灾害防范和应对经济发展的地区社会可持续两个关键性议题，积极探索纽约沿海岸线保护与编制历程对于我国城市水岸综合管理启示和借鉴所在。

2　我国城市滨海水岸综合管理面临的问题及其行动应对

2.1　发展历程

滨海水岸保护的全球意识最早可追溯至 19 世纪初期的英国（胡刚，2005）。我国对于滨海水岸的关注和重视远晚于国际进程，国内学者（如陈吉余、李天光等）研究最早始于 19 世纪 80 年代，而立法保护则是 21 世纪以后，诸如《中华人民共和国海域使用管理法》（2001）、《海洋可再生能源专项资金管理暂行办法》（2010）以及 2018 年"海洋基本法"立项筹备等。在省域层面，山东省（2007）、辽宁省（2013）、福建省（2016）、广东省（2017）等相继出台了海岸带规划文件，从海岸带国土空间分区、生态环境承载力和空间管制等层面做出了有益尝试。从行动领域来看，滨海水岸最早并不是由城市规划或风景园林学科领域提出，相反，滨海水岸保护浪潮发轫于海洋地质学科——围绕对未知海洋世界的地质探测、资源开发利用以及贸易运输、港口建设等形成了以开发利用为指向的城市滨海水岸早期行动。此外，"以港兴城、港城联动"历来都是滨海城市的发展共识，港口至今依旧作为我国区域经济增长极一体化的重要环节，滨海水岸综合管理问题也是伴随着我国经济发展和生态超载而产生的，如 1956 年以来厦门通过填海造陆增加了 149.68 平方千米建设用地，占城市陆域总面积的 8.8%（林小如等，2018）。

城市滨海水岸的综合管理是海洋环境污染、资源过度开发以及区域经济持续发展的必然行动举措，典型如以文昌鱼和白鹭等珍稀物种保护为主的厦门海洋自然保护区，以海洋自然遗迹保护为主的山东滨州贝壳堤岛与湿地国家级自然保护区，以及区域经济发展战略导向型的粤港澳大湾区、环渤海经济区等。随着绿色经济形态和后工业化时代的到来，协调经济社会发展与水岸生态环境承载、强化滨海灾害防范成为我国新时期城市滨海水岸综合管理"保护优先、适度开发、陆海统筹、节约利用"的基本立足点。

2.2　面临问题

整体而言，目前我国滨海水岸综合管理依旧面临系列问题，集中体现在四个方面。

2.2.1　全球气候变暖及其综合风险

全球变暖的客观严峻现实以及自然灾害的频繁挑战，给滨海城市安全带来了巨大挑战。据数据显示，近 20 年间平均每年约 7.2 个台风登陆我国，典型如 2014 年"威亚逊"登陆华南地区造成直接经济损失约 256 亿人民币以及南宁城市内涝、2016 年"莫兰蒂"登陆华东地区造成社会经济损失约 26 亿美元巨大损害（胡东奇，2019）。同时，滨海水岸空间作为海域生态环境和陆域生态环境的过渡地带，面临着海平面上升、海浪台风袭扰等自然风险和城市开发建设、排雨排污等人为风险的双重压力。可预见的是，在未来气候持续变暖和海平面继续上升的情景下，我国海洋和海岸带生态系统以及沿海经济社会的可持续发展很可能面临更严重的气候变化风险（蔡榕硕，2020）。

2.2.2　分区管控和功能用途的不清晰

当前我国城市滨海水岸空间可以分为生产型、生态型、生活型三种主体功能类型，各功能类型也隶属于不同职能部门和行业规划管控，在小区域具体区段的实施中缺乏兼容性、差异化而导致功能类型单一、空间效益低下等问题。分区管控和功能类型也多从宏观大政方针视角制定，内容多服务于政府经济发展，对于功能区管理要求没有明确具体的规定，缺乏与利益相关者的协商过程，存在与具体区域自然、社会、环节等脱节现象，未能全面、真实地反映具体区域空间差异和形成分区精细管控指标与决策依据（狄乾斌、韩旭，2018）。

2.2.3 管理体系和实施主体的孤立性

我国目前的海洋开发与管理体制仍是以行业为主而各自为政（刘东朴等，2010），且现有研究体系中也存在着陆地生态系统（城乡规划学科）和海洋生态系统（海洋科学等）等不同视角维度（文超祥、刘健枭，2019）。相较陆域地区侧重于事先规划和综合统筹，海域地区则是侧重于行业规范和竖向管理（李云、方晶，2021），现有滨海空间综合管理也比较重视对海洋蓝色经济空间（水体部分）的拓展和开发，尤其是 21 世纪以来伴随着我国海洋经济的快速崛起，从国家到地方益发重视海洋蓝色经济区，对近海或水岸陆域空间保护有所漠视，缺乏全面、统一的规划和协调从而造成城市滨海综合管理的粗放、无序现象，也因行业学科的各自切入而主体功能区外溢严重。随着海洋生物养殖、远洋航运贸易、滨海旅游观览等多元业态的融合，迫切需要形成多行业统一口径、竖向清晰的综合管理协调体系。

2.2.4 区际管理协调和跨区共治体系不足

滨海水岸的综合管理与当前沿海区域经济发展一体化不匹配，存在经济跨区域联动而管理上区域一体化空缺现象，缺乏跨区统筹和防灾治理力度。近年来沿海地区各城市着眼于地方利益，海空间综合管理各自为政、合作不足，在快速城市群和经济一体化发展中迫切需要各省各地区的协调统筹给予保障。

2.3 "陆海统筹"的提出及其行动探索

在我国当下的城市滨海水岸综合管理中，"陆海统筹"（land-sea coordination，LSC）作为一个关键性议题而屡次见诸政策文件和具体实践。早期 2010 年"十二五"规划建议中提出"坚持陆海统筹，指定和实施海洋发展战略，提高海洋开发、控制和综合管理能力"；2017 年十九大报告中明确提出"坚持陆海统筹，加快建设海洋强国"；2019 年《中共中央 国务院关于建立国土空间规划体系并监督实施的若干意见》更是明确"坚持海陆统筹，加强生态环境的分区管治"；2021 年"十四五"规划纲要也提出"积极拓展海洋经济发展空间，坚持陆海统筹，协同推进海洋生态保护、海洋经济发展"目标，"加强海岸带综合管理与滨海湿地保护，构建流域—河口—近岸海域污染防治联动机制等建设目标"。在具体的国家战略和顶层设计中，2018 年《中共中央 国务院关于建立更加有效的区域协调发展新机制的意见》提出"规划引领下的陆海空间、产业、基础设施、资源、环境等多方位协同发展体系，推动海岸带管理立法、健全检测评估能力和完善调查体系等"，形成了当前陆海统筹六大基本要素，即立法、规划、管理、监督、执法与科教。

围绕陆海统筹六大基本要素构成当前我国滨海水岸综合管理的主要价值取向和行动范畴。2017 年住房和城乡建设部开启的全国 15 个首批城市总体规划编制试点中就强调"坚持海陆统筹，科学划定'三区三线'空间格局，协调衔接各类控制线、整合生态红线……划定城市蓝线，明确管理要求"，2018 年国土资源部在新一轮土地利用总体规划编制试点中强调"坚持底线管控、全域统筹、用途管控、协调发展等，统筹对资源利用、生态保护和经济社会发展需求，促进科学适度有序的国土空间布局体系"，厦门作为首批总体规划编制试点城市和新一轮土地利用总体规划编制试点，率先进行了基于陆海统筹的海岸带空间利用与保护专项研究（林小如等，2018）。2018 年自然资源部组建和海洋局等部门职能调整，有助于进一步强化滨海水岸空间主体功能区划和资源责权划分，消除制度掣肘从而走向口径统一、竖向清晰的综合管理体系。随着能源开采、近海养殖、海洋建筑、滨水公园、沿海生态等领域的多元介入，滨海水岸的研究进展及其保护机制得到了极大的提升改观与拓展开放——始终以提高海洋地区灾害防护能力、服务的高效能、低污染与可持续性能力以及融合地区经济发展、生态保护、社区民生等社会领域。

3　新千年以来纽约滨海水岸保护的相关历程及其行动举措

新千年以来，通过城市水岸空间修复带动城市经济发展和滨水岸线环境建设，重构城市活动与岸线地区的联系成为纽约城市发展的重要内容。纽约陆续出台了系列综合规划和专项规划（表 1），在城市要素快速增长而土地供给不变的限定环境下，从社会经济、城市危机、人居环境等多个方面重点挖掘城市既定土地空间资源再开发潜力，增加社会公共产品供给和基础服务设施来完善城市可持续发展支撑体系。尤其是 2012 年"桑迪"飓风的侵袭造成了重大伤亡和经济损失，城市水岸保护益发融合社会现实诉求，并逐步融入发展愿景、目标等，折射出清晰可鉴的城市规划式样与逻辑体系。2011 年《愿景 2020》和 2017 年《沿海适应》两个专项规划作为纽约城市水岸综合管理中的重要规划文本，在城市可持续发展进程中具有重要地位和研究价值，本文将结合这两份规划文本展开论述。

表 1　纽约滨海水岸保护的相关历程及其行动大纲

时间	规划名称	相关内容	保护目的	规划类型
1992 年	《水岸综合规划及城市水岸复兴项目》	划定滨水区类型为天然滨水区、公共滨水区、工作滨水区和重建滨水区	滨海水岸空间整治与复兴行动，力求实现滨海地区公共用途及其经济价值的扩增	专项规划
2007 年	《更绿色、更美好的纽约》	复垦滨水区	开发滨水区，缓解城市用地紧张	综合规划
2011 年	《愿景 2020》	水岸开发及建议，提出公共可达、空间活力、区域经济、文娱设施、生态、水道、政府监管和气候适应八项内容	提出新千年纽约综合滨水计划核心目标及其区域实施战略，做出项目制定、分级及其主体落实	专项规划
2013 年	《更强壮、更具弹性的纽约》	滨海保护，提出海岸线高度、陆地波浪带、风暴潮和沿海设计治理四项内容	利用自然区域和开放空间来维持社区质量，并更有效地管理其自身的滨水资产等	综合规划

续表

时间	规划名称	相关内容	保护目的	规划类型
2015 年	《共同的纽约：一个强大而公正的城市计划》	弹性的城市及海岸保护，提出沿海防御、项目资金、政策支持三项内容	展开全市滨水区检查及其资产评估，保障沿海保护投资和有效运营	综合规划
2017 年	《沿海适应》	提出建立适应信托基金、搭建区域沿海委员会等内容	在广泛地理区域内共同应对气候变化相关问题的合作	专项规划

资料来源：https://www1.nyc.gov/assets/planning/download/pdf/about/publications/cwp.pdf; https://onenyc.cityofnewyork. us/wp-content/uploads/2019/04/SIRR_spreads_Lo_Res.pdf; https://onenyc.cityofnewyork.us/wp-content/uploads/2019/04/OneNYC-Strategic-Plan-2015.pdf; http://library.rpa.org/pdf/RPA-Coastal-Adaptation.pdf; https://onenyc.cityof-newyork.us/wp-content/uploads/2019/04/PlaNYC-Report-2007.pdf; https://www1.nyc.gov/assets/planning/download/pdf/plans-studies/vision-2020-cwp/vision2020/vision2020_nyc_cwp.pdf; https://www1.nyc.gov/assets/planning/download/pdf/applicants/wrp/wrp_full.pdf.

3.1 2011 年《愿景 2020》

2011 年纽约发布的《愿景 2020》，是继 1992 年《水岸综合规划及城市水岸复兴项目》（Comprehensive Waterfront Plan & Waterfront Revitalization Program）在城市可持续发展、气候变化威胁和人居环境建设基础上提出的新一轮滨水专项行动计划。《愿景 2020》由"滨水愿景与增强战略"（WAVES，包括发展目标和实施路径、实施策略等）和"WAVES 行动议程"（包括项目库和行动计划、滨水分区控制图则等）组成，属于以滨海水岸空间为主体功能区的城市公共空间"中观+微观"规划。

3.1.1 规划目标及其实施策略、项目行动对应

《愿景 2020》从公共可达性、水岸空间活力、滨海区域经济、水质及滨海文化娱乐设施、滨海生态修复、蓝色网络水道、政府监督管理和气候变化适应能力八个发展目标，并形成具体对应的实施策略和行动计划、项目议程（表 2）。如目标一"提高城市水岸空间公共可达性"核心在于通过增加海滨公共空间供给、空间路径联系、休憩用地兼容多样性和资金保障四个层面，借助交通出行体系链接、公共通道及鼓励公交出行、滨海绿道、工业用地空间方案替换、空间设计与活动性等来提高滨海水岸空间吸引力和丰富性，推动市民群体日常生活与城市滨海水岸空间的密切接触。目标三"滨海区域产业和经济发展"肯定滨海水岸在解决市民就业与财政税收方面的贡献，但随着滨海地区制造业的衰败和航运价值的崛起，《愿景 2020》拟定强化水岸地区航运承载能力、升级布鲁克林和史丹顿岛等地区的港口配套设施、改善地上交通货运能力及其与滨海地区网络链接等；同时注重环境保护治理、环境治理政策以及刺激滨水工业区再投资和政策扶持等。目标七"加强政府的监管，协调和监督"首先强调联络人制度、结构合作制度等提高环境检测效率，建立特别工作组为具体区段制订设计指南，对基础设施的详细评估并结合滨水维护管理系统进行信息管理和预算评估，同时结合区域交通、气候应对和航行安全等加强区域合作与建立区域合作伙伴关系。

表 2　《愿景 2020》目标、愿景及其行动议程项目实施计划（节选）

目标	实施路径	实施策略	行动计划与项目议程
提高公共可达性策略和项目	创建新公共海滨空间	扩大公共交通障碍严重的海滨公共交通；评估滨水开发区的视觉廊道或公共通道；建立路边公园和公共场所，兼顾景观、生态、码头、雨水管理和公众教育；区段《滨水通道计划》协调公共通道	行动计划：投资 3 000 万美元，改造或新建 50 英亩以上的新滨水公园 项目议程及其实施分解：布朗克斯：新建 9.5 英亩渡轮码头公园（DPR/2013）；布鲁克林威廉斯堡：分阶段收购，修复和开发布什威克公园（DPR/2013）；布鲁克林：重新开放 5.3 英亩渡轮公园,改善景观和公共设施（BBP/2011）；布鲁克林格林波特：建造 1.5 英亩发射器公园（EDC/2012）；布鲁克林日落公园：布什码头公园（EDC/2012）；皇后区长岛市：5 英亩海滨公园、绿色雨水设施和公共渡轮通道（EDC/2013）；等等
	强化滨水区紧密联系	建立通往海滨的通道标准；扩展五个行政区范围的滨水绿道；滨水区边缘创建绿道并探索多样性用途；建立全市的海滨标牌计划；开放工业用地及其周围分区的替代方案；评估海滨"边缘街道"及道路车辆使用情况；海滩宣传并鼓励公共交通工具	行动计划：投资超过 1.2 亿美元 项目议程及其实施分解：南布朗克斯的完整改进（EDC/2012）；布朗克斯河绿道的改善（DPR/2013）；开发布鲁克林桥公园格林威，连接哥伦比亚街（DOT/BBP/2012）；布鲁克林海军公园、拉盛大道西部和海军街的重新设计（DOT/2013）；布鲁克林红钩区：多用途的绿色通道（DOT/2011）；布鲁克林日落公园；自行车道和行人通道的完整（DOT/2011）；布鲁克林海滨绿道总体规划及百汇绿道（DOT/2011）；曼哈顿下城：8.5 英亩的炮台海事大楼和 35 号码头（EDC/2012）；等等
	公共休憩用地及多用途和充足资金	市政府机构建造的滨水开放空间遵循《滨水公共空间设计原则》；海滨上提供各种娱乐活动机会；改善公共滨水区维护和运营资金，探索潜在收入来源	行动计划：投资超过 2 亿美元，扩大或改善现有海滨公园 项目议程及其实施分解：布朗克斯区乌节海滩：扩大南部码头以减少海滩侵蚀（DPR/2011）；布朗克斯区重建运动场（DPR/2013）；曼哈顿总督岛：开放空间的开发及门户码头设施（TGI/2012）；布鲁克林康尼岛：新建 2.2 英亩的跳栏板广场（EDC/2012）；曼哈顿福特华盛顿公园：人行天桥和多用途路径（DPR/2013）；等等

资料来源：翻译整理自 https://www1.nyc.gov/assets/planning/download/pdf/plans-studies/vision-2020-cwp/vision 2020/vision2020_nyc_cwp.pdf。

整体而言，《愿景 2020》以拓展公共可达性为抓手，以强化滨水空间活力为途径，以生态保护与政府监管为支撑，增强经济发展与就业，促进滨水空间与相邻社区的融合，同时在应对气候变化方面未雨绸缪，做好应有的防范措施（杨博等，2018）。通过"滨水愿景与增强战略"（WAVES）和"WAVES 行动议程"确定了未来三年内滨海水岸保护中的区域优先项目及其具体实施策略，并融合州政府和下属部门机构、州办公室和市议会、经济发展公司等参与主体，每一项目都标明领导机构和执行年份，将战略目标分解到具体的行动者、时间控制点和具体水岸空间，强化计划的责任落实和目标时效控制。

3.1.2 滨海水岸分区控制图则

1992 年《水岸综合规划及城市水岸复兴项目》根据土地使用性质、自然环境特征、物理和政治边界等将城市滨海水岸划为 22 个分区。2011 年《愿景 2020》中提出基于纽约 837 千米的多样性需要制定滨海水岸分区的地方性策略，形成契合地方利益和服务地方生活环境分区控制图则。对此，《愿景 2020》在继承 1992 年 22 个城市滨海水岸区划的基础上，强调通过社区项目实施推动分区滨海水岸空间的公众访问、海事产业、水上娱乐、自然环境、新开发和其他活动，以社区实践推动城市滨海水岸战略 "2020 愿景" 的落地实施。

在具体的滨海水岸分区控制中，结合社区和区段形成了更为详细的社区策略，如在码头地区强调码头设施的修缮和维护、河道公园采取自然湿地和栖息地自然的恢复性取代人工化建设、河口地区关注海浪的侵蚀。同时注重公共建筑的区域效应，如在谢尔曼海滩通过滨海艺术中心总体规划的同时完成滨水区的空间改造等（图 1）。

3.2 2017 年《沿海适应》

纽约滨海水岸跨区域合作根源可追溯至 2011 年《愿景 2020》发展目标七中的 "加强区域合作，建立区域合作伙伴关系"。2017 年纽约以专项报告的形式更为规范地重申了这一主题并出台《沿海适应》，属于 2016 年纽约新一轮区域综合规划（Fourth Regional Plan: The Region in 2040）后期关于滨海水岸空间的专项报告。报告认为在气候变化和区域可持续发展愈发严峻的形势下，纽约—新泽西州和康涅狄格州 5 955 千米滨海沿线随时面临海平面上升而引发的地区居民生活空间与城市支撑设施（港口、机场、住房、电力和医疗设施等）淹没的风险。同时，在地方当局应对能力有限的情况下，各区域城市也没有应对气候变化的计划和预算，对此纽约—新泽西州和康涅狄格州应建立一个以长期战略适应和国家信托基金资本化适应为重点的区域沿海委员会，以应对区域性风险并致力于区域滨海水岸空间综合管理诉求，并通过区域一体化发展框架和制定区域共同执行标准，有权在跨地区范围内实施行动方案，协调区域资源配置和为整个地区水岸空间综合管理提供资金。《沿海适应》从治理体系和资金框架两个层面制定了区域滨海水岸保护统筹与制度机制。

3.2.1 治理框架体系

《沿海适应》提出建立区域沿海委员会（Regional Coastal Commission，RCC），其职能主要是：编制和更新区域沿海适应计划，确保区域各州各城市政策的一致性，并结合区域滨海水岸空间短期恢复或长期适应特征展开近期或远景设定；制定科学、适应的区域统一标准，以指导区域风险适应项目建设，并确定其优先开展项目级别；协调和鼓励跨州、跨市的泛区域合作项目；根据委员会制定的标准，评估和确定新的适应性信托基金。

在治理体系构成方面，《沿海适应》提出了四个类型：

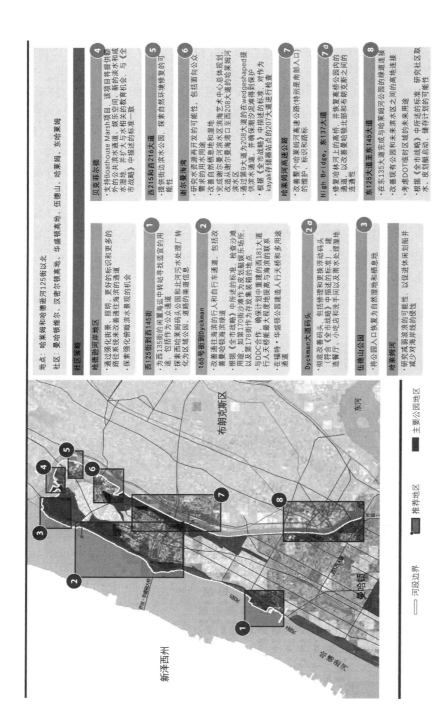

图 1　纽约滨海城市水岸分区控制图则（分区 5：北曼哈顿水岸社区策略）

资料来源：翻译整理自 https://www1.nyc.gov/assets/planning/download/pdf/plans-studies/vision-2020-cwp/vision2020/nyc_cwp.pdf。

（1）非正式网络，即区域性参与者和专业人士，基于共同目标、共同利益而集聚在一起，通过定期会议协商讨论推进滨海水岸空间共同利益的实现，没有正式章程且其非正式程度最高、最为灵活；

（2）特许网络，即特定的组织和方案协定者，具有完善的议事规则系统，通常作为第三方参与到滨海水岸空间综合管理中，具备中介属性以链接各利益方和组织策划具体事项；

（3）法人实体，即独立的企业或单位，作为治理体系中最正式的一方，具有募集和管理资金、雇佣员工、资产管理和签订合同的能力，通常作为滨海水岸空间综合管理项目的具体承担者、实施者而存在；

（4）监管机构，通常以政府机构的形式存在，作为治理体系中最正式、最不灵活的一方，根据《全市战略》或区域标准制定法规或政策，也具有监察和处罚等权力。

3.2.2 资金框架体系

据 Zillow 的最新研究估计，海平面上升 6 英尺（11.82 米）造成的永久性洪水泛滥，将会致使该区三州失去 1 773 亿美元的住房存量（总计 305 310 栋房屋）。区域规划协会（RPA）建议为纽约州、新泽西州和康涅狄格州创建三个适应信托基金，信托基金将以公益公司的形式组织，通过赠款和贷款两种形式获得资金，资金将由各州一家的公益公司来管理，而承保和分配决定权委托给区域沿海委员会。在保障各州的信托基金将为各州项目提供最低数额的资金支持，而剩余资金将优先分配给那些超出管辖范围的公益项目或计划。

对此，《沿海适应》资金框架方面提议建立以适应性信托基金为主、联邦和州资金为辅的资金框架体系，从短期社区韧性规划到长期基础设施融资，推动"资金机制—资金额度—资金项目—资金用途"的区域项目信托基金体系的形成（表 3），同时区域沿海委员会遵循一套清晰标准和评估指标来确保资金分配与项目选择，在泛地理区域内达成共同应对气候变化合作（RPA，2017）。尤其是政府在基础设施、灾难和适应气候等方面必需的资金也日益不确定，资金链的缺口迫使滨海水岸空间保护必须关注经济利益诉求和推进精细化系统管理，强调解决实际问题并附有明确的经济机制和基金、信贷奖励政策等，力求创新融资模式和实现项目资金的高效能实施落地。

表 3　区域治理资金信托基金资助项目样本（节选）

资金机制	借款人	金额	项目	项目说明
小额赠款	纽约州环境保护局	50 万美元	规划研究	研究将包括：沿海地区类型学研究，现有绿色基础设施的潜在战略清单，在地方管辖范围内进行科学知情决策的自适应过程，现有适应项目的案例研究，教育和宣传材料。该机构可以通过美国住房和城市发展部（HUD）可持续社区区域规划拨款，并利用联邦拨款来资助该项目拨款

续表

资金机制	借款人	金额	项目	项目说明
大额赠款	新泽西体育博览会管理局	1 500 万美元	棕地修复	赠款将抵消 Meadowlands 土地补救合格的项目成本，还将帮助相邻的地点进行评估，对当地生态适应和社区规划进行培训。管理局将与当地司法管辖区和财产所有者合作，利用美国环境保护署的棕地赞助计划和新泽西州危险排放场地整治基金的资金
大额赠款	诺沃克公共工程部/斯坦福行动办公室	100 万美元	绿色基础设施设计与维护培训	该项目制订计划对市政公共工程人员进行培训和维护绿色基础设施。从联邦来源获得项目资金，包括美国住房和城市发展部的绿色基础设施与可持续社区倡议以及环境保护署的《清洁水法》第 319 条赠款计划
优惠贷款	GRID 替代品（非营利项目）	5 000 万美元	公共和高级房屋的光伏（PV）安装	该项目将有助于缓解气候变化的共同威胁，强化高度脆弱设施的生存能力。随着社会老龄化，被动生存能力是社区适应力的潜在重要组成部分。项目与现有能源效率补贴相结合，将平准化的能源成本带入财政拮据运营商手中
优惠贷款	曼哈顿下城房地产合作社（非营利组织）	3.5 亿美元	多功能防洪基础设施的融资	该项目将为正在进行中的曼哈顿下城防御工事提供补充性资金。借款人是一家非营利性合作公司，其成员为财产所有者、大型租户、联合爱迪生电力公司和纽约电子音乐节。这种资金来源有助于协调地段的融资，对能源分配、水管理和公共空间进行合理的干预，有助于提高该地区公共和私人运营的弹性
最优惠利率贷款	纳苏郡公共工程部	1 亿美元	海湾公园水回收设施的缺口贷款	该项目将提供必要的缺口融资，以帮助借款人对工厂进行翻新工程，减轻风暴潮、洪水泛滥和海平面上升带来的相关风险。特别是该贷款将提供以下支持：电力和备用系统的升级；化学药箱和电气控制装置的提升；发展两用公共空间，以促进邻近社区的物理弹性和环境可持续性

资料来源：翻译整理自 http://library.rpa.org/pdf/RPA-Coastal-Adaptation.pdf。

3.3　新千年以来纽约滨海水岸综合管理体系与实施层次

3.3.1　实施程序：前策划+中实施+后评估

　　纽约滨海水岸空间综合管理具有清晰的规划逻辑和递进推导，即强调项目前期的策划、中期实施落地以及后期的评估反馈。纽约城市发展与规划是地方政府、州政府和联邦政府的战略部署集成，也是政府、投资者、非政府组织和市民获取城市空间使用价值或交换价值的博弈（王兰，2013），在此情景中实施程序无疑成为纽约滨海水岸空间使用价值或交换价值的战略推进器和博弈竞技场。如 2011 年出台的《愿景 2020》作为一项城市重大发展战略，经历了为期两年多的前期论证和策划评估，并组建了滨海规划工作组、七场公共研讨会、大都会海滨联盟（MWA）会议宣讲、工作网站等工作渠道，融合市长办公室、城市规划部门、市经济发展公司、环境保护部门、城市应急管理部门、公园和娱乐部门、住房保障部门和建筑行业、滨水爱好者、滨水产权所有者、社区委员会等社会主体，最终形成了《愿景 2020》八个主要目标，提出了实现这些目标的全市战略，以及邻域策略并以分区控制图则形式为各社区各河段提出了建议。在具体实施中，结合八大目标并融合项目资金框架体系形成项目分解、分区实施、投资评估、资金主入、部门推进和项目分解等具体实操。在后期重视实施进度、报告评估与反馈程序、规范项目设计流程和竣工时限管控等（图 2）。

按照"挑战/问题—目标—计划—措施—实施"的结构，纽约滨海水岸空间综合管理建立了整个规划的内容框架（魏开等，2013），通过"前策划+中实施+后评估"实施程序形成了一套完整的理论环路和方法体系，依托问题搜寻、群体群策、数据分析、方向把控、评估验证和评估反馈，实现了滨海水岸空间综合管理全环节的科学化、落地性和实操性。

3.3.2 实施行为：专项计划+分区控制+社区导向

纽约滨海水岸空间综合管理具有明显的糅杂性和综合性，即强调应对气候威胁的滨海灾害防范、应对社会人居环境改善和应对区域经济发展增长等多重目的。反映在具体实施行为中，强调通过专项计划分解战略并形成对应的类型规划及其实施方向，通过分区控制图则形成分区规划及其微观行动，通过社区导向形成城市战略协作式规划确定居民的愿景和诉求。依托"专项计划+分区控制+社区导向"实施行为，将城市滨海水岸空间综合管理转化为类型问题、专项问题和社区问题，结合类型梳理、专项划分和社区认领等提出具体化的对策，并以通俗易懂的方式列举具体要落实的措施，从而将宏观愿景转化为多项可操作性强的具体行动（魏开等，2013），也明确了各专项计划对应的部门机构、实施行动、资金额度、时间期限等行动标准。新千年以来，纽约把滨海水岸空间综合管理与社区应急规划、商业廊道、住房、弹性、绿化及公共空间等相结合，形成了城市宏观发展战略中的"自上而下"导控模式，并以社区单元形成水岸空间保护与开发、管理及监督等"自下而上"的精细化载体。

4 纽约实践对我国滨海水岸综合管理的反思与启示

以纽约、伦敦等为代表的全球前沿城市滨海水岸综合管理在研究方法、路径、范式等诸多方面取得了极大的拓展和进步，结合城市发展战略规划实现了地区开发、经济增效、空间复兴等目标集合并超越了概念语义掣肘，从而成为全球各地各城参考、学习的范例。尤其对于我国诸如上海、厦门、广州等沿海城市滨海水岸综合管理，具有现实性的借鉴价值和启迪反思。

图2　纽约滨海城市水岸综合管理"前策划+中实施+后评估"实施程序

4.1　规划目标：由综合性向滨海水岸类型与专项行动转变

规划目标很大程度上决定了规划的层级、类型、行动和战略导向。尤其我国囿于传统的计划经济思维模式，试图对城市的经济、社会和空间等方面的发展进行全面的计划与安排，过于倚重土地利用分区和开发强度区划等物质形态手段（魏开等，2013），导致规划目标过于宏大、宽泛和综合而难以实操及落地，进一步衍生"多规并存"局面和加剧规划内容重叠、空间边界冲突等。

结合我国当前滨海水岸综合管理困境和纽约水岸空间规划来看，规划目标主要聚焦于积极应对气候变化及其自然灾害防范、地区社会和经济可持续发展以及社区人居环境品质提升三个方面。伴随着规划目标的转变，滨海水岸综合管理也需要从传统的综合性向滨海水岸类型划定及其分类规划、专项行动规划转变，即基于滨海水岸空间要素属性及其功效来梳理空间类型与特质，建构"自然社会要素的甄别—要素派生关系的建构—规划技术的引导控制"的综合管理路径（杨华刚，2019）。通过层析分析，形成自然保护区、产业经济区和休闲娱乐区等滨海水岸空间类型，围绕其服务对象、功能承载和开发适宜评价等派生关系，划定空间边界，厘定风貌形态和要素控制形式，形成各自对应的规划管理技术导控法则和专项行动实施规划。

典型如以自然遗迹、动植物资源保护专项行动出发的自然保护类，如厦门海洋动物自然保护区、山东滨州贝壳堤岛与湿地国家级海洋自然遗迹保护区；以社会经济发展导向的区域经济型，如粤港澳大湾区、环渤海经济区等；以市民活动、旅游观光为主的休闲娱乐型，如厦门白城沙滩—胡里山炮台遗址、上海金山城市沙滩等。通过滨海水岸空间类型的划定，形成与之对应的规划目标，再结合划定的空间范围辅以分区控制规划和专项规划或行动实施方向，做到具体问题具体分析、类型问题专项行动实施，形成"挑战/问题—目标—计划—措施—实施"的滨海水岸空间规划结构和综合管理路径。

4.2　规划体系：统一规划口径下的陆海统筹及其区域协调

在 2018 年国家机构改革前，涉及城市滨海水岸空间综合管理的就有国土部门的《土地利用规划》，海洋管理部门的《海洋生态环境保护》和《海洋功能区划规划》，能源部门的《海域污染防治规划》，建设部门的《滨水区、海绵城市》和临海地区《城市总体规划》及其相应的《城市分区规划》和《经济开发区总体/详细规划》、环保部门的《自然保护区》和《重点生态功能区》，交通部门的《港口规划/内河航道和港口布局规划》和《航道发展规划》，发改部门的《经济开发区发展规划》等。从规划体系看，"多规并存"是我国规划体系中的一个显著传统基因（周宜笑等，2020），各职能部门基于各自事权角度就某一规划对象制订各自领域的发展或保护规划，形成当前庞大的规划体系或重复性规划，在具体实施中也存在着规划法律依据不足、规范标准和规划边界不统一、解决问题不集中、协调不到位以及后续审批和实施中互为掣肘等现象。

2018 年伴随着自然资源部的组建和国土空间规划"多规合一""一张蓝图干到底"等逐步实施，有助于实现滨海水岸空间事权、责权及其主体功能区划上下规划管理口径统一。坚持陆海统筹，基于整体系统论和类型层次分析法，以滨海水岸空间为载体，对不同类型、不同使用性质用地使用控制和环境容量空控制，应用指标量化、条文规定、图则标定等方式对各控制要素做出定性、定量、定位和定界的控制与引导（吴志强、李德华，2010），推动一个空间图底、一个技术规范、一套管制图则、一套行动准则综合管控的形成。通过统一口径，推动推动海岸带管理立法、资源普查和产权登记、用途管控和规划编制、执法监督和检测管理、科教考察和研究等，围绕陆海统筹六大基本要素（立法、规划、管理、监督、执法与科教），实现从宏观和微观、整体和局部、陆域和海域等国土空间及资源管理的全面统筹（林坚等，2018）。

区域规划是一个国家、地区和城市在发展过程中不可缺少的手段与行为，也是顺应经济社会发展需要开展的（崔功豪，2000），也是当前城市滨海水岸空间综合管理的必须环节。首先，我国滨海自然灾害防范是一个区域面临的共性问题，且普遍适用标准和共同利益诉求也奠定了区域合作的基础；其次，经济泛区互通也是当前我国经济发展的一个趋势，置城市于区域整体环境中制定区域经济一体化发展框架和寻求新经济增长点也成为一个区域发展共识。当下我国滨海水岸空间综合管理仍处于行政疆域或行业领域的自管自辖状态，既没有类似区域沿海委员会这样的专司机构，也没有形成区域一体化灾害应急框架和防灾防范执行标准，更没有应对区域风险的资金框架体系。显然，经济发展诉求是当前滨海地区合作的首要因素，且当前的"河长制"、"联合河长制"、海岸带"带长段长制"也是省市行政辖区内的小流域协同共治。对此，在普遍适用的区域灾害防范标准和经济一体化框架基础上，滨海水岸空间综合管理更要强调大空间范围内的协同共建共治共享，推进专司机构的主导性和联合办公会，以组织建设为先导、统一标准为契机、资金募集为保障，推进滨海水岸空间综合管理多层次、全方位的区域一体化格局。

4.3　规划实施：项目库引导下的滨海水岸行动规划与社区整合

与纽约城市水岸空间规划实践以具体地点的项目库行动规划不同的是，我国滨海水岸空间规划大多是以战略型规划（如《港口规划/内河航道和港口布局规划》）或发展型规划（如《滨水区、海绵城市》）为主，通常战略性、综合性和指标杠杆等作为上位规划对下一步规划作出指引，有赖于后续规划的具体深化和实施保障而屡有存疑。这一现象反映的是战略规划（指标规划）和行动规划（实施规划）之间的实操性差异，细化规划内容和制订详细的实施行动就成为当前我国滨海水岸空间综合管理的一个重点。

从保障规划实施的角度出发，我国滨海水岸空间综合管理亟待形成一个"规划内容—项目库引导—行动计划—社区整合"的深化路径。在规划内容上，结合滨海水岸空间的用地类型和功能属性形成类型规划与分区控制图则引导，分区控制图则内形成以具体地方项目布点为架构的滨海水岸空间项目库，项目库中形成清晰的项目规划设计文本和细部空间设计、实施主体、项目实施期限及项目资金等行动计划，在生活辐射圈内结合社区人居环境品质提升融合社区参与形成滨海水岸空间社区整合规划，以协作式规划形成把社区大众纳入项目行动规划之中，进而达成社区居民的群体发展愿景与城市发展战略的形体合一。显然，纽约实践中最为关键的也是依托项目库形成了规划实施保障环节，即明确项目对应的实施部门及其职责、资金来源、时限、规划实施评估标准等执行手段（黄建欣等，2019），这也是"多规合一"国土空间规划改革背景下，我国城市滨海水岸空间综合管理的一个核心内容。

社区规划和参与协作通常以地方生活型导向的主体功能分区和规划管理实施居多，属于滨海水岸空间规划的微观层面，其核心是把滨水空间战略规划和总体管控指标分解为社区对应层面的项目类型和容量指标，形成契合社区利益和服务社区生活环境的分区策略和分区控制图则，推进滨海水岸综合管理分级、分类、分段的精细化管控和差异化、特色化、地方化，营造滨海公共休闲场所、提升居民亲海宜居生活环境和强化社区韧性及防灾教育等，具有公共性、开发性、消费性、福利性等色彩。对此，提出区域开发的重要项目和议题就显得尤为重要（沈振江等，2019），项目和议题既是城市发展的综合决策部署，更是社区自身诉求和民意的体现。结合具体项目或议题开展，以顾问工作组或决策委员会等形式搭建社区参与平台，通过民意调查与利益相关者介入等形成项目和议题决策书，保障项目和议题的群体群策、数据分析、方向把控、评估验证与评估反馈等各环节反映社区利益。此外，把社区组织、社区产业、社区文化、社区基础设施建设等融入水岸空间综合管理中，丰富滨海景观、滨海经济、滨海文化、滨海生活，提高社区地面满意度和参与性。如厦门嘉庚鳌园把社区滨海灾害防范和城市公园、休闲生态步道、陈嘉庚先生爱国主义教育等多个项目库与社区具体实际结合，形成集滨海生态防护、社区整体提升、城市观光旅游开发、文化教育等多功能一体化的滨海水岸特色空间，实现了传统海岸防护堤坝向现代城市滨海水岸休闲景观生态高地的转变。

5 结语

纽约城市滨海水岸保护实践从规划目标、规划体系和规划实施等都形成清晰的问题意识导向及逻辑结构关系，在面向全球城市的战略和规划中，纽约市既制定了包含直接推进经济发展的空间开发策略，也包含间接支持纽约市民安居乐业、提高环境品质、提升城市应对灾害能力的规划（王兰等，2015），借助城市规划范式引领作用进一步奠定了其全球城市的领导地位。充分表明：①滨海水岸综合管理作为一项城市发展战略，也是政府、非政府组织和市民利益价值的表述过程，需要一套科学、系统、完整的理论思路和实施程序支撑保障"挑战/问题—目标—计划—措施—实施"的循序落实；②专项计划和分区控制图则是城市水岸合宏观愿景向具体实施行动转化的关键举措，并依托社区协同强化分区管控和精细化实施；③跨区协同和区域合作组织是未来城市水岸综合管理的必然趋势，有并赖于区域一体化框架和共同执行标准机制的保障支持。

新千年以来，以上海、广州、香港和厦门等为代表的沿海城市逐步开启了我国新一轮城市规划模式新探索，而滨江地带、滨海水岸等水岸空间成为此类城市可持续发展中绕不开的难题。尤其在我国国土空间规划改革背景下，通过纽约城市滨海水岸综合管理研究，充分挖掘其特色体系和吸取其实践经验并融入我国当下具体实践中，以发挥规划工具在当前城市可持续发展和美好人居生活创造中的引领作用，这也是未来我国城市规划建设领域自我特色建构和价值判识的借鉴点所在。但同时也必须关注到我国现阶段发展矛盾、城市规划结构组织模式和新时期国土空间规划改革复杂背景等实情，做到酌情汲取和辨识鉴用。具体表现在：①在"多规合一"背景下，既要强调总体主体功能区规划的容量控制和战略引导，也要强化综合性向滨海水岸类型划定及其分类规划、专项行动规划转变，以类型规划、专项规划等形式形成各自对应的规划管理技术导控法则和专项行动实施规划，保障规划的实施性、落地性；②在陆海统筹战略引领下，需要推动滨海水岸空间事权、责权及其主体功能区划上下规划管理口径统一，形成一个空间图底、一个技术规范、一套管制图则、一套行动准则综合管控，也要在区域之间寻求一体统筹合作机制，推动滨海水岸跨区域的管理协同、利益共享和风险共担；③通过项目库建设推动滨海水岸的精细化管控、分区落实和差异化表达，依托项目库和议题整合社区利益与居民力量，实现滨海水岸空间综合管理与社区人居环境品质建设的并驾齐驱。

致谢

本文受中国加拿大合作项目 Mitacs Globalink Research Award（IT14936）资助。

参考文献

[1] 1992 comprehensive waterfront plan[R/OL]. (1992-12)[2019-12-14]. https://www1.nyc.gov/assets/planning/download/pdf/about/publications/cwp.pdf.

[2] CITY OF NEW YORK. A greener, greater New York[R/OL]. (2010-7)[2019-11-4]. https://onenyc.cityof-newyork.us/wp-content/uploads/2019/04/PlaNYC-Report-2007.pdf.

[3] CITY OF NEW YORK. One New York: the plan for a strong and just city[R/OL]. (2015-04)[2019-11-4]. https://onenyc.cityofnewyork.us/wp-content/uploads/2019/04/OneNYC-Strategic-Plan-2015.pdf.

[4] CITY OF NEW YORK. PLANYC: a stronger, more resilient New York[R/OL]. (2013-06)[2019-11-15]. https://onenyc.cityofnewyork.us/wp-content/uploads/2019/04/SIRR_spreads_Lo_Res.pdf.

[5] RPA. Coastal adaptation[R/OL]. (2017-10)[2019-11-30]. http://library.rpa.org/pdf/RPA-Coastal-Adaptation.pdf.

[6] Vision 2020. New York city comprehensive waterfront plan [R/OL]. (2011-03)[2019-11-28]. https://www1.nyc.gov/assets/planning/download/pdf/plans-studies/vision-2020-cwp/vision2020/vision2020_nyc_cwp.pdf.

[7] Waterfront revitalization program (1992) [R/OL]. (2001-09)[2019-12-27]. https://www1.nyc.gov/assets/planning/download/pdf/applicants/wrp/wrp_full.pdf.

[8] 蔡榕硕, 刘克修, 谭红建. 气候变化对中国海洋和海岸带的影响、风险与适应对策[J]. 中国人口·资源与环境, 2020, 30(9): 1-8.

[9] 崔功豪. 借鉴国外经验 建立中国特色的区域规划体制[J]. 国外城市规划, 2000(2): 1-7.

[10] 狄乾斌，韩旭. 国土空间规划视角下海洋空间规划研究综述与展望[J]. 中国海洋大学学报(社会科学版), 2019(5): 59-68.

[11] 胡东奇. 1998-2017 年台风对我国的影响研究[J]. 中国新通信, 2019, 21(9): 239-240.

[12] 胡刚. 长江河口岸滩侵蚀的演变模式及其防治对策[D]. 上海: 华东师范大学, 2005: 2.

[13] 黄建欣, 宋彦, 高文秀, 等. 纽约包容性城市规划经验对我国的借鉴[J]. 城市发展研究, 2019, 26(6): 45-51＋86.

[14] 李云, 方晶. 国土空间规划体系的海洋管理及规划发展研究[J]. 南方建筑, 2021(2): 45-50.

[15] 林坚, 吴宇翔, 吴佳雨, 等. 论空间规划体系的构建——兼析空间规划、国土空间用途管制与自然资源监管的关系[J]. 城市规划, 2018, 42(5): 9-17.

[16] 林小如, 王丽芸, 文超祥. 陆海统筹导向下的海岸带空间管制探讨——以厦门市海岸带规划为例[J]. 城市规划学刊, 2018(4): 75-80.

[17] 刘东朴, 贺志鹏, 张英, 等. 海洋特别保护区的发展历程与政策建议[J]. 中国人口·资源与环境, 2010(20): 157-160.

[18] 沈振江, 马妍, 郭晓. 日本国土空间规划的研究方法及近年的发展趋势[J]. 城市与区域规划研究, 2019, 11(2): 92-106.

[19] 王兰, 刘刚, 邱松, 等. 纽约的全球城市发展战略与规划[J]. 国际城市规划, 2015, 30(4): 18-23＋33.

[20] 王兰. 纽约城市转型发展与多元规划[J]. 国际城市规划, 2013, 28(6): 19-24.

[21] 魏开, 蔡瀛, 李少云. 纽约2030年规划的整体特点及实施跟进述评[J]. 规划师, 2013, 29(1): 89-92.

[22] 文超祥, 刘健枭. 基于陆海统筹的海岸带空间规划研究综述与展望[J]. 规划师, 2019, 35(7): 5-11.

[23] 吴志强, 李德华. 城市规划原理[M]. 第四版. 北京: 中国建筑工业出版社, 2010.

[24] 肖鹏, 宋炳华. 陆海统筹研究综述[J]. 理论视野, 2012(11): 74-76.

[25] 杨博, 郑思俊, 李晓策. 城市滨水空间运动景观的系统构建——以美国纽约和上海市黄浦江滨水空间规划建设为例[J]. 园林, 2018(8): 7-11.

[26] 杨华刚. 山水作为一种设计手法——山水城市意象解析及其实践法则探究[D]. 昆明: 昆明理工大学, 2019: 96.

[27] 《中华人民共和国国民经济和社会发展第十四个五年规划和2035年远景目标纲要(草案)》摘编[N]. 人民日报, 2021-03-06(009).

[28] 周广坤, 庄晴. 纽约滨水区域综合评估体系研究及借鉴意义[J]. 国际城市规划, 2019, 34(3): 103-108.

[29] 周宜笑, 张嘉良, 谭纵波. 我国规划体系的形成、冲突与展望——基于国土空间规划的视角[J]. 城市规划学刊, 2020(6): 27-34.

[欢迎引用]

杨华刚, 刘馨蕖, 赵璇, 等. 新千年以来纽约城市水岸综合管理及其实施借鉴研究[J]. 城市与区域规划研究, 2022, 14(2): 206-223.

YANG H G, LIU X Q, ZHAO X, et al. Research on the city waterfront comprehensive management and implementation reference of New York since the new millennium[J]. Journal of Urban and Regional Planning, 2022, 14(2): 206-223.

《城市与区域规划研究》征稿简则

本刊栏目设置

本刊设有 7 个固定栏目，分别是：

1. 主编导读。介绍本期主题、编辑思路、文章要点、下期主题安排。

2. 特约专稿。发表由知名学者撰写的城市与区域规划理论论文，每期 1～2 篇，字数不限。

3. 学术文章。城市与区域规划理论、方法、案例分析等研究成果。每期 6 篇左右，字数不限。

4. 国际快线（前沿）。国外城市与区域规划最新成果、研究前沿综述。每期 1～2 篇，字数约 20 000 字。

5. 经典集萃。介绍有长期影响、实用价值的古今中外经典城市与区域规划论著。每期 1～2 篇，字数不限，可连载。

6. 研究生论坛。国内重点院校研究生研究成果、前沿综述。每期 3 篇左右，每篇字数 6 000～8 000 字。

7. 书评专栏。国内外城市与区域规划著作书评。每期 3～6 篇，字数不限。

根据主题设置灵活栏目，如：**人物专访、学术随笔、规划争鸣、规划研究方法**等。

用稿制度

本刊收到稿件后，将对每份稿件登记、编号及组织专家匿名评审，刊登与否由编委会最后审定。如无特殊情况，本刊将会在 3 个月内告知录用结果。在此之前，请勿一稿多投。来稿文责自负，凡向本刊投稿者，即视为同意本刊将稿件以纸质图书版本以及包括但不限于光盘版、网络版等数字出版形式出版。稿件发表后，本刊会向作者支付一次性稿酬并赠样书 2 册。

投稿要求

本刊投稿以中文为主（海外学者可用英文投稿），但必须是未发表的稿件。英文稿件如果录用，本刊可以负责翻译，由作者审查定稿。除海外学者外，稿件一般使用中文。作者投稿用电子文件，通过采编系统在线投稿，采编系统网址：**http://cqgh. cbpt. cnki. net/**，或电子文件 **E-mail 至 urp@tsinghua. edu. cn**。

1. 文章应符合科学论文格式。主体包括：① 科学问题；② 国内外研究综述；③ 研究理论框架；④ 数据与资料采集；⑤ 分析与研究；⑥ 科学发现或发明；⑦ 结论与讨论。

2. 稿件的第一页应提供以下信息：① 文章标题、作者姓名、单位及通讯地址和电子邮件；② 英文标题、作者姓名的英文和作者单位的英文名称。稿件的第二页应提供以下信息：① 200 字以内的中文摘要；② 3～5 个中文关键词；③ 100 个单词以内的英文摘要；④ 3～5 个英文关键词。

3. 文章正文中的标题、插图、表格、符号、脚注等，必须分别连续编号。一级标题用"1""2""3"……编号；二级标题用"1.1""1.2""1.3"……编号；三级标题用"1.1.1""1.1.2""1.1.3"……编号，标题后不用标点符号。

4. 插图要求：500dpi，14cm×18cm，黑白位图或 EPS 矢量图，由于刊物为黑白印制，最好提供黑白线条图。图表一律通栏排（图：标题在下；表：标题在上）。

5. 参考文献格式要求如下：

（1）参考文献首先按文种集中，可分为英文、中文、西文等。然后按著者人名首字母排序，中文文献可按著者汉语拼音顺序排列。参考文献在文中需用括号表示著者和出版年信息，例如（王玲，1983），著录根据《信息与文献 参考文献著录规则》（GB/T 7714—2015）国家标准的规定执行。

（2）请标注文后参考文献类型标识码和文献载体代码。

- 文献类型/类型标识

  专著/M；论文集/C；报纸文章/N；期刊文章/J；学位论文/D；报告/R

- 电子参考文献类型标识

  数据库/DB；计算机程序/CP；电子公告/EP

- 文献载体/载体代码标识

  磁带/MT；磁盘/DK；光盘/CD；联机网/OL

（3）参考文献写法列举如下：

［1］刘国钧, 陈绍业, 王凤翥. 图书馆目录[M]. 北京: 高等教育出版社, 1957: 15-18.

［2］辛希孟. 信息技术与信息服务国际研讨会论文集: A 集[C]. 北京: 中国社会科学出版社, 1994.

［3］张筑生. 微分半动力系统的不变集[D]. 北京: 北京大学数学系数学研究所, 1983.

［4］冯西桥. 核反应堆压力管道与压力容器的 LBB 分析[R]. 北京: 清华大学核能技术设计研究院, 1997.

［5］金显贺, 王昌长, 王忠东, 等. 一种用于在线检测局部放电的数字滤波技术[J]. 清华大学学报（自然科学版）, 1993, 33(4): 62-67.

［6］钟文发. 非线性规划在可燃毒物配置中的应用[C]//赵玮. 运筹学的理论与应用——中国运筹学会第五届大会论文集. 西安: 西安电子科技大学出版社, 1996: 468-471.

［7］谢希德. 创造学习的新思路[N]. 人民日报, 1998-12-25(10).

［8］王明亮. 关于中国学术期刊标准化数据库系统工程的进展[EB/OL]. (1998-08-16)[1998-10-04]. http://www.cajcd. edu.cn/pub/wml.txt/980810-2.html.

［9］PEEBLES P Z, Jr. Probability, random variable, and random signal principles[M]. 4th ed. New York: McGraw Hill, 2001.

［10］KANAMORI H. Shaking without quaking[J]. Science, 1998, 279(5359): 2063-2064.

6. 所有英文人名、地名应有规范译名, 并在第一次出现时用括号标注原名。

编辑部联系方式

地址: 北京市海淀区清河嘉园东区甲 1 号楼东塔 22 层《城市与区域规划研究》编辑部

邮编: 100085

电话: 010-82819491

著作权使用声明

《城市与区域规划研究》征订

《城市与区域规划研究》为小 16 开，每期 300 页左右。欢迎订阅。

订阅方式

1. 请填写"征订单"并电邮或邮寄至以下地址：

联系人：单苓君

电　话：（010）82819491

电　邮：urp@tsinghua.edu.cn

地　址：北京市海淀区清河嘉园东区甲 1 号楼东塔 22 层

《城市与区域规划研究》编辑部

邮　编：100085

2. 汇款

① 邮局汇款：地址同上

收款人姓名：北京清华同衡规划设计研究院有限公司

② 银行转账：户　名：北京清华同衡规划设计研究院有限公司

开户行：招商银行北京清华园支行

账　号：866780350110001

《城市与区域规划研究》征订单

每期定价	人民币 86 元（含邮费）						
订户名称					联系人		
详细地址					邮　编		
电子邮箱			电　话		手　机		
订　阅	年　　期至		年　　期		份　数		
是否需要发票	□是　发票抬头						□否
汇款方式	□银行		□邮局		汇款日期		
合计金额	人民币（大写）						
注：订刊款汇出后请详细填写以上内容，并将征订单和汇款底单发邮件到 urp@tsinghua.edu.cn。							